人工智能 前沿技术丛书

总主编 焦李成

人工智能创新
实验教程

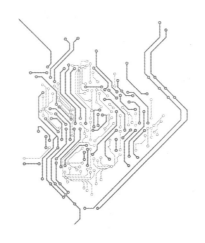

田小林 孙其功 焦李成 侯 彪 著

西安电子科技大学出版社
http://www.xduph.com

内 容 简 介

人工智能是一门新的交叉学科,近年来涌现出的许多算法模型和知识框架已经应用于实际生活。本书面向人工智能算法的实践与应用,在深入分析了国际顶级学术会议和国内外竞赛内容的基础上,将所涉及的分类、识别、检测、预测等多项实验任务进行研究、归类和优化。本书以实践与应用为导向,具有理论与实践相结合的特点,在兼顾实验素材的实用性与广泛性的同时,对实验题目进行分类,将图像、语音和文本等多个人工智能领域的实验划分为 12 类,共 150 个实验题目,并详细描述了每个实验的背景与内容,阐述了实验的要求与评估方法,深入分析了实验数据,提供了参考文献和数据来源,以便于有兴趣的读者进一步研究和探索。

本书可作为高等院校人工智能、智能科学与技术、计算机科学与技术、大数据科学与技术、智能机器人、控制科学与工程、通信与信息工程、电子科学与技术、生物医学工程、人工智能技术服务等专业本科生与研究生的实践教学参考书,也可供相关专业技术人员参考。

图书在版编目(CIP)数据

人工智能创新实验教程 / 田小林等著. —西安:西安电子科技大学出版社,2020.8(2021.1 重印)
ISBN 978-7-5606-5852-0

Ⅰ. ① 人… Ⅱ. ① 田… Ⅲ. ① 人工智能—高等学校—教材 Ⅳ. ① TP18

中国版本图书馆 CIP 数据核字(2020)第 148164 号

策划编辑 人工智能教育丛书项目组
责任编辑 马晓娟 万晶晶
出版发行 西安电子科技大学出版社(西安市太白南路 2 号)
电 话 (029)88242885 88201467 邮 编 710071
网 址 www.xduph.com 电子邮箱 xdupfxb001@163.com
经 销 新华书店
印刷单位 陕西天意印务有限责任公司
版 次 2020 年 8 月第 1 版 2021 年 1 月第 2 次印刷
开 本 787 毫米×960 毫米 1/16 印 张 22.5
字 数 450 千字
印 数 501~2500 册
定 价 58.00 元
ISBN 978-7-5606-5852-0 / TP

XDUP 6154001-2
如有印装问题可调换

前　　言

近年来，随着人工智能技术的飞速发展和应用场景的快速普及，人工智能学科体系的建设和完善迫在眉睫。在人工智能理论和知识框架不断推陈出新的同时，理论教学内容也在不断更新迭代。然而作为与理论教学相配合的实验教学环节和相应的实验教程还未得到足够重视，与当前人工智能发展相适应的实验教学内容以及系统性实验教材严重缺乏，这些因素掣肘了人工智能实验教学体系的建设和完善。

针对目前存在的问题，作者通过总结十余年的人工智能理论和实验的教学经验，结合人工智能专业培养体系，编写了本书。书中选取现代工业和日常生活中比较常见的案例作为实验素材，结合人工智能的不同研究领域对实验内容进行分门别类，对每个实验案例进行详细描述，希望能够为广大读者提供条理清晰的实验指导。作为人工智能领域的实验教材，我们期待本书能够为人工智能实验体系的建设和完善起到促进作用。

人工智能是利用计算系统超强的计算能力，通过算法赋予系统感知、推理和操作能力的科学技术。深度学习作为人工智能的重要方法，近年来广受青睐。深度学习通过模拟生物神经网络的方式构建深层人工神经网络，并利用大数据来学习特征，更能够刻画数据丰富的内在信息。经过十几年的发展，深度学习针对不同的应用场景提供了一系列的解决方案，成就了如今的智能时代。

本书作为一本人工智能实验指导教材，涵盖了图像、语音和文本等人工智能技术广泛应用的多个领域，分为 12 类，共 150 个实验题目，涉及分类、识别、检测、预测等多类实验任务，在每个实验中详细介绍了实验的背景与内容、实验要求与评估准则以及实验中用到的数据集，以便更好地帮助读者熟悉实验任务并动手实践，在实践过程中加强对人工智能作用的理解，体验人工智能的魅力。

本书的主要特点如下：

(1) 以应用为导向，实践性与趣味性相结合。本书的定位为人工智能实验指导教材，侧重于指导读者完成实践任务，未涉及过多的深度学习、机器学习等相关理论的深入讲解，实验中所使用的算法类型也没有限制。实验内容多来源于实际应用，如城市区域功能分类、商家招牌的分类与检测、用户贷款风险预测、验证码识别等。

(2) 取材兼具新颖性和广泛性。本书中的实验参考了国际顶级学术会议的会议内容以及国内外多个竞赛平台的竞赛内容。这些会议包括 ICCV、CVPR、ECCV、IJCAI 和 IGARSS，竞赛平台主要有 AI Challenger、天池、百度 AI Studio、Jdata、Data Castle、Biendata、Data

Foundation 和 Kesci 等。

(3) 内容详实，注重细节。每个实验的实验背景与内容部分给出了该实验的背景信息与主要内容；实验要求与评估部分细致地列出了实验中需完成的任务与实验结果的评估准则；实验数据来源与描述部分详细地介绍了实验中用到的数据并给出必要的数据来源。

(4) 实验素材覆盖范围广。本书的实验素材从图像处理类的分类、检测、识别到自然语言处理类的中英同声传译、机器翻译再到数据挖掘，几乎涵盖了人工智能领域大部分应用场景，适用范围广。

(5) 实验内容与理论教学相结合。本书中的实验涵盖了人工智能理论课程的基本内容，能够使读者通过实验进一步夯实人工智能基本理论知识，加深理解深度神经网络的基本结构和优化方法，为进一步学习人工智能打下坚实基础。

本书内容的安排上无先后之分，读者可根据自己的兴趣阅读感兴趣的章节。本书并不涉及人工智能、机器学习和深度学习理论知识的细致讲解，读者应具备相关领域一定的知识储备，同时读者最好有一定的编程实现相关机器学习算法的经验。本书可帮助读者通过实践进一步理解已学习的理论，并了解人工智能技术在各个领域的广泛应用。

本书的完成得到了团队多位老师和研究生的支持和帮助，特别感谢李阳阳、缑水平、张向荣、王爽、马文萍、吴建设、尚荣华、刘若辰、刘波等教授以及马晶晶、张小华、朱虎明、曹向海等老师对本书编写工作的支持和辛勤付出；感谢王丹博士和张杨、孟令研、王凤鸽、张杰、杨坤、高文星、王露、张艺帆等研究生为本书所付出的辛勤劳动与努力。同时，本书也得到国家自然科学基金(61977052，61836009，U1701267，61871310，61772400，61871306，61771379，61801345，61876141，61976165，61906145，61906150)的支持，特此感谢。同时感谢西安电子科技大学出版社的大力支持和帮助，感谢毛红兵老师、万晶晶老师和高维岳老师的辛勤劳动与付出。

人工智能技术发展迅猛且涉及领域繁杂，而作者水平有限，书中难免有欠妥之处，还望各位专家及读者批评指正。

作 者

2020 年 7 月

于西安电子科技大学

目录 CONTENTS

第1章　分类与检索类

分类是指通过分类器把数据库中的数据项映射到某一个给定类别，是机器学习研究领域的核心问题之一。在现实问题的驱动下，分类问题已从单示例单标记分类扩展到多示例多标记分类。本部分主要包括话题与情感分类、地物分类、场景分类等。

检索需要高效快速地在本地或网络数据库中查找到满足需求的数据。随着网络技术的迅速发展，除了检索文本信息外，人们还需要检索更多直观生动的图像和视频等多媒体信息。本部分主要包括图文信息检索、商业信息检索等。

实验 1.1　知乎话题标签自动标注

1. 实验背景与内容

知乎是世界上最大的中文知识社交平台，已经成为一个拥有几千万日活跃用户，每天有大量高质量用户生成内容(User Generated Content，UGC)的网站。如何对这些内容进行深层次的理解和高效的分发，是知乎建立的内容生产-内容分发的闭环中的一个重要课题。相关的研究人员不仅想通过算法满足用户的阅读兴趣，还希望进一步满足关乎用户自我提升的优质信息的获取需求，让高质量信息能高效、自动、智能地到达用户手中。

目前，知乎上的内容分发的一个重要途径是通过关注关系生成信源(feed)流。关注关系可能基于人，也可能基于话题标签。基于用户关注的话题标签为用户推荐内容，会更加契合用户对不同领域、不同类型的知识的需求。因此，对知乎上的内容进行精准的自动化话题标注，对提升知乎的用户体验和提高内容分发效率有非常重要的支撑作用。同时，对文本的语义进行理解和自动标注，尤其是在标签数量巨大、标签之间具有一定相互关联关系的场景下进行标注，成为目前自然语言处理的一个前沿研究方向。

2. 实验要求与评估

需要根据知乎给出的问题及与之有绑定关系的话题标签组成的训练数据[1]，训练出对未标注数据自动标注的模型。标注数据中包含 300 万个问题，每个问题有 1 个或多个标签，共计 1999 个标签。每个标签对应知乎上的一个话题，话题之间存在父子关系，并通过父子关系组织成一张有向无环图(Directed Acyclic Graph，DAG)。

由于涉及用户隐私及数据安全等问题，因此数据集不提供问题、话题描述的原始文本，而是使用字符编号及切词后的词语编号来表示文本信息。同时，鉴于词向量技术在自然语言处理领域的广泛应用，还提供字符级别的嵌入向量和词语级别的嵌入向量，这些嵌入向量利用知乎上的海量文本语料，使用 Google word2vec 训练得到。除了对原始文本进行大小写转换、全半角转换及去除一些特殊字符(如 emoji 表情、不可见字符)等处理之外，训练数据和测试数据都没有经过任何清洗。

测试数据集包含 217 360 个问题，需要在这些问题上运行训练出的模型进行预测，并标注 Top5 的话题标签，预测出的 5 个话题标签按照预测得分，从大到小排序。话题标签默认是不重复的，遇到重复的话题标签，只保留第一处，并且其后的标签递补。去重后不满 5 个标签的，其余位置默认为 −1，−1 不和任何话题标签匹配。多于 5 个话题标签的，从第六位往后忽略。

评价指标为精确率(Precision)和召回率(Recall)。预测出的标签命中了标注标签中的任何一个即视为正确，最终的精确率为每个位置上的精确率按位置加权。精确率的公式如下：

$$Precision = \sum_{pos\ in\ \{1,\,2,\,3,\,4,\,5\}} \frac{Precision@pos}{\log(pos+1)} \qquad (1\text{-}1)$$

实验会对一个问题的话题标签进行预测，预测的结果中会包含 5 个标签，这 5 个标签各占一个位置，其中 pos 可以表示这 5 个位置中的一个位置。召回率为预测出的 Top5 标签中对原有标签的覆盖量。最终评价指标为精确率和召回率的调和平均数：

$$F_1 = \frac{Precision \cdot Recall}{Precision + Recall} \qquad (1\text{-}2)$$

3. 数据来源与描述

实验数据可由本实验文献[1]获取。为了保护用户隐私，该数据集中的所有的原始文本信息都经过了特殊编码处理。问题标题、问题描述、话题名称、话题描述等原始信息都被编码成单字 id 序列和词语 id 序列。单字包含单个汉字、中韩文字、英文字母、标点及空格等；词语包含切词后的中文词语、英文单词、标点及空格等。单字 id 和词语 id 存在于两个不同的命名空间，即词语中的单字词或者标点和单字中的相同字符及相同标点不一定有同一个 id。

数据集中各文件的信息如下：

(1) char_embedding.txt 和 word embedding.txt 分别是字符级别的 256 维嵌入向量及词语级别的 256 维嵌入向量。以上两个文件都由 Google word2vec 训练得到，保存成 txt 格式。

可以使用 Google word2vec 直接加载，数据格式如表 1.1 所示。

表 1.1　char_embedding.txt 数据内容

11 973	256			
c17	−0.195 836	−0.018 306	⋯	−0.017 860
c101	−0.131 539	−0.010 735	⋯	−0.047 013
⋯	⋯	⋯	⋯	⋯

① 第一行是两个数字，指明了词汇表的大小及嵌入向量的长度。

② 其余的各行均为 257 列，第一列是 char_id 或者 word_id，其后是 256 个浮点数，代表 256 维嵌入向量。

③ 词汇表中省略掉了出现频次为 5 以下的字符或者词语，因此在训练和验证语料中出现的词汇有可能没有对应的 word embedding 向量。

(2) question_train_set.txt 为训练集中包含的问题信息。各个列之间用 \t 分割，格式如表 1.2 所示。

表 1.2　question_train_set.txt 数据内容

6555699376639805223	c324	c39	⋯	w23
2887834264226772863	c44	c110	⋯	w111
⋯	⋯	⋯	⋯	⋯

表 1.2 各列属性如下：question_id ct1, ct2, ct3, ⋯, ctn wt1, wt2, wt3, ⋯, wtn cd1, cd2, cd3, ⋯, cdn wd1, wd2, wd3, ⋯, wdn。第二列为 title 的字符编号序列，第三列是 title 的词语编号序列，第四列是描述的字符编号序列，第五列是描述的词语编号序列。

(3) question_topic_train_set.txt 是问题与话题标签的绑定关系。一共有两列，各个列之间用 \t 分割。如果一个问题绑定了多个话题标签，则这些标签是无序的。格式如下：

question_id topic_id1, topic_id2, ⋯, topic_idn

(4) topic_info.txt 为话题信息。各个列之间用 \t 分割，格式如表 1.3 所示。

表 1.3　topic_info.txt 数据内容

7388451948850773558	5833678375673307423	c0	c1	w0	c0	⋯
3738968195649774859	2027693463582123305	c39	c40	w24	c41	⋯
⋯	⋯	⋯	⋯	⋯	⋯	

表 1.3 各列属性如下：topic_id pid_1, pid_2, ⋯, pidn cn1, cn2, cn3, ⋯, cnn wn1, wn2, wn3, ⋯, wnn cd1, cd2, cd3, ⋯, cdn wd1, wd2, wd3, ⋯, wdn。第二列为话题的父话题 id，话题之间是有向无环图结构，一个话题可能有 0 到多个父话题；第三列为话题名称的字符编

号序列；第四列为话题名称的词语编号序列；第五列为话题描述的字符编号序列；第六列为话题描述的词语编号序列。

(5) question_eval_set.txt 文件格式和 question_train_set.txt 一致。

■ **参考文献**

[1]   https://www.biendata.com/competition/zhihu_practice/data.

实验 1.2　用户评论情感极性判别

1. 实验背景与内容

　　网络上用户对商家的评论数据往往带有情感极性，如正面、负面、中立。用户评论的情感极性一定程度上体现了商家提供的产品和服务的质量，是商家自我监督的预警灯。例如，餐馆出现大量的负面评论，则表明食品可能出现难吃甚至卫生问题，此时商家应予以重视并进行整改。但是，评论情感极性判别的人工成本很高，而用机器取代人工判别则可降低成本。因而，本实验文献[1]采集了多行业的用户对商家的评论数据，希望实验者能够给出自己的解决方案。

2. 实验要求与评估

　　本实验文献[1]采集了多行业的用户对商家的评论数据，期望开发者通过建立模型分析出评论的正面、中立、负面情感极性。提供的训练数据和测试数据均通过人工多次交叉标注出情感结论，以确保训练数据和评分的可靠性。本实验通过精确率与召回率评价，采用 F1-Score 评价方式(即采用精确率与召回率的调和平均数评价)，其计算公式为

$$F_\beta = (1+\beta^2)\cdot\frac{\text{Precision}\cdot\text{Recall}}{\beta^2\cdot\text{Precision}+\text{Recall}} \tag{1-3}$$

其中，Precision 为精确率，Recall 为召回率，$\beta=1$ 表示精确率和召回率同等重要。

3. 数据来源与描述

　　实验数据分为短文本情感训练数据和短文本情感测试数据[1]。

1) 短文本情感训练数据

数据格式：[id'\t' 类型 '\t' 评论内容 '\t' 极性]。列间以 \t 分隔。

数据文件：用户评论训练数据.csv。

字段说明如表 1.4 所示。

表 1.4　训练数据字段说明

字段名	描　　述	样　　例
id	文本 id	9
类型	评论的行业类型	食品餐饮
评论内容	评论的文本内容	现如今的公司能够做成这样已经很不错了
极性	情感极性标签(0 表示负面；1 表示中性；2 表示正面)	2

2) 短文本情感测试数据

数据格式：[id '\t' 类型 '\t' 评论内容]。列间以 \t 分隔。

数据文件：用户评论测试数据.csv。

字段说明如表 1.5 所示。

表 1.5　测试数据字段说明

字段名	描　　述	样　　例
id	文本 id	9
类型	评论类型	食品餐饮
评论	评论的文本内容	现如今的公司能够做成这样已经很不错了

■ 参考文献

[1]　https://dianshi.baidu.com/competition/18/question.

实验 1.3　细粒度用户评论情感分析

1. 实验背景与内容

在线评论的细粒度情感分析对于深刻理解商家和用户、挖掘用户情感等方面有至关重要的价值，并且在互联网行业有极其广泛的应用，主要用于个性化推荐、智能搜索、产品反馈、业务安全等。

本实验文献[1]提供了一个高质量的海量数据集，共包含 6 大类 20 个细粒度要素的情感倾向，实验者需根据标注的细粒度要素的情感倾向建立算法，对用户评论进行情感挖掘，通过计算实验结果预测值和场景实际值之间的误差确定预测精确率，评估所建立的预测算法。

2. 实验要求与评估

以用户评论 20 个细粒度情感维度下的 F_1 值的均值作为本实验结果的评价指标，具体计算方式如下：

$$F_{1\_score\_mean} = \sum_{i=1}^{20} \frac{F_{1\_score(i)}}{20} \tag{1-4}$$

其中，$F_{1\_score(i)}$ 为对应细粒度情感维度下的 macro F_1 值，$F_{1\_score\_mean}$ 为这 20 个细粒度情感维度下的 macro F_1 值的均值，即为最终结果的评价指标。$F_{1\_score(i)}$ 可通过以下计算方式得到

$$\begin{cases} F_{1\_score(i)} = \dfrac{1}{4} \cdot \sum_{j=1}^{4} \dfrac{2 \cdot \mathrm{Precision}_j^i \cdot \mathrm{Recall}_j^i}{\mathrm{Precision}_j^i + \mathrm{Recall}_j^i} \\[2mm] \mathrm{Precision}_j^i = \dfrac{\mathrm{TP}_j^i}{\mathrm{TP}_j^i + \mathrm{FP}_j^i} \\[2mm] \mathrm{Recall}_j^i = \dfrac{\mathrm{TP}_j^i}{\mathrm{TP}_j^i + \mathrm{FN}_j^i} \end{cases} \tag{1-5}$$

式中，将 n 分类的评价拆成 n 个二分类的评价，根据每个二分类评价的 TP_j^i、FP_j^i 和 FN_j^i 计算出精确率和召回率，再由精确率和召回率计算得到 $F_{1\_score(i)}$。其中，TP 表示正确预测，即预测得到的结果是正例，且该数据本身是正例；FN 表示模型预测得到的结果为负例，且该数据本身是正例；FP 表示错误预测，即该数据本身是负例，但模型将其预测为了正例；j 表示情感倾向的状态；i 表示细粒度要素的情感倾向。实际值与预测值的表示形式如表 1.6 所示。

表 1.6　实际值与预测值的表示形式

对应关系		预测值(predictive label)	
		正(positive)	负(negative)
实际值(actual label)	正(positive)	TP	FN
	负(negative)	FP	TF

实验者需根据训练的模型对测试集的 6 大类 20 个细粒度要素的情感倾向进行预测，提交预测结果。预测结果使用 [−2, −1, 0, 1] 4 个值进行描述，返回的结果需保存为 csv 文件，格式如表 1.7 所示。

表 1.7 返回结果的文件格式

id	content	location_traffic_ convenience	location_distance_ from_business_district	location_easy _to_find	...
		给出标签	给出标签	给出标签	...

标注字段说明如表 1.8 所示。

表 1.8 标注字段说明

字　　　段	说　　　明
location_traffic_ convenience	位置-交通是否便利
location_easy_ to_find	位置-是否容易寻找
service_waiter，s_attitude	服务-服务人员态度
service_serving_ speed	服务-点菜/上菜速度
price_cost_ effective	价格-性价比
environment_ decoration	环境-装修情况
environment_space	环境-就餐空间
dish_portion	菜品-分量
dish_look	菜品-外观
others_overall_ experience	其他-本次消费感受
location_distance_from_ business_district	位置-距离商圈远近
service_ wait_time	服务-排队等候时间
service_parking_ convenience	服务-是否容易停车
price_price_level	价格-价格水平
price_discount	价格-折扣力度
environment_noise	环境-嘈杂情况
environment_ cleaness	环境-卫生情况
dish_taste	菜品-口感
dish_recommendation	菜品-推荐程度
others_willing_to_ consume_again	其他-再次消费的意愿

3. 数据来源与描述

数据集分为训练、验证、测试 A 与测试 B 4 部分[1]。数据集中的评价对象按照粒度不

第 1 章　分类与检索类

7

同划分为两个层次：第一个层次为粗粒度的评价对象，如评论文本中涉及的服务、位置等要素；第二个层次为细粒度的情感对象，如"服务"属性中的"服务人员态度""排队等候时间"等要素。评价对象的具体划分如表1.9所示。

表 1.9　评价对象的具体划分

第一个层次(the first layer)	第二个层次(the second layer)
位置(location)	交通是否便利(traffic convenience)
	距离商圈远近(distance from business district)
	是否容易寻找(easy to find)
服务(service)	排队等候时间(wait time)
	服务人员态度(waiter's attitude)
	是否容易停车(parking convenience)
	点菜/上菜速度(serving speed)
价格(price)	价格水平(price level)
	性价比(cost-effective)
	折扣力度(discount)
环境(environment)	装修情况(decoration)
	嘈杂情况(noise)
	就餐空间(space)
	卫生情况(cleaness)
菜品(dish)	分量(portion)
	口感(taste)
	外观(look)
	推荐程度(recommendation)
其他(others)	本次消费感受(overall experience)
	再次消费的意愿(willing to consume again)

每个细粒度要素的情感倾向有四种状态：正面、中性、负面、未提及。使用[1, 0, −1, −2]4个值对情感倾向进行描述，情感倾向值及其含义对照如表1.10所示。

表 1.10　情感倾向值及其含义对照表

情感倾向值 (sentimental labels)	1	0	−1	−2
含义 (meaning)	正面情感 (positive)	中性情感 (neutral)	负面情感 (negative)	情感倾向未提及 (not mentioned)

数据标注示例如下：

面馆的面味道不错，性价比也相当高，分量很足，女生吃小份，胃口小的，可能吃不完呢。面馆环境算是好的，至少看上去亮堂，也比较干净，一般的小饭馆的卫生状况还是比不上这个。中午饭点的时候，人很多，人行道上也是要坐满的，隔壁的冒菜馆子，据说同这家面馆是一家，有时候也会将座位开放出来提供给吃面的人。

数据标注情况如表 1.11 所示。

表 1.11　数据标注情况

第一个层次(the first layer)	第二个层次(the second layer)	标注(label)
位置(location)	交通是否便利(traffic convenience)	−2
	距离商圈远近(distance from business district)	−2
	是否容易寻找(easy to find)	−2
服务(service)	排队等候时间(wait time)	−2
	服务人员态度(waiter's attitude)	−2
	是否容易停车(parking convenience)	−2
	点菜/上菜速度(serving speed)	−2
价格(price)	价格水平(price level)	−2
	性价比(cost-effective)	1
	折扣力度(discount)	−2
环境(environment)	装修情况(decoration)	1
	嘈杂情况(noise)	−2
	就餐空间(space)	−2
	卫生情况(cleaness)	1
菜品(dish)	分量(portion)	1
	口感(taste)	1
	外观(look)	−2
	推荐程度(recommendation)	−2
其他(others)	本次消费感受(overall experience)	1
	再次消费的意愿(willing to consume again)	−2

■ 参考文献

[1]　https://challenger.ai/competition/fsauor2018.

实验 1.4　汽车行业用户观点主题及情感辨析

1.　实验背景与内容

　　政府对新能源汽车的大力扶植以及智能联网汽车的兴起都预示着未来几年汽车行业的多元化发展及转变。汽车厂商需要了解自身产品是否能够满足消费者的需求，但传统的调研手段因为样本量小、效率低等缺陷已经无法满足当前快速发展的市场环境。因此，汽车厂商需要一种快速、准确的方式来了解消费者需求。

　　本实验文献[1]提供了一部分网络中公开的用户针对汽车讨论的相关内容的文本数据作为训练集，训练集数据已由人工进行分类并进行标记，要求依据文本内容中的讨论主题和情感信息来分析评论用户对所讨论主题的偏好。讨论主题可以从文本中匹配，也可以根据需要从上下文中提炼。

2.　实验要求与评估

　　实验结果以 csv 文件形式提交，使用 UTF-8 编码格式，要求提交的字段与训练数据的一致，具体可见结果提交样例文件 test_result.csv，形式如表 1.12 所示。

表 1.12　结果数据形式

字段名称	类　型	描　述	说　明
content_id	int	数据 id	——
content	string	文本内容	——
subject	string	主题	提取或依据上下文归纳出来的主题
sentiment_value	int	情感分析	情感值(−1 表示负向；0 表示中性；1 表示正向)
sentiment_word	string	情感词	情感词

　　(1) 提交的结果数据中，每行数据的 subject 必须为训练集中给出的 10 类之一，即动力、价格、内饰、配置、安全性、外观、操控、油耗、空间、舒适性中的一个。

　　(2) 提交的结果数据中，每行数据的 sentiment_value 必须为训练集中给出的三类之一，即 0、1、−1 中的一个。

　　(3) content_id 必须与测试集数据相同，对于同一条 content 中分析出的多个主题和情感，应以多条记录(多行数据)的方式进行提交，且 content_id 不变。

(4) 本实验在判断结果正确性时按照"主题 + 情感值"精确匹配的方式，如无法得出"主题"或"情感值"中的任意一项，则此条数据也应被包含在结果数据中，除 id 外其他为空即可。

本实验采用 F1-Score 评价方式，按照"主题 + 情感值"识别数量和结果(是否正确)来进行判断，需要识别文本中可能包含的多个"主题"。

(1) 匹配识别结果。

T_p：判断正确的数量；

F_p：判断错误或多判的数量；

F_n：漏判的数量。

关于 T_p、F_p 和 F_n 的统计规则说明如下：

① 当提交的一条数据结果包含"主题 + 情感值"，如果对"主题 + 情感值"的判断结果完全正确，则计入 T_p，如果对"主题"或"情感值"的判断结果错误，则计入 F_p。

② 如果对于某一条数据文本，模型不能给出该文本所对应的"主题"或"情感值"，则此条数据不能包含在结果文件中。

③ 如果识别出的"主题 + 情感值"数量少于测试样本中实际包含的数量，或未对某个测试样本数据给出结果，则缺少的数量计入 F_n。

④ 如果识别出的"主题 + 情感值"数量多于测试样本中实际包含的数量，则超出的数量计入 F_p。

(2) 计算精确率与召回率：

$$\text{Precision} = \frac{T_p}{T_p + F_p} \tag{1-6}$$

$$\text{Recall} = \frac{T_p}{T_p + F_n} \tag{1-7}$$

(3) 以 F_1 参数作为评分标准：

$$F_1 = \frac{2\,\text{Precision} \cdot \text{Recall}}{\text{Recall} + \text{Precision}} \tag{1-8}$$

3. 数据来源与描述

数据为用户在汽车论坛中对汽车的相关讨论或评价，参见本实验文献[1]。

1) 训练数据

训练数据为 csv 格式，以英文半角逗号分隔，首行为表头，字段说明如表 1.13 所示。

表 1.13　训练数据字段说明

字段名称	类　型	描　述	说　明
content_id	int	数据 id	—
content	string	文本内容	—
subject	string	主题	提取或依据上下文归纳出来的主题
sentiment_value	int	情感值	分析出的情感
sentiment_word	string	情感词	情感词

(1) 训练集数据中主题被分为 10 类，包括动力、价格、内饰、配置、安全性、外观、操控、油耗、空间、舒适性。

(2) 情感分为 3 类，分别用数字 0、1、–1 表示中性、正向、负向。

(3) content_id 与 content 一一对应，但同一条 content 中可能会包含多个主题，此时出现多条记录标注不同的主题及情感，因此在整个训练集中，content_id 存在重复值。其中，content_id、content、subject、sentiment_value 对应字段不能为空且顺序不可更改，否则提交失败。

(4) 仅小部分训练数据包含情感词 sentiment_word，大部分为空，情感词不作为评分依据。

(5) 字段顺序为 content_id、content、subject、sentiment_value、sentiment_word。

2) 测试数据

测试数据为 csv 格式，首行为表头，字段如表 1.14 所示。

表 1.14　测试数据字段说明

字段名称	类　型	描　述
content_id	int	数据 id
content	string	文本内容

■ **参考文献**

[1]　https://www.datafountain.cn/competitions/310/datasets.

实验 1.5　图 文 匹 配

1. 实验背景与内容

随着信息技术的不断发展，互联网新闻资讯的生产方式正在发生着深刻的变革，机器+人工的编辑方式已成为主流生产模式。新闻自动推荐配图是提升机器在新闻自动化生产中效力的重要课题，涉及自然语言处理、图形图像识别等多领域的技术，具有一定的挑战性。

利用给定的搜狐新闻文本内容和相应的新闻配图等数据集[1]来训练模型(数据集规模为10万条新闻和10万张新闻配图)。实验要求在给定新的新闻内容集合和新的图像集合(数据集规模为1万条新闻和1万张新闻配图)之后，能为每一篇新闻找到匹配度最高的10张图像，并且给出相应的排序。

2. 实验要求与评估

评测方法为：根据实验给出的答案，计算每条数据 i 的归一化折损累计增益(Normalized Discounted Cumulative Gain，NDCG)[2]值 NDCG(i)，最后将所有数据的 NDCG 值进行平均。值越大，说明算法性能越好。

3. 数据来源与描述

数据包含 7 个文件[3]，格式如下：

(1) News_info_train(训练集)数据集的每一个小文件是一篇没有配图的新闻，文件名字视为 newsId。新闻内容在文件中。

(2) News_pic_info_train(训练集)数据集的每一个小文件是一张图像，图像的编号为 picId。

(3) News_pic_matching_info(训练集)文件的每一行是一篇新闻的编号 newsId 和该新闻配图的编号 picId。

(4) News_info_validate(验证集)是用于在线实时评测的新闻数据集，格式和 News_info_train 一样。

(5) News_pic_info_validate(验证集)是用于在线实时评测的图像数据集，格式和 News_pic_info_train 一样。

(6) News_info_test(测试集)是用于最终评测的新闻数据集，格式和 News_info_train 一样。测试数据集中不给出配图的 url 信息。

(7) News_pic_info_test(测试集)是用于最终评测的新闻图像数据集，格式和 News_pic_info_train 一样。

■ 参考文献

[1] https://www.biendata.com/competition/luckydata/data/.

[2] WANG Y, WANG L, LI Y, et al. A theoretical analysis of NDCG ranking measures. In: Proc. of Conference on Learning Theory (COLT), 2013: 1-26.

[3] http://competiwtion.sohucs.com/data.tar.gz.

实验 1.6　文本智能处理

1.　实验背景与内容

　　人工智能的发展在运算智能和感知智能方面已经取得了很大的突破和优于人类的表现。自然语言处理一直是人工智能领域的重要课题，而人类语言的复杂性也给神经语言程序学(Neuro-Linguistic Programming，NLP)布下了重重困难等待解决。长文本的智能解析就是颇具挑战性的任务，如何从纷繁多变、信息量庞杂的冗长文本中获取关键信息，一直是文本领域的难题。随着深度学习的热潮来临，许多新方法被引入 NLP 领域，这给相关任务带来了更多优秀的成果，也给人们带来了更多应用和想象的空间。

　　长文本数据和分类信息见本实验文献[1]，希望读者能够结合先进的 NLP 和人工智能技术，深入分析文本内在结构和语义信息，构建文本分类模型，实现精准分类。

2.　实验要求与评估

　　要求建立模型并通过长文本数据正文预测文本对应的类别。评价标准采用各个品类 F1-Score 指标的算术平均值，它是精确率和召回率的调和平均数：

$$\langle F_1 \rangle = \frac{1}{n}\sum_{i}^{n} F_{1i} = \frac{1}{n}\sum_{i}^{n} \frac{2 \cdot \text{Precision}_i \cdot \text{Recall}_i}{\text{Precision}_i \cdot \text{Recall}_i} \tag{1-9}$$

其中，Precision_i 表示第 i 个种类对应的 Precision，Recall_i 表示第 i 个种类对应的 Recall。

3.　数据来源与描述

　　由本实验文献[1]可获取实验数据，这些数据包含两个 csv 文件：

　　(1) train_set.csv：此数据集用于训练模型，每一行对应一篇文章，文章分别在"字"和"词"的级别上做了脱敏处理。此数据集共有 4 列：第一列是文章的索引(id)；第二列是文章正文在"字"级别上的表示，即字符相隔正文(article)；第三列是在"词"级别上的表示，即词语相隔正文(word_seg)；第四列是这篇文章的标注(class)。每一个数字对应一个"字""词"或"标点符号"。"字"的编号与"词"的编号是独立的。

　　(2) test_set.csv：此数据集用于测试，数据格式同 train_set.csv，但不包含 class。test_set 与 train_test 中文章 id 的编号是独立的。

■ 参考文献

[1]   https://www.dcjingsai.com/common/cmpt/"达观杯"文本智能处理挑战赛_赛体与数据.
      html.

实验 1.7   机器写作与人类写作的判定

1.   实验背景与内容

如果说 AlphaGo 和人类棋手的对决拉响了"人机大战"的序曲,那么在人类更为通识的写作领域,即将上演更为精彩的机器写作和人类写作的对决。人类拥有数万年的书写历史,人类写作蕴藏着无穷的信息、情感和思想。但随着深度学习、自然语言处理等人工智能技术的发展,机器写作在语言组织、语法和逻辑处理等方面几乎可以接近人类水平,360 搜索智能写作助手也在此背景下应运而生。

如何辨别出一篇文章是通过庞大数据算法训练出来的机器写作的,还是浸染漫长书写历史的人类创作的呢?本实验要求设计出优良的算法模型从海量的文章中区分出文章是机器写作的还是人类写作的。

2.   实验要求与评估

要求在训练集上得到模型,然后使用模型在测试集上判定一篇文章是真人写作的还是机器生成的。如果这篇文章是由机器写作生成的,则标签为 NEGATIVE,否则为 POSITIVE。仅在训练集上提供标签特征,要求在测试集上对该标签进行预测。

3.   数据来源与描述

1) 训练集

训练集的规模为 50 万条样例(有标签答案),数据格式如表 1.15 所示。

表 1.15   训练集的数据格式

字段	类型	描 述	说 明
文章 id	string	文章 id	—
文章标题	string	文章的标题,字数在 100 字之内	已脱敏。去掉了换行符号

continuation続表

字段	类型	描 述	说 明
文章内容	string	文章的内容	已脱敏。文章内容是一个长字符串，去掉了换行符号
标签答案	string	人类写作是 POSITIVE，机器写作是 NEGATIVE	实验者训练数据，可以选择本集合的全部数据，也可以选择部分数据。但是实验者不能自行寻找额外的数据加入训练集

2) 测试集 A

测试集 A 的规模为 10 万条样例(无标签答案)，数据格式如表 1.16 所示。

表 1.16　测试集 A 的数据格式

字段	类型	描 述	说 明
文章 id	string	文章 id	—
文章标题	string	文章的标题，字数在 100 字之内	已脱敏。去掉了换行符号
文章内容	string	文章的内容	已脱敏。文章内容是一个长字符串，去掉了换行符号

3) 测试集 B

测试集 B 的规模为 30 万条样例(无标签答案)，数据格式如表 1.17 所示。

表 1.17　测试集 B 的数据格式

字段	类型	描 述	说 明
文章 id	string	文章 id	—
文章标题	string	文章的标题，字数在 100 字之内	已脱敏。去掉了换行符号
文章内容	string	文章的内容	已脱敏。文章内容是一个长字符串，去掉了换行符号

上述 3 份数据中都同时包含了机器写手和人类撰写的文章数据。一条样例主要包括文章 id、文章标题、文章内容和标签信息(人类写作是 POSITIVE，机器写作是 NEGATIVE)。实验数据的具体内容可参见本实验文献[1]。

■ 参考文献

.
[1]　https://www.datafountain.cn/competitions/276/datasets.

实验 1.8 基于文本内容识别垃圾信息

1. 实验背景与内容

目前，垃圾短信已日益成为困扰运营商和手机用户的难题，严重影响人们的正常生活，甚至危害社会的稳定。而不法分子运用科技手段不断更新垃圾短信的形式且这些垃圾短信的传播途径非常广泛，传统的基于策略、关键词等过滤手段的效果有限，很多垃圾短信能"逃脱"过滤，到达手机终端。如何结合机器学习算法和大数据分析挖掘来智能地识别垃圾短信及其变种是当下的一个热门课题。

对测试集中每条记录的短信文本进行文本相关分析，包括文本的预处理(对特殊符号、数字、繁体和简体等的处理)、文本分词、文本分类学习、预测等。输出每条短信的判定结果：0 代表正常短信，1 代表垃圾短信。

2. 实验要求与评估

结果文件的名字不限(20 字以内)，文件必须为 csv 格式，采用 UTF-8 编码，共两个字段，第一个为短信 id，第二个为判定结果，分隔符为英文逗号，如表 1.18 所示。

表 1.18　实验结果文件示例

31212, 0
31213, 1
31214, 0

在实验评估时，将精确率、查全率、效率作为衡量指标，精确率和查全率综合得分高者为优，相同得分的效率高者为优。算法精确率和查全率最终用一个分值 F 表示，考虑到垃圾短信识别对于精确率要求比较高，最终的计算公式如表 1.19 所示。

表 1.19　垃圾短信识别计算公式表

原始数据	判 定 数 据		
	正常短信	垃圾短信	合计
正常短信	A	B	$A+B$
垃圾短信	C	D	$C+D$
合计	$A+C$	$B+D$	—

(1) 垃圾短信精确率 = $D/(B+D)$，垃圾短信判准确的占全部判垃圾短信的比率。

(2) 垃圾短信查全率 = $D/(C+D)$，垃圾短信判准确的占全部垃圾短信的比率。

(3) 正常短信精确率 = $A/(A+C)$，正常短信判准确的占全部判正常短信的比率。

(4) 正常短信查全率 = $A/(A+B)$，正常短信判准确的占全部正常短信的比率。

最终用一个分值 F 表示，考虑到垃圾短信识别对于精确率要求比较高，最终计算公式如下：

$$\begin{cases} F_{垃圾} = 0.65 \times 垃圾短信精确率 + 0.35 \times 垃圾短信查全率 \\ F_{正常} = 0.65 \times 正常短信精确率 + 0.35 \times 正常短信查全率 \\ F_{总分} = 0.7 \times F_{垃圾} + 0.3 \times F_{正常} \end{cases} \tag{1-10}$$

3. 数据来源与描述

数据集为带有审核结果标签的垃圾短信数据，通过特殊手段生成，具体可参见本实验文献[1]。数据所有字段说明如表 1.20 所示。

表 1.20　data.txt 字段说明

短信 id	审核结果	短信文本内容

数据示例如表 1.21 所示(分隔符为\t，不包含标题行)。

表 1.21　data.txt 字段及内容

31212, 0	感情不是因为你喜欢我
31213, 0	四洲湖失琉璃影
31214, 0	今天开始做考研真相的阅读真题

■ 参考文献

[1]　https://www.datafountain.cn/competitions/227/datasets.

实验 1.9　大规模图像搜索

1. 实验背景与内容

在移动互联网的时代，如何通过图像(尤其是实拍图像)搜索并访问到其相应的服务，是非常有挑战性和意义的事情。本实验的任务是：实验者根据提供的训练数据进行算法设计和模型训练，同时由验证数据来验证算法的初步效果；然后根据给定的待搜索图像(query)，从候选评测数据中检索出最相似的 20 个图像。

2. 实验要求与评估

希望能够获得采用不同算法进行图像搜索时同类型图像的返回情况，并根据返回的同类型图像所在的位次进行评分。使用如下两个指标来进行衡量：

1) 速度

速度指标只有上限，也就是说，单图的特征抽取和两两匹配的时间必须小于等于设定的上限，即特征抽取 1 s，两两匹配 100 ms。实验者可以使用 GPU 来获取前 N 个最好的结果(Top$N$)。实验基于 CPU 单线程，参考配置为：Intel(R) Xeon(R) CPU E5-2420，主频为 1.90 GHz，内存为 4 GB。如果超过 1s，则按如下计：假设时间为 n (单位为 s，精确到小数点后 2 位)，成绩为 M，则最终成绩为 $M / \sqrt{n}$。

2) 效果

实验效果用平均精度均值(mean Average Precision，mAP)来评估，mAP 是反映图像搜索系统在全部相关 query 上的性能指标。系统检索出来的同类型图像越多，同时越靠前，mAP 就越高。如果系统没有返回任何一个同类型图像，则精确率定义为 0。

对应单个 query，平均精度(Average Precision，AP)定义为

$$\frac{1\ \text{同类型/返回结果中的位次} + 2\ \text{同类型/返回结果中的位次} + \cdots}{\text{真实答案中有多少同类型(上限为20)}}$$

以某个 query 返回的 Top20 为例，如果有 3 个同类型图像，分别在第 1 位、第 3 位、第 10 位，这 3 个同类型图像的位次分别是第 1 位、第 2 位、第 3 位，则真实答案中共计 10 个同类型图像，平均精度为

$$\text{AP} = \frac{1/1 + 2/3 + 3/10}{10} \times 100\% = 19.67\%$$

整体的 mAP 是每个 query 的平均精度的平均值。

3. 数据来源与描述

数据来源于本实验文献[1]。

1) 训练集图像及标签(train_image.zip 和 train_label.zip)

训练集图像及标签用于进行算法训练，主要包含两大部分：一是图像本身，二是其对应的标签信息(标签不保证完全正确，但大部分正确，含有部分噪声或缺失)。标签有三大

类，其说明如表1.22所示。

表 1.22 三 类 标 签

字段名	字 段 说 明	备 注
imgid	图像标识符,对应图像文件名(扩展名以外)	—
cid	大类别 id	类别信息有专门映射文件
subcid	小类别 id	类别信息有专门映射文件
pid:vid; pid:vid; …	属性名:属性值;属性名:属性值;…	属性描述有专门映射文件

2) 评测集及特殊指定图像(eval_image.zip 和 verified_query.txt)

评测集作为用户进行检索的图像库,每张图像的文件名作为唯一标志符(imgid)。特殊指定图像是指定的,需要在提交结果时对这些指定的图像进行特征提取以及相似度测试,其格式为

imgid_0, imgid_1, imgid_2, imgid_3, …, imgid_n

3) 验证 query 及答案(query_image.zip 以及 eval_tags.zip 中指定 imgid)

在验证集上验证算法,根据答案计算算法指标。验证集给出一批 query,以及它们每个的同类型图像(答案),其格式为

query_i, imgid_0; imgid_1; imgid_2; imgid_3, …, imgid_19

4) 评测 query(query_image.zip 以及 eval_tags.zip 中指定 imgid)

用于评测的 query 图像,文件名为其唯一标志。

5) 接口说明

代码需要实现四个接口:特征抽取、两两匹配、初始化、结束释放。

(1) 特征抽取:extract。

具体格式为:int extract(const int* img_file_buf, long file_size, int* feat_buf, long max_size)。读入图像(二进制),输出整型(如原始为浮点,请归一到整型)格式特征。

(2) 两两匹配:match。

具体格式为:float match(const char* feat_buf1, const char* feat_buf2, long buf_size)。输入两个特征,输出特征间的距离。实验者可以使用欧氏距离等来进行比较。

(3) 初始化:init。

具体格式为:int init(const std::string& path)。其中,parth 一般为各类依赖文件的路径。

(4) 结束释放:release。

具体格式为:int release()。

■ 参考文献

[1] https://tianchi.aliyun.com/competition/entrance/231510/information.

实验 1.10   场 景 分 类

1. 实验背景与内容

移动互联网时代的开启使得图像的获取与分享越来越容易，图像已经成为人们交互的重要媒介。如何根据图像的视觉内容为图像赋予一个语义类别(如教室、街道等)是图像场景分类的目标，也是图像检索、图像内容分析和目标识别等问题的基础。但由于图像的尺度、角度、光照等因素的多样性以及场景定义的复杂性，场景分类一直是计算机视觉中的一个挑战性问题。

本实验从 400 万张互联网图像中精选出 8 万张图像，分属于 80 个日常场景类别，如航站楼、足球场等，每个场景类别包含 600～1100 张图像。要求实验者根据图像场景数据集建立算法，预测每张图像所属的场景类别，通过计算实验结果预测值和场景真实值之间的误差确定预测精确率，评估预测算法。详细的场景类别 id 和中英文名称见本实验文献[1]～[3]，如表 1.23 所示。

表 1.23   场景类别 id 与场景中英文名称对照

类 别	中 文 名 称	英 文 名 称
0	航站楼	airport_terminal
1	停机坪	landing_field
2	机舱	airplane_cabin

2. 实验要求与评估

以算法在测试集图像上的预测精确率作为最终评价标准。总体精确率函数为

$$S = \frac{1}{N} \sum_{i=1}^{N} \text{Precision}_i \tag{1-11}$$

其中，N 为测试集图像数目，Precision_i 为第 i 张图像的精确率。要求实验者以置信度递减的顺序提供三个分类的标签号，记为 l_j，$j = 1, 2, 3$。对图像 i 的真实标签值记为 g_i，如果三

个预测标签中包含真实标签值，则预测精确率为 1，否则准确度为 0，即

$$Precision_i = \min_j d(l_j, g_i) \tag{1-12}$$

其中，当 $x = y$ 时，$d(x, y) = 1$；否则为 0。

3. 数据来源与描述

数据集分为训练(70%)、验证(10%)、测试 A(10%)与测试 B(10%) 4 部分。训练标注数据包含图像 id 和所属场景类别 id。训练数据文件与验证数据文件的结构如下：

```
[
    {
        "image_id":"5d11cf5482c2cccea8e955ead0bec7f577a98441.jpg",
        "label_id": 0
    },
    {
        "image_id":"7b6a2330a23849fb2bace54084ae9cc73b3049d3.jpg",
        "label_id": 11
    },
    …
]
```

本实验文献[4]提供了验证脚本，帮助实验者在线下测试模型效果，并给出了测试脚本以及详细的使用方法。场景分类类别如表 1.24 所示。

表 1.24　场景分类类别

0/航站楼：airport_terminal	1/停机坪：landing_field
2/机舱：airplane_cabin	3/游乐场：amusement_park
4/冰场：skating_rink	5/舞台：arena/performance
6/艺术室：art_room	7/流水线：assembly_line
8/棒球场：baseball_field	9/橄榄球场：football_field
10/足球场：soccer_field	11/排球场：volleyball_court
12/高尔夫球场：golf_course	13/田径场：athletic_field
14/滑雪场：ski_slope	15/篮球馆(场)：basketball_court
16/健身房：gymnasium	17/保龄球馆：bowling_alley

18/游泳池：swimming_pool	19/拳击场：boxing_ring
20/跑马场：racecourse	21/田地/农场：farm/farm_field
22/果园菜园：orchard/vegetable	23/牧场：pasture
24/乡村：countryside	25/温室：greenhouse
26/电视台：television_studio	27/亚洲寺庙：templeeast_asia
28/亭子：pavilion	29/塔：tower
30/宫殿：palace	31/西式教堂：church
32/街道：street	33/餐厅食堂：dining_room
34/咖啡厅：coffee_shop	35/厨房：kitchen
36/广场：plaza	37/实验室：laboratory
38/酒吧：bar	39/会议室：conference_room
40/办公室：office	41/医院：hospital
42/售票处：ticket_booth	43/露营地：campsite
44/音乐工作室：music_studio	45/电梯/楼梯：elevator/staircase
46/公园/花园：garden	47/建筑工地：construction_site
48/综合超市：general_store	49/商店：specialized_shops
50/集市：bazaar	51 图书馆/书店：library/bookstore
52/教室：classroom	53/海洋/沙滩：ocean/beach
54/消防：firefighting	55/加油站：gas_station
56/垃圾场：landfill	57/阳台：balcony
58/游戏室：recreation_room	59/舞厅：discotheque
60/博物馆：museum	61/沙漠：desert/sand
62/漂流：raft	63/树林：forest
64/桥：bridge	65/住宅：residential_neighborhood
66/汽车展厅：auto_showroom	67/河流湖泊：lake/river
68/水族馆：aquarium	69/沟渠：aqueduct
70/宴会厅：banquet_hall	71/卧室：bedchamber
72/山：mountain	73/站台：station/platform
74/草地：lawn	75/育儿室：nursery
76/美容/美发店：beauty_salon	77 修理店：repair_shop
78/斗牛场：rodeo	79/雪屋/冰雕：igloo, ice_engraving

第 1 章

分类与检索类

■ 参考文献

[1] XIAO J, HAYS J, EHINGER K A, et al. Sun database: large-scale scene recognition from abbey to zoo. In: Proc. of CVPR, 2015: 3485-3492.

[2] YU F, ZHANG Y, SONG S, et al. LSUN: Construction of a large-scale image dataset using deep learning with humans in the loop. arXiv preprint arXiv:1506.03365, 2015.

[3] ZHOU B, LAPEDRIZA A, KHOSLA A, et al. Torralba. Places: a 10 million image database for scene recognition. IEEE Transactions on Pattern Analysis and Machine Intelligence, 2017, 40(6): 1452-1464.

[4] https://challenger.ai/competition/scene.

实验 1.11 零样本学习

1. 实验背景与内容

本次零样本学习(Zero-Shot Learning，ZSL)实验的任务是在已知类别上训练物体识别模型，要求模型能够用于识别来自未知类别的样本。本实验文献[1]提供了属性，用于实现从已知类别到未知类别的知识迁移，要求实验结果是对测试样本的标签预测值，算法性能评估采用识别准确率。除提供的数据外，不可使用任何外部数据(包括预训练的图像特征提取模型、词向量等)。实验数据划分为若干超类，每个超类内包含许多子类。对于每个超类，单独进行实验，不可交叉使用数据。在测试阶段，对每个样本独立进行测试，不可使用 transductive setting，即测试集样本不可用于训练。

本实验文献[1]提供了一个大规模图像属性数据集，包含 78 017 张图像、230 个类别和 359 种属性，用于本次 ZSL 实验。

2. 实验要求与评估

本实验的评价标准采用识别准确率，实验者模型预测的标签与真实标签一致即为识别正确。设所有超类下的总测试图像数为 N，预测正确的图像数为 M，则识别准确率 Accuracy = M/N。本实验文献[1]提供了基线方法和验证脚本，用于帮助实验者在线下测试模型效果。

结果提交说明：要求实验者对于每个超类单独进行训练和测试，最后实验者需将实验中所有超类的测试样本的标签预测值汇总成一个 txt 文件(如 a.txt)进行提交。每行是一个预测结果，应包含图像名称与预测类别，图像名称与预测类别之间必须用空格隔开，样本间的顺序不作要求。提交结果文件格式示例如下：

　　　　1457c71e9e83996bbf3a83b7ff27e253.jpg Label_A_11

　　　　dc3af48552cd53299a9e6cfda2232646.jpg Label_A_12

　　　　44a2297f83ce92b9d15e13f6983614a1.jpg Label_F_14

3. 数据来源与描述

　　数据集分为 Test A 和 Test B 两部分。Test A 包含动物(Animals)、水果(Fruits)两个超类，Test B 包含交通工具(Vehicles)、电子产品(Electronics)、发型(Hairstyles) 3 个超类。每个超类均包含训练集(80%类别)和测试集(20%类别)。训练集的所有图像均标注了标签和包围框。对于部分图像(20 张/类)，标注了二值属性，属性值为 0 或 1，表示属性"存在"或"不存在"。对于测试集中的未知类别，仅提供类别级的属性用作知识迁移。标注示例图如图 1.1 所示。

图 1.1　标注示例图

　　(1) 标签和边框标注，见 zsl_a_animals_train_annotations_labels_20180321.txt，文件结构如下：

　　　　018429, Label_A_03, [81, 213, 613, 616], A_bear/4464d4fe981ef365759c6cee7205f547.jpg

　　每张图像一行，每个字段以逗号隔开，分别表示图像 id、标签 id、外包围框坐标、图像路径。

　　(2) 属性标注，见 zsl_a_animals_train_annotations_attributes_20180321.txt，文件结构如下：

　　　　Label_A_03, A_bear/4464d4fe981ef356759c6cee7205f547.jpg, [0 0 0 1 0 0 0 0 0 0 0 1
0 1 0 0 0 0 0 0 0 0 1 0 1 0 1 0 0 0 1 1 0 0 1 1 1 0 1 0 0 0 0 0 0 0 0 0 0 0 1 1 0
1 1 0 1 1 0 1 0 0 1 1 1 1 1 1 1 1 0 1 0 1 0 1 1 0 0 0 1 0 1 1 0 0 1 0 0 1 0 0 1 0 0 0 0 1 0 0 0 0
0 1 0 0 0 0 0 0 0 0 0 0 0 0 0 0 0 0 0 0 0 0 0 0 0 0 0 0 0 0 0 0 0 0 0 0 0 0 0 0 0 0 0
0 0 0 0 0 0 0 0 0 0 0 0 0 0 0 0 0 0 0 0 0 0 0 0 0 0 0 0 0 0 0 0 0 0 0 0 0 0 0 0 0 0 0 0 0
0 0 0 0 0 0 0 0 0 0 0 0 0 0 0 0 0 0 0 0 0 0 0 0 0 0 0 0 0 0 0 0 0 0 0 0 0 0 0 0 0 0 0 0
0 0 0 0 0 0 0 0 0 0 0 0 0 0 0 0 0 0 0 0 0 0 0 0 0 0 0 0 0 0 0 0 0 0 0 0 0 0 0 0 0 0 0 0

0 0 0 0 0 0 0 0 0 0 0 0 0 0 0 0 0 0 0 0 0 0 0 0 0 0 0 0 0 0 0 0 0 0 0 0 0 0 0 0]

每张图像一行，每个字段以逗号隔开，分别表示标签 id、图像路径、属性标注(359 个值，顺序同 zsl_a_animals_train_annotations_attribute_list_20180321.txt)。

(3) 类别级属性标注，见 zsl_a_animals_train_ annotations_attributes_per_ class_ 20180321.txt，文件结构如下：

Label_A_03, [0.20 0.15 0.00 0.00 0.70 0.30 0.00 0.00 0.00 0.00 0.30 0.00 1.00 0.00 1.00 0.00 0.00 0.00 0.00 0.00 0.00 1.00 0.00 0.00 0.00 0.00 0.00 1.00 0.00 1.00 0.00 1.00 0.00 0.00 0.00 0.00 0.00 1.00 1.00 0.00 0.00 1.00 1.00 1.00 0.00 1.00 0.00 0.00 0.00 0.00 0.00 0.00 0.00 0.00 0.00 0.00 0.00 1.00 0.00 0.00 1.00 0.00 1.00 1.00 0.00 1.00 0.00 0.00 1.00 0.35 1.00 1.00 1.00 1.00 1.00 1.00 1.00 0.00 0.00 1.00 1.00 1.00 0.00 0.00 1.00 0.00 1.00 0.00 1.00 0.00 0.00 0.00 0.00 1.00 0.15 0.00 0.00 0.00 0.40 0.15 0.00 0.15 0.15 0.00 0.95 0.00 0.05 0.00 0.00 0.05 0.00]

每个类别一行，每个字段以逗号隔开，分别表示标签 id、属性标注(顺序同 zsl_a_animals_train_annotations_attribute_list_20180321.txt)。类别级属性是将每个类别中已标注属性的 20 张图像的属性取均值得到的。

(4) 标签 id 与真实类别中英文名称对照，见 zsl_a_animals_train_ annotations_label_ list_20180321.txt，文件结构如下：

Label_A_03, bear, 熊

每个类别一行，每个字段以逗号隔开，分别表示标签 id、标签英文名、标签中文名。

(5) 属性 id 与属性中英文名称对照，见 zsl_a_animals_train_ annotations_ attribute_ list_20180321.txt，文件结构如下：

Attr_A_005, color: is brown, 颜色: 是棕色的

每个属性一行，每个字段以逗号隔开，分别表示属性 id、属性英文名、属性中文名。

■ 参考文献

[1]　https://challenger.ai/competition/zsl2018/subject.

实验 1.12　城市区域功能分类

1. 实验背景与内容

随着我国城市化进程的加快和智慧城市的建设，城市规划和精细化管理面临着新的挑

战。高分辨率遥感影像具有空间分辨率高、信息翔实等优点，在城市功能分类等方面得到了广泛的应用。城市是为人类建的，城市的功能与我们的日常生活息息相关。通过充分利用遥感数据和用户行为数据，可以预期用于城市区域功能分类的模型会有显著的改进。

1) AI+遥感

在数据方面，充分发挥移动大数据与遥感影像相结合的潜力。在技术方面，像深度学习这样的人工智能工具可以得到很好的利用。

2) 对遥感数据开源的贡献

与"一带一路""中国走出去"等国家战略举措相呼应，遥感数据的国际合作与共享将得到极大拓展。

3) 促进工业应用

城市作为一个复杂的系统，兼具居住、商业等多重功能。该实验通过人工智能与卫星图像的结合来理解城市空间结构和精细化管理具有十分重要的意义。希望实验者提出新颖的想法，并将解决方案推广到智能农业和智能环境等行业。

2. 实验要求与评估

利用卫星图像数据和特定地理区域的用户行为数据，建立城市功能分类模型。城市地区职能如表 1.25 所示。

表 1.25 城市地区职能表

范畴 id	地区职能	范畴 id	地区职能
001	居住区	006	公园
002	学校	007	购物区
003	工业园	008	行政区划
004	火车站	009	医院
005	机场		

评估的准确性被定义为正确分类的样本数与样本总数的比率。

3. 数据来源与描述

实验数据包括训练数据和测试数据[1]。

1) 训练数据

(1) 遥感数据。本实验提供了 40 000 幅卫星图像。每个图像的大小为 100 像素×100

像素。图像以如下格式提供：AreaID_GonzoryID.jpg。例如，文件名为 000001_001.jpg，表示该文件包含区域 00001 的卫星图像，该区域被标记为"居住区"。

(2) 用户访问。本实验提供了 40 000 个文件。每个文件都保存给定区域的用户访问记录。文件以如下格式提供：AreaID_ExperoryID.txt。例如，文件名为 000001_001.txt，表示该文件包含区域 100001 的用户访问数据，该区域被标记为"居住区"。

2）测试数据

(1) 卫星图像。本实验提供了 10 000 幅卫星图像。每个图像的大小为 100 像素 × 100 像素。图像以如下格式提供：AreaId.jpg。例如，文件名为 100001.jpg，表示该文件包含 100001 区域的卫星图像。

(2) 用户访问。本实验提供了 10 000 个文件。每个文件都保存给定区域的用户访问记录。文件以如下格式提供：AreaID.txt。例如，文件名为 100001.txt，表示该文件包含 100001 区域的用户访问数据。

■ 参考文献

[1] https://dianshi.baidu.com/competition/30/question.

实验 1.13 土地利用分类

1. 实验背景与内容

局地气候区(Local Climate Zone，LCZ)是一种基于局地气候理念的分类体系，它提供了土地利用规划人员或气候建模人员可以使用的区域基本物理性质的信息[1]。LCZ 被世界城市数据库与访问门户工具(World Urban Database and Access Portal Tools，WUDAPT)倡议群体[2]用作城市区域的第一级离散化表示。WUDAPT 致力于收集、存储和传播世界各地城市的格局和功能数据。

本实验要完成的任务是对各种城市环境中的土地利用进行分类(LCZ 处理)并选择多个城市来测试 LCZ 预测对于全球城市的泛化能力。输入数据是多时间、多来源和多模式的(图像和语义层)。

2. 实验要求与评估

实验效果基于定量的准确性参数进行评判，这些参数是通过对测试样本(训练期间未出现的城市)进行计算来实现的。训练数据提供 5 个训练城市(柏林、罗马、巴黎、圣保罗、香港)并提供基准数据。本实验中的 LCZ 类别与本实验文献[3]中的类别相对应。

(1) 对应于各种建筑类型的 10 个城市 LCZ 类别:

紧凑型高层建筑(类别编号: 1);

紧凑型中层建筑(类别编号: 2);

紧凑型低层建筑(类别编号: 3);

开放式高层建筑(类别编号: 4);

开放式中层建筑(类别编号: 5);

开放式低层建筑(类别编号: 6);

轻量型低层建筑(地面层代码: 7);

大型低层建筑(类别编号: 8);

稀疏建筑(类别编号: 9);

重工业建筑(类别编号: 10)。

(2) 对应于各种土地覆盖类型的 7 个农村 LCZ 类别:

茂密树木(类别编号: 11);

零星树木(类别编号: 12);

灌木(类别编号: 13);

低矮植物(类别编号: 14);

裸岩或铺砌(类别编号: 15);

裸土或沙土(类别编号: 16);

水(类别编号: 17)。

意大利 Bologna(博洛尼亚)市的一个例子如图 1.2 所示。

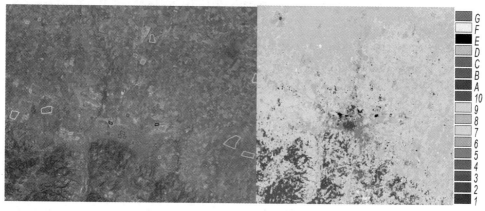

图 1.2　Bologna 市的 LCZ 类别

3. 数据来源与描述

数据集由几个城市的数据组成，数据的详细信息可参考本实验文献[4]。对于每个城市，数据集中提供以下数据[5]：

(1) Landsat 卫星数据：形式为 8 个多光谱波段(即可见光、短红外线和长红外线)图像，以 100 m 分辨率重采样(美国地质调查局提供)。

(2) Sentine12 图像：形式为 9 个多光谱波段(即可见光、植被红边和短红外线)，以 100 m 分辨率重采样(包含改进的 2016 Copernicus 数据)。

(3) 辅助数据：包含土地利用信息的开放街图(Open Street Map，OSM)层：建筑、自然、道路和土地使用区域)，这些数据可在本实验文献[6]中获取。数据集为建筑和土地使用区域提供 20 m 分辨率的 OSM 层光栅图像，可叠加在卫星图像上。

(4) 对于训练集中的城市，还提供了城市中几个区域的多种 LCZ 类别标注(使用上述类别编码定义为多边形)。

■ 参考文献

[1] BECHTEL B, ALEXANDER P J, BÖHNER J, et al. Mapping local climate zones for a worldwide database of the form and function of cities. ISPRS International Journal of Geo-Information, 2015, 4(1): 199–219.

[2] http://www.wudapt.org.

[3] STEWART I D, OKE T R. Local climate zones for urban temperature studies. Bulletin of the American Meteorological Society, 2012, 93(12): 1879-1900.

[4] http://www.grss-ieee.org/wp-content/uploads/2018/01/ieee-grss-iadf-dfc2017-jstars-supp-wmaterial.pdf.

[5] http://www.grss-ieee.org/2017-ieee-grss-data-fusion-contest.

[6] http://www.open street map.org/copyright.

实验 1.14 城市土地利用和土地覆盖分类

1. 实验背景与内容

本实验的内容是利用多源光学遥感数据的融合和分析方法来实现城市土地利用和土地

覆盖分类。

2. 实验要求与评估

本实验中的城市土地利用和土地覆盖类别可参考本实验文献[1]中的内容：

未分类：类别编号 0；　　　　　　　　　健康的草：类别编号 1；

打蔫的草：类别编号 2；　　　　　　　　人造草皮：类别编号 3；

常绿树：类别编号 4；　　　　　　　　　落叶树：类别编号 5；

裸露的地面：类别编号 6；　　　　　　　水：类别编号 7；

住宅建筑物：类别编号 8；　　　　　　　非住宅建筑物：类别编号 9；

公路：类别编号 10；　　　　　　　　　人行道：类别编号 11；

人行横道：类别编号 12；　　　　　　　主干道：类别编号 13；

高速公路：类别编号 14；　　　　　　　铁路：类别编号 15；

砖铺的停车场：类别编号 16；　　　　　未铺砌的停车场：类别编号 17；

汽车：类别编号 18；　　　　　　　　　火车：类别编号 19；

体育场座位：类别编号 20。

训练区域的 RGB 和基准如图 1.3 所示。

(a) MS-LiDAR 强度数据的彩色合成图　　　　　　　　　　　　　(b) 基准图

$(R = 1550\text{nm}，G = 1064\ \text{nm}，B = 532\ \text{nm})$

图 1.3　训练区域的 RGB 和基准

3. 数据来源与描述

数据自国家机载激光测绘中心(National Center for Airborne Laser Mapping，NCALM)于 2017 年 2 月 16 日 16:31 至 18:18 的 GMT 中获取，具体详情可参考本实验文献[2]。传感器包括一个带有集成摄像头的 Optech Titam MW(14SEN / CON340)。该摄像头是一个 LiDAR 传感器，工作在 3 种不同的激光波长，具有一个 70 mm 焦距的高分辨率彩色成像器 DiMAC ULTRALIGHT+ 和一个高光谱成像仪 ITRES CASI 1500。

数据内容如下：

(1) 1550 nm、1064 nm 和 532 nm 的多光谱 LiDAR 点云数据，包括每个通道首次返回的强度光栅图和 50 cm GSD(Ground Sample Distance，地面采样距离)的 DSM(Digital Surface

Model，数字表面模型)。

(2) 覆盖 380～1050 nm 光谱范围的高光谱数据，在 1 m GSD 处有 48 个波段。

(3) 5 cm GSD 的高分辨率 RGB 图像，图像被组织为几个分离的图块。

此外，训练区域还给出了与 20 个城市土地利用和土地覆盖类别相对应的基准，该基准由 0.5 m GSD 的光栅图给出，可叠加在机载图像上。

■ 参考文献

[1] DEBES C, MERENTITIS A, HEREMANS R, et al. Hyperspectral and LiDAR data fusion: outcome of the 2013 GRSS data fusion contest. Journal of Selected Topics in Applied Earth Observations and Remote Sensing, 2014, 7(6): 2405-2418.

[2] http://www.grss-ieee.org/community/technical-committees/data-fusion/2018-ieee-grss-data-fusion-contest/.

实验 1.15　探寻地球密码

1. 实验背景与内容

以"天宫一号""天宫二号"两个飞行器中的高质量宽波段成像仪、三维成像微波高度计、高光谱成像仪等生成的数据为数据源，面向遥感图像典型场景智能识别以及多源数据的交叉应用两个方向，国内举办了多个关于天宫数据的大赛。

为充分挖掘数据的价值，促进遥感图像智能处理技术的发展及人才培养，本实验分为两个内容，一个是创新应用类，一个是创意探索类。

1) 创新应用类

完成基于"天宫二号"宽波段成像仪、三维成像微波高度计的数据的大尺度典型场景智能识别，要求实验者利用深度学习等智能算法自动识别出所给图像对应的场景类型(包括海洋、山脉、湖泊、农田、沙漠和城市等 6 类)，并对场景的识别准确度和时效性进行评分。

2) 创意探索类

以"天宫一号"高光谱成像仪数据、"天宫二号"宽波段成像仪数据及三维成像微波高度计数据为主，综合利用其他数据资源，探索"天宫一号"和"天宫二号"对地观测数据的应用潜力，拓展交叉应用领域的应用成果产出，要求实验者给出数据应用方案和结果，根据应用结果的创新性进行评分。

2. 实验要求与评估

创新应用类：对结果的准确性进行评分，计算公式为

$$\text{准确率(Accuracy)} = \frac{\text{识别正确样本数}}{\text{总样本数}} \tag{1-13}$$

创意探索类：根据结果的创新性进行评价打分。

3. 数据来源与描述

1) 创新应用类

实验数据来源于"天宫二号"对地观测获取的历史存档数据，包括多光谱图像和微波幅度图像，数据内容覆盖海洋、山脉、湖泊、农田、沙漠和城市等 6 类典型场景，每种场景包括若干不同区域的影像以及同一区域不同时间的影像。

(1) "天宫二号"多光谱图像(必选)：对应地面像元分辨率为 100 m。

(2) 微波幅度图像(可选)：对应地面像元分辨率为 40 m。

本实验的数据由训练数据集多光谱图像(2000 幅)、微波幅度图像(500 幅)以及图像对应的场景标签构成。

2) 创意探索类

创意探索类数据包括"天宫一号"高光谱成像仪影像数据(全色影像、高光谱短波红外影像以及热红外谱段影像)，"天宫二号"宽波段成像仪影像数据(可见近红外影像、短波红外影像以及热红外影像)，"天宫二号"三维成像微波高度计数据(微波幅度影像和三维高程数据)。

(1) "天宫一号"高光谱成像仪：全色影像地面像元分辨率为 5 m，高光谱短波红外影像地面像元分辨率为 20 m，热红外谱段影像地面像元分辨率为 10 m。

(2) "天宫二号"宽波段成像仪：可见近红外影像地面像元分辨率为 100 m，短波红外影像地面像元分辨率为 200 m，热红外谱段影像地面像元分辨率为 400 m；

(3) "天宫二号"三维成像微波高度计：微波幅度影像地面像元分辨率为 40 m，三维高程数据地面像元分辨率为 40 m。

■ 参考文献

[1] https://dianshi.baidu.com/competition/22/question.

实验 1.16　基于卫星图像的地球分析

1. 实验背景与内容

卫星图像是一个强大的信息源，与传统图像相比，它包含更多结构化和一致性的数据。近年来，由于在地图和人口分析等领域中的广泛应用，卫星图像越来越受得人们的重视。此实验分为 3 个任务：道路提取、建筑物检测和地物分类。

1) 道路提取

在发展中国家，特别是在灾区，地图和信息获取对危机应对至关重要。实验要求从卫星图像中自动提取道路和街道网络，该问题也是区域道路像素的二值分割问题。

2) 建筑物检测

人口动态模型对于灾害响应和恢复非常重要，建筑物和城市区域的检测在其中具有关键作用。实验要求从卫星图像中自动检测建筑物，该问题被表示为二值分割问题，用于定位每个区域中的所有建筑物多边图。通过检测到的多边图与基准图的重叠率来进行评估。

3) 地物分类

地物的自动分类和分割对可持续发展、农业生产和城市规划具有重要意义。地物的自动分类被定义为一个多级分割任务，用于检测城市、农林、牧场、水和贫瘠地等未知区域。

2. 实验要求与评估

1) 道路提取

道路提取是一个二值分类问题。每个输入都是卫星图像，必须预测输入的掩膜(即与输入图像高度和宽度相同的二值图像)，使用交并比(Intersection over Union，IoU)度量。

2) 建筑物检测

输入图像为卫星图像，预测一组描述图像建筑物的多边图，使用 IoU 度量。评估标准是 F_1 分值。对于每一栋建筑，都有一个地理空间定义的多边图标签，用于表示建筑物的覆盖区。SpaceNet[1]为所给出的建筑物覆盖区生成一个多边图，每个所预测的建筑物覆盖区要么是"真正类"，要么是"假正类"。如果所给出的多边图与已标记的多边图最接近(由 IoU 衡量)，且两者之间的 IoU 值大于等于 0.5，则认为所给出的覆盖区是"真正类"，否则，为"假正类"。每个带标签的多边图最多有一个"真正类"。带标签的多边图与所给出的多边图之间的相似性测度为 IoU，其计算式为

$$\text{IoU}(A, B) = \frac{A \bigcap B}{A \bigcup B} \tag{1-14}$$

IoU 值在 0~1 之间，其中较近的多边形具有较高的 IoU 值。结合精确率测量的正确性和召回率测量的完备性，F_1 分值是精确率和召回率的调和平均数。

例如，假设建筑物覆盖区有 N 个多边图标签被认为是基准，并且假设所有实验者共有 M 个所给出的多边图。设 tp 表示所给出的 M 个多边图的"真正类"数目，则 F_1 分值计算如下：

$$F_1 = 2\frac{\text{Precision} \cdot \text{Recall}}{\text{Precision} + \text{Recall}} = 2\frac{\dfrac{\text{tp}}{M} \cdot \dfrac{\text{tp}}{N}}{\dfrac{\text{tp}}{M} + \dfrac{\text{tp}}{N}} = \frac{2\,\text{tp}}{M + N} \tag{1-15}$$

F_1 分值在 0~1 之间，数字越大越好。

3) 地物分类

地物分类是一个多类分类问题。每个输入都是卫星图像，需要为输入图像预测掩膜(即与输入图像高度和宽度相同的彩色图像，使用 IoU 度量)。

3. 数据来源与描述

数据来源于高分辨率卫星图像数据集(由 DigitalGlobe 提供)[2]。

■ 参考文献

[1] https://spacenet.ai.

[2] http://deepglobe.org.

实验 1.17　天文数据挖掘

1. 实验背景与内容

天文学是一门历史悠久的观测科学，随着科学技术的发展，观测设备不断升级，人类对宇宙的认识由近到远逐步扩展，从地球到太阳系，从恒星到银河系，再到河外星系。先进的观测设备使我们能够望向宇宙更深处，同时也带来了天文数据爆炸式的增长。如今，人工智能技术能够辅助天文学家处理分析海量天文数据，进而从中发现新的天体和物理规律。

郭守敬望远镜(LAMOST，大天区面积多目标光纤光谱天文望远镜)是一架新型的大视场兼备大口径望远镜，在大规模光学光谱观测和大视场天文学研究方面，居于国际领先地位。作为世界上光谱获取率最高的望远镜，LAMOST 每个观测夜晚能采集万余条光谱，使得传统的人工或半人工的利用模板匹配的方式不能很好应对，需要高效而准确的天体光谱智能识别分类算法。

在天文学中，光谱描述了天体的辐射特性，以不同波长处辐射强度的分布来表示。每条观测得到的光谱主要是由黑体辐射产生的连续谱、天体中元素的原子能级跃迁产生的特征谱线(吸收线、发射线)以及噪声组成的。通常天文学家依据光谱的特征谱线和物理参数等来判定天体的类型。在目前的 LAMOST 巡天数据发布中，光谱主要被分为恒星、星系、类星体和未知天体 4 大类。LAMOST 数据集中的每一条光谱提供了 3690～9100 埃的波长范围内的一系列辐射强度值。光谱自动分类就是要从上千维的光谱数据中选择和提取对分类识别最有效的特征来构建特征空间。例如，选择特定波长或波段上的光谱流量值等作为特征，并运用算法对各种天体进行区分。

实验要求实验者对 LAMOST 光谱进行分类(galaxy、star、qso、unknown)，设计高效高精确率的算法来解决这个天文学研究中的实际问题。

2. 实验要求与评估

考虑到 imbalance data 的特性和易计算性，用 marco F1-Score 作为评分规则。marco F1-Score 是每一类的 F1-Score 的算术平均。

以四类分类为例，每一类以 one VS all 计算各类的 F1-Score：

$$
\begin{cases}
F_{1\_\text{class}1} = \dfrac{2\left(\text{Precision}_{\text{class}1} \cdot \text{Recall}_{\text{class}1}\right)}{\text{Precision}_{\text{class}1} + \text{Recall}_{\text{class}1}} \\[2mm]
F_{1\_\text{class}2} = \dfrac{2\left(\text{Precision}_{\text{class}2} \cdot \text{Recall}_{\text{class}2}\right)}{\text{Precision}_{\text{class}2} + \text{Recall}_{\text{class}2}} \\[2mm]
F_{1\_\text{class}3} = \dfrac{2\left(\text{Precision}_{\text{class}3} \cdot \text{Recall}_{\text{class}3}\right)}{\text{Precision}_{\text{class}3} + \text{Recall}_{\text{class}3}} \\[2mm]
F_{1\_\text{class}4} = \dfrac{2\left(\text{Precision}_{\text{class}4} \cdot \text{Recall}_{\text{class}4}\right)}{\text{Precision}_{\text{class}4} + \text{Recall}_{\text{class}4}}
\end{cases}
\tag{1-16}
$$

$$
\text{marco F1-Score} = \frac{F_{1\_\text{class}1} + F_{1\_\text{class}2} + F_{1\_\text{class}3} + F_{1\_\text{class}4}}{4}
\tag{1-17}
$$

实验结果为 csv 文件，用逗号分隔，且不包含字段名。文件共两列，第 1 列为波段文件 id 号，与索引文件中的一致；第 2 列为分类信息，为 galaxy、star、qso 和 unknown 中的一种。实验结果文件格式如表 1.26 所示。

表 1.26　实验结果文件格式

波段文件 id 号	预测类别
000, 001	galaxy
000, 002	galaxy
000, 003	qso
000, 004	star
000, 005	unknown
...	...
7xx, xxx	qso

3. 数据来源与描述

本实验文献[1]中的数据包括索引文件(index.csv)和波段文件(id.txt 集合的 zip)两部分。

(1) 索引文件的第一行是字段名，之后每一行代表一个天体。索引文件的第一个字段为波段文件 id。训练集的索引文件记录了波段文件 id 以及分类信息，测试集的索引文件记录了波段文件 id，需要预测分类信息。

(2) 波段文件是以 txt 为后缀的文本文件，存储的是已经插值采样好的波段数据，以逗号分隔。所有波段文件的波段区间和采样点都相同，采样点个数都是 2600 个。

(3) 带 train 的为训练集，带 test 的为第一阶段测试集，带 rank 的为第二阶段测试集。

unknown 数据补充说明：

(1) LAMOST 数据集中的 unknown 类别是指因光谱质量(信噪比低)等原因，未能够给出确切分类的天体。

(2) unknown 分类目前由程序给出，其中不排除有恒星、星系和类星体。

■ 参考文献

[1]　https://tianchi.aliyun.com/dataset/dataDetail?dataId=1077.

实验 1.18　药物分子筛选

1. 实验背景与内容

蛋白质是生命的物质基础，是生物性状的直接表达者。蛋白质与小分子化合物的相互作用是进行药物设计的基础。在分子水平上深入研究蛋白质与药物分子的结合机理有助于为筛选及研发药效高、应用广及毒副作用小的新药提供丰富的计算依据,大大缩短现有的实验发现流程并降低临床失败风险。

本实验希望利用人工智能构建蛋白质和小分子的亲和力预测模型,用于筛选有效的药物候选分子,大大加快药物研发流程,让患者得到最及时的治疗。

2. 实验要求与评估

致病蛋白质很多,它们的结构序列(Sequence 特征)都存在 df_protein.csv 数据集中。经过科学家的不懈努力,能与这些致病蛋白质相结合的小分子(df_molecule.csv 中的 Fingerprint 特征表示了其结构)也被发现,并附上了它们的理化属性。此外,在 df_affinity.csv 数据集中,包含了蛋白质和小分子之间的亲和力值(K_i 特征)。本实验的目的是从测试集(df_affinity_test_toBePredicted.csv)中预测出致病蛋白质与小分子的亲和力值,从而找出最有效的药物分子。

误差准则为均方根误差(Root Mean Square Error,RMSE),它是观测值与真值偏差的平方与观测次数 n 的比值的平方根。

3. 数据来源与描述

1) 总体概述

实验数据集包含 2 万条数据(部分原始数据来源于 BindingDB 数据库)[1],包含了蛋白质与小分子亲和力预测值以及蛋白质的一级结构序列,还有小分子的分子指纹及对应的 18 种理化属性。

根据蛋白质的信息,数据被分为两部分:一部分蛋白质的相关信息作为训练集,另一部分蛋白质的相关信息作为测试集,分别标注以 train 和 test。

2) 数据文件解释

(1) 蛋白质信息:df_protein.csv。

数据共 2 列,分别是蛋白质 id 和蛋白质的一级结构序列的矢量化结果。结构序列的形式可参考本实验文献[2]。

例如:

Protein ID Sequence

4　　 MEPVPSARAELQFSLLANVSDTFPSAFPSASANASGSPGARSASSLALAIA
ITALYSAVCAVGLLGNVLVMFGIVRYTKLKTATNIYIFNLALADALATSTL
PFQSAKYLMETWPFGELLCKAVLSIDYYNMFTSIFTLTMMSVDRYIAVCH
PVKALDFRTPAKAKLINICIWVLASGVGVPIMVMAVTQPRDGAVVCTLQF

PSPSWYWDTVTKICVFLFAFVVPILIITVCYGLMLLRLRSVRLLSGSKEKD

(2) 蛋白质与小分子亲和力值信息：df_affinity.csv。

数据共 3 列，分别是蛋白质 id、小分子 id 和亲和力值 K_i（经过函数变换后的值）。

例如：

Protein_ID	Molecule_ID	K_i
0	0	8.309803963
1	1	10.29242992

(3) 小分子信息：df_molecule.csv(会存在缺失值)。

数据共 19 列，其中每个特征的含义如下：

Molecule_ID：小分子 id；

Fingerprint：分子指纹；

cyp_sc9, cyp_sa4, cyp_2d6：3 种 cyp 酶；

Ames_toxicity：ames 毒性测试；

Fathead_minnow_toxicity：黑头呆鱼毒性测试；

Tetrahymena_pyriformis_toxicity：梨型四膜虫毒性测试；

Honey_bee_toxicity：蜜蜂毒性测试；

Cell_permeability：细胞渗透性；

LogP：油水分配数；

Renal_organic_cation_transporter：肾脏阳离子运输性；

CLtotal：血浆清除率；

Hia：人体肠道吸收水平；

Biodegradation：生物降解水平；

Vdd：表观分布容积；

P_glycoprotein_inhibition：P-糖蛋白抑制物；

NOAEL：无可见有害作用剂量；

Solubility：药物溶解度；

Bbb：血脑屏障；

Half-life：药物半衰期。

■ 参考文献

[1] https://www.dcjingsai.com/common/cmpt/基于人工智能的药物分子筛选_赛体与数据.html.

[2] https://zh.wikipedia.org/wiki/%E8%9B%8B%E7%99%BD%E8%B3%AA%E4%B8%80%E7%B4%9A%E7%B5%90%E6%A7%8B.

实验 1.19 眼底水肿病变区域自动分割

1. 实验背景与内容

视网膜水肿是一种眼部疾病，严重时会导致视力下降，进而影响正常的生活。现代医学使用光学相干断层成像(Optical Coherence Tomography，OCT)辅助医生对视网膜水肿进行判断。尽早发现水肿症状，能够对疾病的治疗起到关键性作用。设计算法通过眼部 OCT 来进行水肿检测是一项计算机视觉的任务。

本实验需要设计算法和模型，针对给出的眼部 OCT 样本，检测视网膜水肿类型并对病变区域进行体素级标记。

2. 实验要求与评估

通过计算实验者提交的类型标签以及体素标记与真实的标注计算误差，从而确定预测精确率，评估所提交的预测算法。

1) 检测结果

将检测结果与专家标注的结果进行比较，分别计算视网膜水肿区(REA)、视网膜下液(SRF)和色素上皮脱离(PED)的曲线下面积(Area Under Curve，AUC)值，并将三者的平均值作为最终分值。

2) 分割结果

将检测结果与专家标注的结果进行比较，分别计算 REA、SRF 和 PED 的骰子系数，并将三者的平均值作为最终分数。

3) 结果提交说明

提交结果包括检测结果和分割结果两部分，要求与验证集中的"groundtruth"的格式相同。

(1) 检测结果。

每个 cube 对应一个 npy 文件，命名格式为"cube 名称"+"_detections"，文件中存储[128，3]的矩阵，分别对应 1～128 号图像的 3 种水肿的检测结果，顺序为 REA、SRF 和 PED，用 0.0～1.0 之间的概率值表示。例如：

REA	SRF	PED
0.5,	0.5,	0.5

0.5,　　0.5,　　0.5

...

(2) 分割结果。

每个 cube 对应一个 npy 文件，命名格式为"cube 名称"+"_volumes"，文件中存储[128，1024，512]的矩阵，分别对应 1～128 号图像的体素级分割结果，分别用体素标记 0，1，2，3 来代表背景和水肿区域，详细标记如下：

    1. Retina Edema Area, REA　　　　　　　//视网膜水肿区

    2. Subretinal Fluid, SRF　　　　　　　　//视网膜下液

    3. Pigment Epithelial Detachment, PED　　//色素上皮脱离

    0. Others　　　　　　　　　　　　　　//其余部分标记为 0

3. 数据来源与描述

训练集包含原始图像和标注图像，分别对应 70 个 cube 的 128 张图像。标注图像中各标记值如下：

Background：0。

PED: 128。

SRF: 191。

REA: 255。

原始图像、标注图像对比如图 1.4 所示。

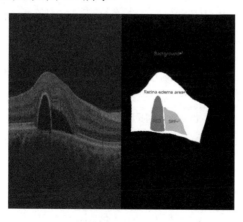

图 1.4　原始图像和标注图像对比

验证集含有 15 个 cube，除了原始图像和标注图像之外，还给出了"groundtruth"文件，作为实验结果的标准。测试集含有 15 个 cube，只有原始图像。

■ 参考文献

[1] https://challenger.ai/competition/fl2018.

实验 1.20　大数据医疗——肝癌影像 AI 诊断

1. 实验背景与内容

肝癌是病死率最高的恶性肿瘤之一，2011 年中国肝癌死亡人数 32.2 万，近年来肝癌的发病率还在逐渐增高。世卫组织预计，如不采取紧急行动提高诊疗可行性，2015—2030 年间中国将有约 1000 万人因肝硬化和肝癌死亡。CT 具有较高的分辨率，对肝癌的定位和定性诊断甚有价值，已成为常规检查项目，是一种安全、创伤较小的检查方法，诊断符合率可达到 90% 以上，对肝癌的诊断及其程度的判断有重要的临床意义。

该实验基于肝部腹腔强化 CT 断层扫描数据以及相应的诊断结果，要求利用数据建模技术，构建基于医学影像的肝癌辅助诊断模型，利用人工智能手段对腹部 CT 影像进行诊断，以帮助医生更加高效地对肝癌患者进行筛查。

2. 实验要求与评估

本实验的评分采用 Macro F1-Score 的计算方式，计算实验结果的召回率(Recall)和精确率(Precision)：

$$Recall = \frac{\text{检测正确的目标数量}}{\text{检测正确的目标数量} + \text{漏检的目标数量}} \tag{1-18}$$

$$Precision = \frac{\text{检测正确的目标数量}}{\text{检测正确的目标数量} + \text{检测错误的目标数量}} \tag{1-19}$$

计算 F1-Score：

$$F_1 = \frac{2\,Precision \cdot Recall}{Precision + Recall} \tag{1-20}$$

实验最终得分(Score)为

$$Score = \frac{\text{分类 0 的F1-Score} + \text{分类 1 的F1-Score}}{2} \tag{1-21}$$

Score 值越高，表明效果越好。

3. 数据来源与描述

该实验共包含近 7600 例肝癌病例影像，其中 3600 例作为训练，3974 例作为测试，实验数据来自本实验文献[1]。影像数据层厚为 0.6~7.5 mm。采用的是模拟数据，不涉及患者隐私、地区疾病状况统计等内容。文件夹结构如下：

(1) train_dataset.zip (训练数据集)：采集于医院的影像数据共计 3600 例，是以病例编号命名的众多子文件夹，子文件夹下存放的是此病例的训练影像数据，病例编号是经过脱敏加工而成的 32 位十六进制病例编号，如 B64EAFA5-3133-4E67-A6CF-8A9D12CD9157。

(2) test_dataset.zip(测试数据集)：采集于医院的影像数据，共计 3974 例。

(3) train_label.csv(训练集标注)：是影像数据训练集的结果。

(4) competition_train_label.csv(训练集标注文件)：包括 id(病例编号)、ret(诊断结果，0 表示良性，1 表示恶性肝癌)。示例如表 1.27 所示。

表 1.27　训练集标注文件形式

id	ret
1ACB80E7-AB75-4B5D-AA89-8581DC859556	1
3B6F4BE2-4A45-43CB-87F1-35D7B825E249	0
B64EAFA5-3133-4E67-A6CF-8A9D12CD9157	1

病例编号文件夹下的 dicom 影像文件命名为 Series Instance UID + 影像所在层数，如 04be2f16-1375-4a85-b9f8-620e974aeee0_00001.dcm(04be2f16-1375-4a85-b9f8- 620e974aeee0 是该影像脱敏后的 Series Instance UID, 00001 表示此.dcm 文件是该例影像的第一层)。

■ 参考文献

[1]　https://www.datafountain.cn/competitions/335/datasets.

实验 1.21　视觉计算辅助良品检测

1. 实验背景与内容

布匹疵点检验是纺织行业生产和质量管理的重要环节，目前的人工检验速度慢、劳动强度大，且易受主观因素影响，缺乏一致性。2016 年我国布匹产量超过 700 亿米，且产量一直处于上升趋势，如果能够将人工智能和计算机视觉技术应用于纺织行业，对纺织行业的价值无疑是巨大的。

本实验要求实验者开发算法模型，通过布样影像，基于对布样中疵点形态、长度、面积以及所处位置等进行分析，判断瑕疵的种类，通过探索布样疵点精确智能诊断的优秀算法，提升布样疵点检验的准确度，降低对大量人工的依赖，提升布样疵点质检的效果和效率。

2. 实验要求与评估

实验分为两个阶段进行：第一阶段考察瑕疵检出能力，将提供全量瑕疵的图像数据用于训练不良布匹的识别模型；第二阶段聚焦部分重要的瑕疵，兼顾考察瑕疵检出和瑕疵分类能力，将提供部分瑕疵的图像数据用于训练瑕疵的分类模型。

在实验中，使用多个模型的结果进行简单融合(如坐标位置、标签概率求平均等)，被认为是多模型策略。不鼓励过度堆砌模型和硬件来刷高实验得分。为倡导实验算法的创新性和实用性，在第二阶段对多模型策略进行限制。

1) 预处理阶段

预处理阶段的产出结果仅限于图像编辑和辅助决策信息。预处理阶段不做模型大小和数量的限制，产出检验定位结果属于预处理，直接产出分类标签则属于预测阶段。

2) 预测阶段

预测阶段要求仅使用不超过 2 个模型，并且认定一个模型的大小(Param Mem)必须小于600MB(即不超过 VGG19 的模型大小)。同一网络结构但参数不同也被认为是不同模型。实验结果采用 csv 格式文件。

第一阶段第一行标记每一列的名称，一共 2 列，分别为图像文件名(filename)和概率(probability)。从第二行之后的每一行都记录一张图像包含瑕疵的概率，格式如下：

> filename, probability
>
> XXX.jpg, 0.9
>
> XXX.jpg, 0.2

第二阶段第一行标记每一列的名称，一共 3 列，分别为图像文件名(filename)、瑕疵名(defect)和概率(probability)。从第二行之后的每一行都记录一张图像包含瑕疵的概率，格式如下：

> filename | defect, probability
>
> XXX.jpg | defect_1, 0.2
>
> XXX.jpg | defect_2, 0.1

defect code 和瑕疵的对应关系如表 1.28 所示。

将实验者检验出的结果和基准进行对比。第一阶段计算曲线下的面积(Area Under Curve，AUC)；第二阶段计算 $AUC \times 0.7 + mAP \times 0.3$，其中 mAP 为平均精度均值。

表 1.28　defect code 和瑕疵的对应关系

norm	正常	defect_6	吊经
defect_1	扎洞	defect_7	缺经
defect_2	毛斑	defect_8	跳花
defect_3	擦洞	defect_9	油/污渍
defect_4	毛洞	defect_10	其他
defect_5	织稀		

注："其他"代表剩余所有类型的瑕疵。

3. 数据来源与描述

本实验涵盖了纺织业中素色布的各类重要瑕疵。数据共包括两部分：原始图像和瑕疵的标注数据[1]。

(1) 本实验文献[1]提供用于训练的图像数据和标注数据，文件夹结构如下：
- 正常
- 薄段
- 笔印

......

- 织稀

(2) 正常：存放无瑕疵的图像数据，jpeg 编码图像文件，图像文件名为 XXX.jpg。

(3) 薄段、笔印……织稀：按瑕疵类别分别存放瑕疵原始图像和用矩形框进行瑕疵标注的位置数据。图像文件用 jpeg 编码，标注文件采用 xml 格式，其中 filename 字段是图像的文件名，name 字段是瑕疵的类别，bndbox 记录了矩形框左上角和右下角的位置。图像左上角为(0，0)点，向右 x 值增加，向下 y 值增加。

■ 参考文献

[1]　https://tianchi.aliyun.com/competition/entrance/231666/information.

实验 1.22　食品安全国家标准的精准化提取

1. 实验背景与内容

各地食品药品监督管理局需按总局要求对食品/药品按照国家相关规定进行检验检疫，

但标准众多，分类各异。一线检验检疫人员为了快速检索出某一类食品/药品相关的国家标准、地方标准，需快速了解检测检疫标准。

本实验的首要工作就是将存放于各个文档中的标准提取出来，将非结构化数据转换成结构化数据，以便形成工具需要的数据集。

2. 实验要求与评估

本实验需从每个 pdf 文件中检索到表格，并从表格中提取指定类别的内容。为便于比较，本实验统一了分类标准，且给出了分类标准文件，每个类别由"大类-亚类-品种-细类"唯一确定(见文件"类别明细表.csv")。其中，有些类别的"细类"为空，有些品类的亚类和品种相同，有些是因为亚类下面没有更细的分类了，有些则是因为亚类下面的子类有同名。比如，芝麻酱就分为芝麻酱和麻仁酱，不同品种中的芝麻酱又分为芝麻酱和混合芝麻酱。

举例说明：

(1) 对于调味品中的文件 GB 18187—2000 酿造食醋.pdf，先确定其亚类为"酿造食醋"，并记录标准代号"GB 18187—2000"和标准名称"中华人民共和国国家标准 酿造食醋"，如图 1.5 所示。然后从文件"类别明细表.csv"中找到类别"调味品，酿造食醋，固态发酵食醋"和"调味品，酿造食醋，液态发酵食醋"。

图 1.5　文件 GB 18187—2000 酿造食醋.pdf 中的标题部分

(2) 检测到表格如表 1.29 所示，需从中提取：

① 感官特性；

② 检验项目，包括色泽、香气、滋味和体态；

表 1.29　文件 GB 18187—2000 酿造食醋.pdf 中描述酿造食醋的感官特性指标表格

项　目	要　求	
	固态发酵食醋	液态发酵食醋
色泽	琥珀色或红棕色	具有该品种固有的色泽
香气	具有固态发酵食醋特有的香气	具有该品种特有的香气
滋味	酸味柔和，回味绵长，无异味	酸味柔和，无异味
体态	澄清	

③ 每个检验项目对应的指标,如固态发酵食醋对应的四个项目指标分别为"琥珀色或红棕色""具有固态发酵食醋特有的香气""酸味柔和,回味绵长,无异味""澄清",如表1.29所示。

(3) 根据文中描述找出关联的表格分别是 GB 2760—2014 食品添加剂.pdf 和 GB 2719—2003 食醋.pdf,如表1.30和表131所示。按照(1)的方法,记录其标准代号和标准名称,然后找到对应表格。例如,对表1.30需提取的信息为

① 食品添加剂;
② 寻找到醋,从表中提取相应的检验项目,即苯甲酸及钠盐;
③ 指标限量≤1.0;
④ 限量单位 g/kg。

表1.30 文件 GB 2760—2014 食品添加剂.pdf 中描述的苯甲酸及钠盐的检验标准

食品分类号	食品名称	最大使用量/(g/kg)	备注
03.03	风味冰、冰棍类	1.0	以苯甲酸计
04.01.02.05	果酱(罐头除外)	1.0	以苯甲酸计
04.01.02.08	蜜饯凉果	0.5	以苯甲酸计
04.02.02.03	盐渍的蔬菜	1.0	以苯甲酸计
05.02.01	胶基糖果	1.5	以苯甲酸计
05.02.02	除胶基糖果以外的其他糖果	0.8	以苯甲酸计
11.05	调味糖浆	1.0	以苯甲酸计
12.03	醋	1.0	以苯甲酸计
12.04	酱油	1.0	以苯甲酸计

该表中的规定针对的是"醋",该标准适合食醋下面的所有类别,包括"酿造食醋"和"配置食醋",以及"酿造食醋"下面的"固态酿造食醋"和"液态酿造食醋"。类似地,对文件 GB 2719—2003 食醋.pdf(见表1.31),也遵循上述规定,需从中提取:

① 检验项分类,即微生物指标;
② 分类下的每一个小的检验项目,如菌落总数、大肠菌群、沙门氏菌、志贺氏菌和金黄色葡萄球菌;
③ 指标限量有"≤10 000""≤3"和"不得检出";
④ 对应的限量单位分别为"cfu/mL""MPN/100 mL"。

表 1.31　文件 GB 2719—2003 食醋.pdf 中描述的食醋类的微生物指标表格

项　目	指　标
菌落总数/(cfu/mL)	≤10 000
大肠菌群/(MPN/100mL)	≤3
致病菌(沙门氏菌、志贺氏菌、金黄色葡萄球菌)	不得检出

(4) 提取这些信息后，需给出的结果如表 1.32 所示。若有些标准同时出现在"专业标准"和"通用标准"中，则必须选择"更加严格的标准"。各大类对应的品类和品种参考文件如表 1.33 所示。

表 1.32　结果的样例

大类	品类	品种	细类	标准名称	检验项分类	检验项目	限量	限量单位	限量标准来源
调味品	酿造食醋	固态发酵食醋	中华人民共和国国家标准	酿造食醋	感官指标	色泽	琥珀色或红棕色		GB 18187—2000
调味品	酿造食醋	固态发酵食醋	中华人民共和国国家标准	酿造食醋	感官指标	香气	具有固态发酵食醋特有的香气		GB 18187—2000
调味品	酿造食醋	固态发酵食醋	中华人民共和国国家标准	酿造食醋	感官指标	滋味	酸味柔和，回味绵长，无异味		GB 18187—2000
调味品	酿造食醋	固态发酵食醋	中华人民共和国国家标准	酿造食醋	感官指标	体态	澄清		GB 18187—2000
调味品	酿造食醋	固态发酵食醋	中华人民共和国国家标准	酿造食醋	食品添加剂	苯甲酸及钠盐	≤1.0	g/kg	GB 2760—2014
调味品	酿造食醋	固态发酵食醋	中华人民共和国国家标准	食醋卫生标准	微生物指标	菌落总数	≤10000	cfu/mL	GB 2719—2003
调味品	酿造食醋	固态发酵食醋	中华人民共和国国家标准	食醋卫生标准	微生物指标	大肠菌落	≤3	MPN/100mL	GB 2719—2003
调味品	酿造食醋	固态发酵食醋	中华人民共和国国家标准	食醋卫生标准	微生物指标	沙门氏菌	不得检出		GB 2719—2003
调味品	酿造食醋	固态发酵食醋	中华人民共和国国家标准	食醋卫生标准	微生物指标	志贺氏菌	不得检出		GB 2719—2003
调味品	酿造食醋	固态发酵食醋	中华人民共和国国家标准	食醋卫生标准	微生物指标	金黄色葡萄球菌	不得检出		GB 2719—2003

表 1.33　各大类对应的品类和品种参考文件

大类	亚类	品种	细类
酒类	发酵酒及其配制酒	啤酒	
酒类	食用酒精	食用酒精	
酒类	蒸馏酒及其配制酒	粮谷类	
酒类	蒸馏酒及其配制酒	其他	
粮食加工品	挂面	手工面	一级品
粮食加工品	挂面	手工面	二级品
粮食加工品	挂面	手工面	三级品
冷冻饮品	冰棍	清型	
冷冻饮品	冰棍	组合型	
冷冻饮品	冰淇淋	全乳脂	清型
冷冻饮品	冰淇淋	半乳脂	清型
冷冻饮品	冰淇淋	植脂	清型
冷冻饮品	冰淇淋	全乳脂	组合型
冷冻饮品	冰淇淋	半乳脂	组合型
冷冻饮品	冰淇淋	植脂	组合型

有些产品是分等级的,但不同文档的表达方式会有不同,在人工整理的时候做了统一。比如,有些表格的表头明细为"等级",下面内容为"1"或者"1 级",被统一替换为"一级"。

评价方法采用准确率。根据实验结果,检查每一个 pdf 文件对应的识别结果(一行数据)是否正确。准确率=识别正确的行数/提供文件的总行数,每一个记录要完全正确(不考虑标点符号)才视为正确。

3. 数据来源与描述

本实验文献[1]的数据是一些 pdf 文件(部分是扫描文件)。这些文件是国家质量监督检验检疫总局发布的食品检验标准[1]。标准分为通用标准与专业品类标准。

在通用标准里有多个 pdf 文件,如文件 GB 2760—2014 食品添加剂.pdf 规定了食品添加剂的种类以及该类食品添加剂在每种专业食品中的检验标准。

在专业品类标准里一共分为 8 个大类,分别是酒类、冷冻饮品、粮食加工品、肉制品、乳制品、蔬菜制品、水产品、调味品。每个类里有多个 pdf 文件,如调味品下的文件 GB

18187—2000 酿造食醋.pdf 规定了酿造食醋的检验标准。

　　每个食品品类的检验标准既会在专业品类标准中存在，也会在通用标准中存在，如对于酿造食醋来讲，它的标准可以在 GB 18187—2000 酿造食醋.pdf 中找到，它的添加剂需要满足 GB 2760 文件(即通用标准文件 GB 2760—2014 食品添加剂.pdf)中对食品添加剂的规定要求，而它的卫生标准可以在 GB 2719—2003 食醋.pdf 中找到，如图 1.6 所示。

5.4　卫生指标
应符合 GB 2719 的规定。

图 1.6　文件 GB 18187—2000 酿造食醋.pdf 中关于卫生指标的描述

　　如果 GB 2760 相关的文件不存在，则忽略之。也就是说，这些文件之间是可能相互关联的。

■ 参考文献

[1]　https://www.dcjingsai.com/common/cmpt/食品安全国家标准的精准化提取_赛体与数据.html.

实验 1.23　营销意图辨识

1. 实验背景与内容

　　随着信息技术的不断发展，千人千面的信息推荐方式给亿万网民的阅读带来了便利，但同时营销、低俗、标题党等低质量新闻的掺杂也给用户带来了不同程度上的困扰。

　　新闻资源是一切服务的基石，只有在高质量新闻资源的基础上，才可能给用户带来好的体验。因此，准确识别低质量的新闻资源，是提高新闻资源质量的重要环节，也是新闻资讯领域亟待解决的重要课题。

2. 实验要求与评估

　　利用给定的数据集[1]来训练模型，训练数据分为标注数据(数据集规模为 5 万条新闻和 35 万张新闻配图，标注为有营销意图的新闻、文本片段和配图)和未标注数据(数据规模为 20 万条新闻和 100 万张新闻配图)。要求在给定新的新闻内容集合和配图集合之后(数据集规模为 1 万条新闻和 7 万张新闻配图)，能识别出有营销意图的新闻、文本片段和配图。

根据实验结果，计算评测集合上的 F_Measure 值，得分越高表明效果越好，公式如下：

$$F\_Measure = \frac{2\,Precision \cdot Recall}{Precision + Recall} \qquad (1\text{-}22)$$

其中，Precision 为营销识别的精确率，Recall 为营销识别的召回率。

3. 数据来源与描述

数据包含 8 个文件，格式如下：

(1) News_info_train 数据集文本文件中的每一行表示：新闻 id，新闻文本，新闻配图 id 列表(以英文分号间隔，没有配图时为 NULL)。上述三个字段以\t 间隔。

(2) Pic_info_train 数据集中每一个文件是一张配图，配图的名称为配图 ID。

(3) News_pic_label_train 文件的每一行表示：新闻 id，新闻标注类别，有营销意图的配图 id 列表(以英文分号间隔，没有时为 NULL)，有营销意图的文本片段(以\t 间隔)。上述四个字段以\t 间隔。其中，新闻标注类别的取值为{0, 1, 2}中的某一项，0 表示无营销意图，1 表示部分文本或配图有营销意图，2 表示整篇新闻都有营销意图。

(4) News_info_unlabel 数据集为未标注数据集，格式和 News_info_train 一样。

(5) Pic_info_unlabel 数据集为未标注数据集，格式和 Pic_info_train 一样。

(6) News_info_validate 是用于在线实时评测的新闻数据集，格式和 News_info_train 一样。

(7) Pic_info_validate 是用于在线实时评测的配图数据集，格式和 Pic_info_train 一样。

(8) News_pic_validate 是用于在线实时评测的标注数据集，格式和 News_pic_label_train 一样，只是没有标注信息。

■ 参考文献

[1] https://biendata.com/competition/sohu2018/data.

实验 1.24 A 股上市公司公告信息抽取

1. 实验背景与内容

在投资研究过程中，上市公司公告是投资者的重要参考材料，挖掘公告重要信息是研究员每日的必要功课，但海量公告令人脑难以负荷。如果机器能够根据需求，自动抽取结构化数据，就能帮助研究员快速获取投资线索。

2. 实验要求与评估

要求实验者从公告文本中抽取出 1 条或多条结构化数据，需要抽取的字段(Slot)是提前设定好的。评测涉及多个公告类型，不同类型对应的抽取结构不同，评测标准为对每个公告类型的每个字段计算精确率(Precision)和召回率(Recall)的 F1-Score，以字段的宏平均作为该类型的最终得分，以所有类型的宏平均作为实验评测的最终得分。下面对指标进行具体说明。

以"股东增减持"类型为例，抽取的结构如下：

(1) 每条记录包含 8 个字段，其中第一列为公告 id，不需要进行抽取。

(2) 第 1、2、4 列构成主键，可以唯一确定一条数据。

(3) "股东简称""变动价格""变动后持股数""变动后持股比例"可能为空。

股东增减持类型抽取的结构如表 1.34 所示。

表 1.34 股东增减持类型抽取的结构

股东增减持	列数	是否主键	是否可能为空	单位归一化	数据类型
公告 id	1	是	否		bigint(20, 0)
股东全称	2	是	否		varchar
股东简称	3		是		varchar
变动截止日期	4	是	否		datetime
变动价格	5		是		decimal(22, 4)
变动数量	6		否	股	bigint(20, 0)
变动后持股数	7		是	股	bigint(20, 0)
变动后持股比例	8		是	百分比转换成小数形式	decimal(22, 4)

对实验者所提交结果的每个字段按表 1.35 的标准进行判断和标记(只需要用到 Possible、Actual 和 Correct)。

表 1.35 实验结果每个字段的判断和统计

类别	判 断 标 准	标记
Possible	标准数据集中该字段不为空的记录数	POS
Actual	实验者提交结果中该字段不为空的记录数	ACT
Correct	主键匹配，提交字段值 = 正确字段值且均不为空	COR

字段召回率：

$$\text{Recall} = \frac{\text{COR 标记数量}}{\text{POS 标记数量}} \tag{1-23}$$

字段精确率：

$$\text{Precision} = \frac{\text{COR 标记数量}}{\text{ACT 标记数量}} \tag{1-24}$$

字段 F_1 得分：

$$F_1 = \frac{2 \cdot \text{Recall} \cdot \text{Precision}}{\text{Recall} + \text{Precision}} \tag{1-25}$$

类型得分：

$$\text{Score} = \frac{1}{n} \sum_{i=1}^{n} F_{1i} \tag{1-26}$$

其中，n 为该类型字段总数，F_{1i} 为第 i 个字段的 F_1 得分(所有字段宏平均)。

最终得分：

$$\text{Score} = \frac{1}{C} \sum_{i=1}^{C} \text{Score}_i \tag{1-27}$$

其中，C 为数据集中的公告类型总数，Score_i 为第 i 个类型的得分。

3. 数据来源与描述

本实验文献[1]提供了 3 种类型的数据：

(1) 原始公告 pdf，以{公告 id}.pdf 命名。

(2) 公告 pdf 转换的 html 文件，以{公告 id}.html 命名。

(3) 公告对应的结构化数据，以表格的形式给出，格式说明如表 1.36 所示。每种公告类型提供一份数据，每篇公告可能会对应多条数据。

表 1.36 公告对应的结构化数据格式

公告类型	主键	第 1 列	第 2 列	第 3 列	第 4 列	第 5 列	第 6 列	第 7 列	第 8 列	第 9 列
股东增减持	1-2-4	公告 id	股东全称	股东简称	变动截止日期	变动价格	变动数量	变动后持股数	变动后持股比例	
重大合同	1-2-3	公告 id	甲方	乙方	项目名称	合同名称	合同金额上限	合同金额下限	联合体成员	
定向增发	1-2	公告 id	增发对象	增发数量	增发金额	锁定期	认购方式			

注：定向增发中去掉了"发行方式"列。

实验可以分为以下两个阶段进行：

(1) 基础实验：对"股东增减持""重大合同"和"定向增发"3 个类型的公告进行信息抽取。

(2) 提高实验：以"资产重组"类型公告替换原"定向增发"类型公告，即对"股东增减持""重大合同""资产重组"3 个类型的公告进行信息抽取。

说明：

(1) 信息披露：主要是指公众公司以招股说明书、上市公告书以及定期报告和临时报告等形式，把公司及与公司相关的信息，向投资者和社会公众公开披露的行为。目前，上市公司所发布的公告是投资者及社会公众了解企业情况、进行投资决策的基本依据。

(2) 股东增减持：股东对公司股票的买卖行为。股东增持行为：通常表示公司股东对公司营收及发展前景有信心，投资者会跟随追捧，有利于提升公司股价。股东减持行为：除股东个人原因外，也可能表示股东对公司发展的信心不足，这会给投资者带来一定负面影响，导致投资者抛售股票，公司股价下跌。

(3) 定向增发：上市公司定向增发的主要目的是通过融资扩张公司业务和规模，如发起新项目、研发新技术、收购其他公司等。投资者可以通过定向增发来了解公司的融资意图，从而判断公司前景以及投资价值。

(4) 重大合同：上市公司签署重大合同，有利于增加公司营业收入，投资者通过了解合同项目金额，可进一步预测公司未来的经营和业绩情况，从而挖掘投资机会。

■ 参考文献

[1] https://tianchi.aliyun.com/dataset/dataDetail?dataId=1075.

实验 1.25 大规模图像数据集构造

1. 实验背景与内容

虽然视觉识别算法的性能已经有了显著的进步，但是性能优越的模型往往需要大数据的支持。在深层网络模型中，需要大量标记的训练数据集，并需要对数百万个参数进行优化。现有数据集滞后于模型容量的增长，在规模和密度方面远远不能满足需求。为了克服这一瓶颈，希望采用一种部分数据自动标记方案来满足对训练数据的需求，并应用于深度学习的网络训练。从每个类别的大量候选图像开始，迭代采样一个子集，并对其进行标记，用经过训练的模型对其他图像进行分类，根据分类置信度将集合划分为正类、负类和未标记，然后用未标记集进行迭代。

2. 实验要求与评估

为了评估这种级联过程的有效性，并使视觉识别研究取得进一步的进展，本实验文献[1]、[2]构建了一种新的图像数据集 LSUN。它包含约 100 万张标记图像，分别用于 10 个场景类别和 20 个对象类别。通过训练广泛应用的卷积网络进行实验，并对实验结果进行分析。

3. 数据来源与描述

构造的图像数据集 LSUN 分别为 10 个场景类别[1]、20 个对象类别[2]。

■ 参考文献

[1] https://github.com/fyu/lsun.

[2] http://tigress-web.princeton.edu/~fy/lsun/public/release.

第2章 检测类

目标检测是在图像或者图像序列中检测并定位所设定种类的目标物体，找出图像中所有感兴趣的目标并确定位置和大小，实质是多目标的分类与定位。本章主要包括人体检测、关系检测、智能交通检测等。

实验 2.1　基于 Objects365 数据集的目标检测

1. 实验背景与内容

目标检测是计算机视觉和模式识别领域的基础问题之一，具有重要的应用价值。在本实验中，将使用目标检测任务的新基准：Objects365 数据集[1]，其数据都是在自然场景条件下设计和收集的。Objects365 数据集用于处理具有 365 个目标类别的大规模检测，旨在为推进目标检测研究提供多样化和实用性的基准。本实验可以作为一个平台，用来推动目标检测研究的发展。

2. 实验要求与评估

基础实验：为降低复杂度，加快算法迭代速度，并研究长尾类别检测(Long Tail Category Detection)问题，从 Objects365 数据集中选择 65 个类别，实验者可以使用 1 万个训练数据对模型进行训练。

提高实验：实验者可以使用 Objects365 中的 60 万张图像组成的训练集来训练目标和检测模型，对图像中存在于 Objects365 数据集定义的 365 个类中的目标输出边界框、类别和分值。在 3 万张图像组成的验证集上做算法性能验证，最终在由 10 万张图像组成的测试集中完成测试。

目标检测算法性能的评测指标采用与 COCO 相同的评测指标[2-4]，即平均精度均值(mean Average Precision，mAP)(AP at IoU = 0.5:0.05:0.95)。

3. 数据来源与描述

Objects365 是一个全新的数据集，旨在促进对自然场景的不同目标进行检测研究。Objects365 在 63.8 万张图像上标注了 365 个目标类，训练集中共有超过 1000 万个边界框。因此，这些标注涵盖了出现在各种场景类别中的常见目标。

■ 参考文献

[1]　https://www.objects365.org/overview.html.

[2]　http://cocodataset.org.

[3]　https://www.jianshu.com/p/d7a06a720a2b.

[4]　https://github.com/cocodataset/cocoapi/tree/master/PythonAPI/pycocotools.

实验 2.2　基于 COCO 和 Mapillary 数据集的目标检测

1. 实验背景与内容

该实验的目的是在场景理解的背景下研究物体识别，涉及本实验文献[1]中的 COCO 数据集和本实验文献[2]中的 MapillaryVistas 数据集。COCO 数据集是一种广泛使用的视觉识别数据集，旨在促进目标检测的研究，重点是完整的场景理解，特别是检测目标的非标志性视图(非规范视角)并以像素级精度定位图像中的目标，以及在复杂场景中的检测。Mapillary Vistas 数据集是一种新的街道级图像数据集，强调高级语义图像理解，适用于车辆自动驾驶和机器人导航。该数据集包含来自世界各地的位置信息，并且在天气和光照条件、捕获传感器特征等方面具有多样性。Mapillary Vistas 数据集和 COCO 数据集是互补的，Mapillary Vistas 数据集常用于研究与 COCO 数据集在视觉上有区别的领域中的各种识别任务。COCO 数据集主要应用于自然场景的识别，而 Mapillary 数据集则主要应用于街景场景的识别。

1) COCO 数据集

基于 COCO 数据集的实验任务包括：分割掩膜(实例分割)目标检测、全景分割、人物关键点检测和 DensePose。

(1) COCO 分割掩膜目标检测任务。COCO 分割掩膜目标检测旨在推进目标检测领域中性能更优的算法的研究。COCO 分割掩膜目标检测示例如图 2.1 所示。

图 2.1　COCO 分割掩膜目标检测示例

（2）COCO 全景分割任务。全景的定义是"包含在一个视图中可见的一切"。在这种情况下，全景分割是指联合的和全局的分割视图，其目的是生成丰富而完整的连贯场景分割。全景分割同时处理目标和目标类，将典型的语义和实例分割统一起来。COCO 全景分割示例如图 2.2 所示。本实验旨在推进场景分割领域中分割性能更优的算法的研究。

图 2.2　COCO 全景分割示例

（3）COCO 人物关键点检测任务。该实验要求在不受控制的条件下对人的关键点进行定位，主要任务是检测到人物的同时定位他们的关键点(在测试时没有给出人的位置)。COCO 人物关键点检测示例如图 2.3 所示。

图 2.3　COCO 人物关键点检测示例

（4）COCO DensePose 任务。该实验要求在具有挑战性、不受控制的条件下定位密集的人群关键点。DensePose 的任务是检测到人物的同时定位其密集的关键点，并将所有人的像素分别映射到人体的三维表面。COCO DensePose 示例如图 2.4 所示。

图 2.4　COCO DensePose 示例

2）Mapillary Vistas

基于 Mapillary Vistas 数据集的实验任务包括：分割掩膜(实例分割)目标检测和全景分割。

（1）Mapillary Vistas 分割掩膜目标检测任务。该任务的重点是识别静态的街道图像目标(如路灯、标志、杆子)和动态的街道参与者(如汽车、行人、骑自行车的人)的个体实例，旨在推进实例分割的最新技术研究，为汽车或运输机器人等自主智能体的关键感知任务提供支撑。该任务的目标是基于 Mapillary Vistas 数据集的 37 个对象类的子集实现特定实例的分割，通过这种方式，计算不同类的个体实例个数，例如图像中的汽车或行人的数量。

该任务的主要评估指标是平均精度(Average Precision，AP)，它是基于每个对象类别的实例级分割来计算，并且在(0.5:0.05:0.95)的重叠范围内取平均值而得到的。Mapillary Vistas 分割掩膜目标检测示例如图 2.5 所示。

图 2.5　Mapillary Vistas 分割掩膜目标检测示例

(2) Mapillary Vistas 全景分割任务。该任务的目标是街景图像中的场景分割，此任务也属于图像标记问题。被测图像中的每个像素必须从一组预定义的目标类别中分配一个离散标签，或者分配一个忽略标签的 void 值。除了被标记为 stuff 的类，其他所有具有特定实例标注的每个类别都要做上述标记，这样目标实例就可以单独地进行分割。Mapillary Vistas 全景分割示例如图 2.6 所示。

图 2.6　Mapillary Vistas 全景分割示例

2. 实验要求与评估

评价目标检测的结果使用每个目标类别实例级分割的平均精度(Average Precision，AP)和重叠范围在(0.5:0.05:0.95)的平均精度均值(mean Average Precision，mAP)。

图像分割任务属于图像标记问题，其中被测图像中的每个像素需要分配一组预定义对象类别中的离散标签或忽略标签。除了标记类别之外，每个带有特定实例标注的类别都应该像上面的目标检测任务一样进行标记，以便目标实例可以被单独分割和枚举。本实验使用全景度量(Panoptic Metric)和相应的代码进行评估[3]。

3. 数据来源与描述

1) COCO

COCO 数据集是一种图像数据集，旨在促进目标检测的研究，重点是检测场景中的目标。本实验文献[1]中的数据集标注了包括属于 80 个类别的目标实例分割、91 个类别的内容分割、人物实例的关键点标注以及每个图像的 5 个图像标题。

2) Mapillary Vistas

Mapillary Vistas 数据集是一个多样化的、像素精确的街道级图像数据集，主要涉及全球范围的自主移动类目标的信息和自动运输类目标的信息。它涉及和收集的数据具有外观多样、注释细节丰富和地理范围广等特点，具体描述如下：

(1) 包含 28 个 stuff 类、37 个 thing 类(特定实例的标注)和 1 个 void 类；

(2) 包含 2.5 万个高分辨率图像(1.8 万个作为训练集，2000 个作为验证集，5000 个作为测试集)，平均分辨率约为 900 万像素；

(3) 全球化的地理覆盖范围，包括北美和南美、欧洲、非洲、亚洲和大洋洲；

(4) 支持高度多变的天气条件(晴、雨、雪、雾、霾)和拍摄时间(黎明、白天、黄昏、夜晚)；

(5) 支持多种相机传感器，不同的相机焦距、图像长宽比以及不同类型的相机噪声；

(6) 支持不同的拍摄点(公路、人行道、野外)。

■ 参考文献

[1] http://cocodataset.org/index.htm.

[2] https://www.mapillary.com/dataset/vistas?pKey=xyW6a0ZmrJtjLw2iJ71Oqg.

[3] https://github.com/cocodataset/panopticapi.

实验 2.3 基于 CrowdHuman 数据集的人体检测

1. 实验背景与内容

目标检测是计算机视觉和模式识别领域的基础问题之一，对计算机视觉和模式识别领域具有重要的应用价值。在本实验中，将使用目标检测任务的新基准：CrowdHuman 数据集[1]，其数据都是在自然场景条件下设计和收集的。CrowdHuman 数据集主要针对的是人体检测问题，旨在为推进目标检测研究提供多样化、实用性的基准。本实验可以作为一个平台，用于促进目标检测研究的发展。

　　本实验为促进行人检测技术的发展而设计，特别针对密集场景下的行人检测进行实验。实验者需要通过训练数据集设计算法，模型需要给出图像中的每一个人的全身框。

2. 实验要求与评估

　　CrowdHuman 数据集采用 Jaccard 指数(Jaccard Index，JI)评测。JI 更适合密集场景下的检测任务，具体来说，即给定一组检测框 D 和标注框 G，JI 定义为

$$JI(D,G) = \frac{\left|IoUMatch(D,G)\right|}{\left|D\right|+\left|G\right|-\left|IoUMatch(D,G)\right|} \tag{2-1}$$

JI 越高代表结果越优。IoUMatch 如算法 2.1 所述。

算法 2.1　$y_i^{(n)}$ 的计算

输入：候选框 b_i，当前保留框集合 $D^{(n-1)}$，真实标注框集合 G

输出：对于 b_i 期望的决策分值 $y_i^{(n)}$

1：$M_G, M_D = IoUMatch(G, D^{(n-1)}, thres = 0.5)$;

2：$G^{(n)} = G \setminus M_G$;

3：$m = \max\limits_{b_j \in G^{(n)}} IoU(b_i, b_j)$;

4：if $m > 0.5$ then

5：　$y_i^{(n)} = 1$

6：else

7：　$y_i^{(n)} = 0$

8：end if

9：return　$y_i^{(n)}$

---

3. 数据来源与描述

　　CrowdHuman 数据集是一个用于评估检测器在人群场景下进行人体检测的性能的标准数据集，该数据集具有丰富的多样性，对目标进行了标注，并且包含了 15000 张训练集、

4370 张验证集和 5000 张测试集。在 CrowdHuman 数据集中，训练和验证子集总共有 47 万个人体目标，平均每张图像有 23 个人。CrowdHuman 数据集中有各种各样的遮挡场景；每个人都有一个头部边界框、可见区域边界框和全身边界框。

■ 参考文献

[1] https://biendata.com/competition/crowdhuman.

实验 2.4 人脸特征点检测

1. 实验背景与内容

自动人脸特征点(关键点)检测是计算机视觉领域一直以来的难题之一。本实验基于 300-W 基准数据集进行人脸特征点检测，该数据集中的人脸图像都是在自然条件下获得的。实验的关注点在于真实人脸数据集中的特征点检测。

采用本实验文献[1]中提出的 68 点标注对 4 个常用人脸数据集的特征点进行标注，如图 2.7 所示，实验过程中可基于这些数据训练所设计的算法，在 300-W 测试集上进行测试。

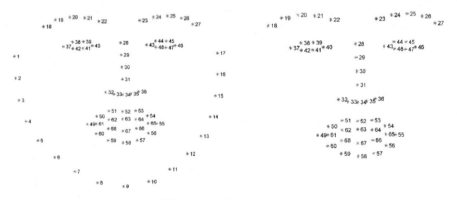

图 2.7　68 点标注和 51 点标注

2. 实验要求与评估

实验算法有两个输入：输入图像(扩展名为 .png 的 RGB)和人脸边界框的坐标，边界框为 4×1 向量 $[x_{min}, y_{min}, x_{max}, y_{max}]$，如图 2.8 所示。算法输出为 68×2 矩阵，即检测到的人脸特征点的坐标，格式 .pts)和顺序与提供的标注相同。

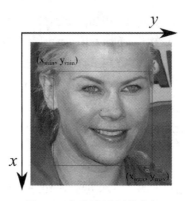

图 2.8　人脸边界框的坐标

　　人脸特征点检测算法的性能由基于图 2.7 中 68 点标注和与对应无边界点的 51 点标注进行评估。将结果用眼间距(双眼外眼角之间的欧式距离)做归一化处理后,将各坐标点的点对点欧氏距离的平均值作为评价指标。计算误差的 Matlab 代码可由本实验文献[2]获得。最后,计算测试图像中误差小于某一特定阈值的图像所占百分比,生成累积曲线图。

3.　数据来源与描述

1) 训练数据

　　使用图 2.7 中的 68 点标注,对 4 个常用人脸数据集[3-6]进行重新标注,并对另外 135张包含更难识别的姿势和表情的图像进行额外的标注(IBUG 训练集)。标注文件的名称与对应图像文件的名称相同,所有训练数据集的标注均可由本实验文献[7]获得。

　　本实验重新标注的数据以 Matlab 的约定格式保存,以 1 为第一个索引,即图像左上角像素的坐标为 $x = 1, y = 1$。

2) 测试数据

　　300-W 测试集[8]包含在自然条件下采集的 2×300 张(300 张室内和 300 张室外)人脸图像。室外人脸与室内人脸示例如图 2.9 所示。300-W 测试集用于测试当前算法的泛化能力,即图像中出现姿态、表情、光照、背景、遮挡和质量变化时,算法仍能保持优越性能的能力。

图 2.9　室外人脸与室内人脸示例

■ 参考文献

[1] GROSS R, MATTHEWS I, COHN J, et al. Multi-pie. Image and Vision Computing, 2010, 28(5): 807-813.

[2] http://ibug.doc.ic.ac.uk/media/uploads/competitions/compute_error.m.

[3] BELHUMEUR P, JACOBS D, KRIEGMAN D, KUMAR N. Localizing parts of faces using a consensus of exemplars. In: Proc. of CVPR, 2011, 545-552.

[4] ZHU X, RAMANAN D. Face detection, pose estimation and landmark localization in the wild. In: Proc. of CVPR, 2012, 2879-2886.

[5] Lê V, BRANDT J, LIN Z, et al. Interactive facial feature localization. In: Proc. of ECCV, 2012, 679-692.

[6] MESSER K, MATAS J, KITTLER J, et al. Xm2vtsdb: The ex- tended m2vts database. In: Proc. of AVBPA, 1999, 72-77.

[7] https://ibug.doc.ic.ac.uk/resources/facial-point-annotations.

[8] SAGONAS C, TZIMIROPOULOS G, ZAFEIRIOU S, PANTIC M. 300 faces in-the-wild challenge: the first facial landmark localization challenge. In: Proc. of ICCV, 2013, 397-403.

实验 2.5   视频人脸特征点检测

1. 实验背景与内容

虽然静态图像中人脸特征点的检测已有完善的测试基准，但是视频中人脸特征点跟踪的研究却非常有限。本实验主要实现在较长的真实人脸视频(每个视频时长约 1 分钟)中，对 68 个特征点进行检测。

实验测试时将考虑以下三种场景：

场景 1：视频是在光线充足的条件下录制的，显示各种头部姿势的任意表情(可能有眼镜和胡须等遮挡，但这里不考虑手工遮挡或其他人遮挡的情况)。这种情况旨在评估适用于实验室和自然光照条件下的人脸运动分析算法。

场景 2：视频是在无约束条件下(不同的光照，黑暗的房间，曝光过度等)录制的，其中人物会有任意的表情和各种头部姿势，但没有大遮挡(对眼镜、胡子等遮挡是可能的，但用手遮挡或被另一个人严重遮挡的情况这里不考虑)。这种情况旨在评估适用于真实人机交互应用中的人脸运动分析算法。

场景 3：视频是在完全不受约束的条件下录制的，这些条件包括光照条件、遮挡、化妆、表情、头部姿势等。这种情况旨在评估任意条件下人脸特征点跟踪算法的性能。

场景 1、场景 2、场景 3 的视频样本帧如图 2.10 所示。

场景 1　　　　　　　　　场景 2　　　　　　　　　场景 3

图 2.10　不同场景示意图

2. 实验要求与评估

评估人脸特征点检测算法的性能时，所得结果用眼间距(双眼外眼角之间的欧式距离)做归一化处理后，将各坐标点的点对点欧氏距离的平均值作为评价指标[1-2]。计算误差时将考虑所有特征点(包括脸颊、眉毛、眼睛、鼻子和嘴巴)，基于此计算测试图像中误差小于某一特定阈值的图像所占百分比，生成累积曲线图。计算误差的 Matlab 代码可参考本实验文献[3]。

3. 数据来源与描述

为了使用一个综合的基准来评估面部特征点跟踪算法在真实条件下的性能，本实验使用 300VW 数据集，该数据集收集了大量自然条件下的人脸长视频，每个视频时长约 1 分钟(25～30 f/s)，所有帧都用 300-W 数据集[1-2]中使用的 68 点标注法加以标注。实验时可使用 300VW 数据集[4]和 300W 数据集来训练所设计的面部特征跟踪算法。

300VW 数据集中训练数据文件夹的结构如下：

(1) 每个剪辑都有自己的文件夹(001、002 等)；

(2) "vid.avi"是使用 XVID 编解码器压缩的视频文件；

(3) "annot"文件夹包含特征点文件，每个 pts 文件对应一个帧，帧号从 1 开始。

■ 参考文献

[1] SAGONAS C, TZIMIROPOULOS G, ZAFEIRIOU S, PANTIC M. 300 faces in-the-wild challenge: The first facial landmark localization challenge. In: Proc. of ICCV, 2013, 397-403.

[2] SAGONAS C, TZIMIROPOULOS G, ZAFEIRIOU S, PANTIC M. A semi-automatic methodology for facial landmark annotation. In: Proc. of CVPR, 2013, 896-903.

[3] https://ibug.doc.ic.ac.uk/media/uploads/competitions/compute_error.m.

[4] https://ibug.doc.ic.ac.uk/download/300VW_Dataset_2015_12_14.zip/.

实验 2.6　人脸和人体检测

1. 实验背景与内容

本实验围绕人脸和人体的精确定位以及与本体关联问题，分为三个任务：

(1) 人脸检测，旨在寻找新的方法来推进人脸检测的最新技术研究；

(2) 行人检测，目标是利用有效和高效的方法来解决无约束环境中的行人检测问题，行人检测的两个主要应用(即监控和汽车驾驶)都被考虑在内；

(3) 人物检测：通过搜索 192 部影片中的特定人物，即给定目标演员和一些候选人的图像(带有人物边界框的电影的帧)，从中找出属于该目标演员的所有实例图像。

2. 实验要求与评估

1) 人脸检测

平均精度(Average Precision，AP)用于表征该实验中物体检测器的性能，是多个交并比(Intersection over Union，IoU)值的平均值。具体来说，AP 是阈值为 0.50:0.05:0.95 的 10 个 IoU 的平均值，它是考虑性能时最重要的指标。

实验数据集中有很多的面部比较小，通常把高度不小于 10 像素的人脸作为有效的基准。数据集中用于评估的子集有 3 个，在本实验中只用 WIDER FACE hard 集进行评估。

2) 行人检测

本实验将训练数据和验证数据都分成了两个类别，即行人(标签 1)和骑车人(标签 2)，在训练过程中可以将这两个标签作为参考，但是在测试时，这两个标签没有任何区别。也就是说，在图像中检测到的所有行人和骑车人的边界框和检测分值即为最终检测结果，而不需要区分是行人还是骑车人。

在评估结果时使用与 COCO 检测评估指标相同的指标，利用 10 个 IoU 值的 AP 决定结果的优劣，AP 即是阈值为(0.50:0.05:0.95)的 10 个 IoU 的平均值，只使用未被忽略部分中的目标来计算最终的 AP。

第 2 章　检测类

67

3) 人物检测

根据平均精度均值(mean Average Precision，mAP)进行评估：

$$\text{mAP} = \frac{1}{Q}\sum_{q=1}^{Q}\frac{1}{m_q}\sum_{k=1}^{n_q}P_q(k)\,\text{rel}_q(k) \tag{2-2}$$

其中：Q 表示用于查询的人数；m_q 表示与查询者为同一人的候选者的人数；n_q 表示电影中所有候选者的人数；$P_q(k)$ 表示第 q 个查询在第 k 个值的精度；$\text{rel}_q(k)$ 表示第 q 个查询与第 k 个预测的相关性，当第 k 个预测正确时，$\text{rel}_q(k)=1$，否则为 0。

3. 数据来源与描述

1) 人脸检测

本实验数据集来源于本实验文献[1]，包含 32 203 张图像和 393 703 个面部边界框标注，提供图像级标注，每个图像都包含一组面部边界，格式为[left，top，width，height]。该数据集中的面部在比例、姿态和遮挡方面形式多样，共包含 61 个事件类别，对于每个事件类别，随机选择 40%、10%和 50%的数据分别作为训练集、验证集和测试集。

2) 行人检测

本实验数据集中的所有图像都用编号命名，其中编号 1~10000 的图像是从监控摄像机中收集到的，而编号 10001~20000 的图像是由城市常规交通中的车辆上所安装的摄像机拍摄到的。训练集和验证集中的图像有标注，用于指示每个对象的边界框和标签，标注文件的格式为

[图像名称][标签][边界框 1($xywh$)][标签][边界框 2]

其中：

$$w = x_{\max} - x_{\min}, \quad h = y_{\max} - y_{\min}$$

3) 人物检测

本实验数据集来自 192 部电影，其中 115 部用于训练，19 部用于验证，58 部用于测试。每部电影中主要的演员(IMDb 演员表中的前 10 名)被收集起来作为查询者，查询者配置文件来自本实验文献[2]中 IMDb 或者本实验文献[3]中 IMDb 的主页。从电影的关键帧中提取候选者，并手动标注人物的边界框和身份信息，候选者要么被标注为主要演员之一，要么被标注为"其他人"，这里的"其他人"就意味着候选者不属于该电影中的任何主要演员阵容。训练集中有 1006 个查询，验证集中有 147 个查询，测试集中有 373 个查询。

■ **参考文献**

[1]　http://shuoyang1213.me/WIDERFACE.

[2]　https://www.imdb.com.

[3]　https://www.themoviedb.org.

实验 2.7　人体骨骼关键点检测

1.　实验背景与内容

　　人体骨骼关键点对于描述人体姿态、预测人体行为至关重要。因此人体骨骼关键点检测是诸多计算机视觉任务的基础,例如动作分类、异常行为检测以及自动驾驶等。本实验通过设计算法与模型,对自然图像中可见的人体骨骼关键点进行检测。通过计算检测结果与真实标注之间的相似性来评估算法模型。

2.　实验要求与评估

　　人体骨骼关键点检测的评价指标类似于通用的物体检测评价方式,将最终的平均精度均值(mean Average Precision,mAP)作为评定实验者成绩的依据。物体检测任务中使用交并比(Intersection over Union,IoU)来评价预测与真实标注之间的差异,在人体骨骼关键点检测任务中,使用目标关键点相似度(Object Keypoint Similarity,OKS)代替 IoU,对实验者预测的人体骨骼关键点位置与真实标注之间的相似性进行打分[1]。最终指标 mAP 的计算方式如下:

$$\text{mAP} = \text{mean}\{\text{AP@}(0.50{:}0.05{:}0.95)\}$$

　　mAP 为在不同阈值下得到的平均精度(Average Precision,AP)的均值。

　　AP 可以用与一般物体检测相同的方式得到,但度量性指标由 IoU 更改为 OKS。给定 OKS 阈值 s,预测结果在整个测试集上的平均精度(AP@s)可由测试集中所有图像的 OKS 指标计算得到:

$$\text{AP@}s = \frac{\sum\limits_{p} \delta(\text{OKS}_p > s)}{\sum\limits_{p} 1} \tag{2-3}$$

　　OKS 分值类似于一般物体检测的 IoU 值,通过预测的人体骨骼关键点位置与真实标注之间的相似性进行评分。OKS 的本质是关键点位置的加权欧氏距离,对人物 p,OKS 分值定义如下：

$$\text{OKS}_p = \frac{\sum_i \exp\{-d_{pi}^2 / 2s_p^2\sigma_i^2\}\delta(v_{pi}=1)}{\sum_i \delta(v_{pi}=1)} \tag{2-4}$$

其中，p 为人体编号，i 为人体骨骼关键点编号，d_{pi} 为预测关键点位置与标注位置的欧式距离；s_p 为人体 p 的尺度因子，定义为人体框面积的平方根；σ_i 是人体骨骼关键点归一化因子，由人工标注位置偏移的标准差计算得到；v_{pi} 为第 p 人的第 i 个关键点的状态；$\delta(\cdot)$ 为狄拉克函数，即只有被标为可见的人体骨骼关键点($v_{pi}=1$)计入评价指标，v_{pi} 表示关键点的状态，$v_{pi}=1$ 表示该关键点为可见状态。

将实验者返回的结果存为 JSON 文件，格式如下：

```
[
    {
        "image_id": "a0f6bdc065a602b7b84a67fb8d14ce403d902e0d", "keypoint_annotations": {
            "human1": [261, 294, 1, 281, 328, 1, 0, 0, 0, 213, 295, 1, 208, 346, 1, 192, 335, 1, 245,
                375, 1, 255, 432, 1, 244, 494, 1, 221, 379, 1, 219, 442, 1, 226, 491, 1, 226, 256,
                1, 231, 284, 1],
            "human2": [313, 301, 1, 305, 337, 1, 321, 345, 1, 0, 0, 0, 0, 0, 0, 0, 0, 0, 313, 359, 1, 320,
                409, 1, 311, 454, 1, 0, 0, 0, 330, 409, 1, 324, 446, 1, 337, 284, 1, 327, 302, 1],
            "human3": [373, 304, 1, 346, 286, 1, 332, 263, 1, 0, 0, 0, 0, 0, 0, 345, 313, 1, 0, 0, 0, 0, 0, 0,
                0, 0, 0, 363, 386, 1, 361, 424, 1, 361, 475, 1, 365, 273, 1, 369, 297, 1],
            ...
        }
    }
    ...
]
```

其中"keypoint_annotations"字段为若干长度为 42 的整数型数列存储人体骨骼关键点位置。人体骨骼关键点的编号顺序依次为：1/右肩，2/右肘，3/右腕，4/左肩，5/左肘，6/左腕，7/右髋，8/右膝，9/右踝，10/左髋，11/左膝，12/左踝，13/头顶，14/脖子。本实验只要求返回检测结果为可见($v_{pi}=1$)的人体骨骼关键点，未检测出的人体骨骼关键点可用(0, 0, 0)代替。

3. 数据来源与描述

数据集分为训练(70%)、验证(10%)、测试 A(10%)与测试 B(10%)四部分[2]。数据集图像中的每一个重要人物(占图像面积较大的清晰人物)，均对其进行了人体骨骼关键点标注。其中每个人物的全部人体骨骼关键点共有 14 个，编号顺序如表 2.1 所示。

表 2.1　人体骨骼关键点编号顺序

编号	人体骨骼关键点	编号	人体骨骼关键点
1	右肩	8	右膝
2	右肘	9	右踝
3	右腕	10	左髋
4	左肩	11	左膝
5	左肘	12	左踝
6	左腕	13	头顶
7	右髋	14	脖子

每个人体骨骼关键点有三种状态：可见、不可见以及不在图内或不可推测。

人体骨骼关键点标注的可视化例子如图 2.11 所示。其中红色为可见点，灰色为不可见点，关键点旁的数字为关键点对应编号。

人体骨骼关键点的标注信息以 JSON 格式存储，每个 JSON 文件分别对应一个分割数据集，JSON 文件中的每个 item 存储该数据集中一张图像的人体框位置与人体骨骼关键点位置。

JSON 文件格式如下：

图 2.11　人体骨骼关键点标注示例

```
[
  {
    "image_id": "a0f6bdc065a602b7b84a67fb8d14ce403d902e0d", "human_annotations":
    {
      "human1": [178, 250, 290, 522],
      "human2": [293, 274, 352, 473],
      "human3": [315, 236, 389, 495],
      ...},
    "keypoint_annotations":
    {
      "human1": [ 261, 294, 1, 281, 328, 1, 259, 314, 2, 213, 295, 1, 208, 346, 1, 192, 335, 1,
          245, 375, 1, 255, 432, 1, 244, 494, 1, 221, 379, 1, 219, 442, 1, 226, 491, 1,
          226, 256, 1, 231, 284, 1],
```

```
        . "human2": [ 313, 301, 1, 305, 337, 1, 321, 345, 1, 331, 316, 2, 331, 335, 2, 344, 343, 2,
                313, 359, 1, 320, 409, 1, 311, 454, 1, 327, 356, 2, 330, 409, 1, 324, 446, 1,
                337, 284, 1, 327, 302, 1],
          "human3": [ 373, 304, 1, 346, 286, 1, 332, 263, 1, 363, 308, 2, 342, 327, 2, 345, 313, 1,
                370, 385, 2, 368, 423, 2, 370, 466, 2, 363, 386, 1, 361, 424, 1, 361, 475, 1,
                365, 273, 1, 369, 297, 1],
          ...}
        },
        ...
    ]
```

其中，各字段存储信息如下：

"image_id"：字符串，存储图像的文件名。

"human_annotations"：若干长度为 4 的整数型数列，存储人体框的位置。其中前两个参数为人体框左上角点的坐标值，后两个参数为人体框右下角点的坐标值。

"keypoint_annotations"：若干长度为 42 的整数型数列，存储人体骨骼关键点位置。数列形式为$[x_1, y_1, v_1, x_2, y_2, v_2, \cdots, x_{14}, y_{14}, v_{14}]$，其中$(x_i, y_i)$为编号 i 的人体骨骼关键点的坐标位置，v_i 为其状态($v_i = 1$ 表示可见，$v_i = 2$ 表示不可见，$v_i = 3$ 表示不在图内或不可推测)。

■ 参考文献

[1] LIN T, MAIRE M, SERGE B, et al. Microsoft coco: Common objects in context. In: Proc. of ECCV, 2015, 740-755.

[2] https://challenger.ai/competition/keypoint/subject.

实验 2.8 目 标 检 测

1. 实验背景与内容

目标检测是计算机视觉中的一项核心任务，其应用范围包括自动搜索、机器人、自动驾驶等。随着深层网络解决方案变得更加深入和复杂，模型的训练往往受到数据量的限制。为了增强图像分析和理解的能力，GoogleAI 已公开发布 Open Images 数据集[1]，Open Images

数据集沿袭了 PascalVOC、ImageNet 和 COCO 的风格，目前的数据规模比较大。该实验基于 Open Images 数据集展开，训练数据包括：

(1) 在 170 万张训练图像上为 500 个目标类添加的 120 万个边界框标注；

(2) 具有多个目标的复杂场景图像，平均每张图像有 7 个边界框；

(3) 高度多样化的图像，其中包含全新的目标，如"软呢帽"和"雪人"；

(4) 反映 Open Images 类之间关系的类层次结构。

在此实验中，构建性能好的算法可实现自动检测目标。

2. 实验要求与评估

本实验是通过计算平均精度(Average Precision，AP)来评估的，最终的平均精度均值(mean Average Precision，mAP)通过计算 500 个类别的平均 AP 来获得，可以借鉴 C#的 Kaggle 评估代码[1]。

3. 数据来源与描述

图像和基准(边界框和标签)的训练和验证集可参见本实验文献[2]，测试图像可参见本实验文献[2]。其中，Test.zip 含有 99 999 张图像的测试集。

■ 参考文献

[1] https://gist.github.com/wendykan/8b800e70251aa784b2f73283d1315ebd.

[2] https://storage.googleapis.com/openimages/web/index.html.

实验 2.9　目标检测与视觉关系检测

1. 实验背景与内容

本实验包括以下两个方面的内容：

(1) 目标检测：预测 500 个类的所有实例的边界框，该任务要求构建能够自动检测目标的最佳算法。

(2) 视觉关系检测：检测特定关系中的目标对，如"女人弹吉他"。该任务要求建立算法以检测目标对之间的特定关系。包括人-目标的关系(如"女人弹吉他""男人拿着麦克风")

和目标-目标的关系(如"桌上的啤酒""车内的狗"),每种关系连接不同的目标对(如"女人 play 吉他""男人 play 鼓")。除此之外,还有目标-属性的关系(如"手提包由皮革制成""长凳是木制的")。通过关系连接的一对目标形成三元组(如"桌上的啤酒"),视觉属性实际上也是三元组,使用了关系"是"来连接目标与属性(如"桌子是木制的")。要求构建最佳性能算法来自动检测关系三元组。

本实验文献[1-2]提供了比较大的训练集,希望实验者设计更加复杂的目标和关系检测模型,以进一步提升计算机视觉处理模型的性能。

2. 实验要求与评估

1) 目标检测

本实验的评估指标是 500 个类别的平均精度均值(mean Average Precision,mAP),该测度作为 Tensorflow Object Detection API 的一部分,本实验文献[3]给出了 Python 版的评估程序。

2) 视觉关系检测

实验评估可以使用短语检测和关系检测任务的平均精度均值(mAP)和检索度量来进行,该测度作为 Tensorflow Object Detection API 的一部分,本实验文献[4]给出了 Python 版的评估程序。本实验通过计算三个指标的加权平均值进行评估:关系检测的 mAP、Recall@N(其中 N = 50)、短语检测的 mAP(每个关系 APs 的平均值)。其中,三个指标的权重分别是 0.4、0.2、0.4。

3. 数据来源与描述

1) 目标检测

该实验数据集源于本实验文献[1-2],目标检测涉及 600 个带边框标注的 500 个类别,实验训练集包含:

(1) 在 170 万张训练图像上,为 500 个目标类添加的 120 万个边界框标注;

(2) 具有多个目标的复杂场景图像,每个图像平均有 7 个标注框;

(3) 图像内容包罗万象,包括像"fedora"和"snowman"这样的全新事物;

(4) 反映 Open Images 类之间关系的类层次结构。

图像用正图像级标签标注,表示存在某些对象类别;用负图像级标签标注,表示不存在某些类别;图像中其他所有未标注的类都被排除在评估之外。对于每个正图像级标签的图像,数据集详尽地注释了图像中该目标类的每个实例,这使得能够精确测量召回率。这些类按照语义层次结构进行组织,沿层次从低向上形成对象实例。目标检测训练集描述如图 2.12 所示,其说明如表 2.2 所示。

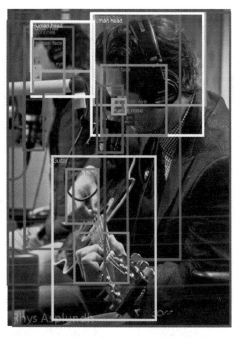

(a) Mark Paul Gosselaar 弹吉他   (b) 房子

图 2.12   目标检测训练集描述示例

表 2.2   目标检测训练集说明

级　　别	图　　像	图像级标签	边界框
500	1 743 042	5 743 460 正: 3 830 005 负: 1 913 455	12 195 144

2) 视觉关系检测

实验数据集包括目标边界框和视觉关系标注，其中标注是基于本实验文献[1]的图像级标签和边界框标注。首先选择 467 个可能的三元组，并在本实验文献[1]的训练集上进行标注，在训练集上的 329 个三元组中至少有一个实例构成了用于视觉关系检测的最终三元组，该过程涉及 57 个不同目标类和 5 个属性。对于每个可能包含关系三元组的图像(即包含该三元组中涉及的目标)提供了标注，并详细列出该图像中的所有正三元组实例，如图 2.13 所示。例如，对于一幅图像中的"正在弹吉他的女人"，列出了图像中"正在弹"这个动作关系所对应的所有对("女人"、"吉他")，而图像中其它所有对，对于"正在弹"这个动作关系来说都是负样本。

(a) 弹吉他的男子　　　　　　　　　　　(b) 桌子和椅子

图 2.13　训练集图像示例

关系、类别和属性数目统计如表 2.3 所示。

表 2.3　视觉关系检测元数据信息

	类别	关系	视觉属性	不同的关系三元组
连接两个目标的关系	57	9	—	287
"是"的关系 (关系为 A 是 B)	23	1	5	42
总数目	57	10	5	329

视觉关系检测训练集标注如表 2.4 所示。

表 2.4　视觉关系检测训练集标注

正关系三元组	边界框	图像级标签
374 768	3 290 070	2 077 154

■ 参考文献

[1]　http://storage.googleapis.com/openimages/web/challenge_visualizer/index.html?set = detection&c = %2Fm%2F06bt6.

[2]　https://storage.googleapis.com/openimages/web/challenge.html.

[3]　https://github.com/tensorflow/models/blob/master/research/object_detection/g3doc/challenge_evaluation.md.

[4]　https://github.com/tensorflow/models/tree/master/research/object_detection.

实验 2.10　视觉关系检测

1. 实验背景与内容

识别不同的对象(人和杯子)本身是一个重要的问题,而识别它们之间的关系对于许多现实问题来说是更加重要的。

在这个视觉关系检测实验中,要求建立一个算法来检测特定关系中的目标,即:利用一个大规模训练数据集实现自动目标检测,实现多变和复杂的边界框标注以及目标分类任务。这个任务要求算法能够检测出目标对的特有关系,比如"女人弹吉他""桌上啤酒"或"车里的狗"等。

实验数据集包括目标边界框和视觉关系标注,训练集包含对 329 种典型关系的标注。

2. 实验要求与评估

本实验是通过计算三个指标的加权平均值来评估的: 关系检测平均精度(Average Precision,AP),Recall@N(其中 $N = 50$)、短语检测平均精度均值(mean Average Precision,mAP)。有关度量的更多详细信息请参见本实验文献[1],这 3 种指标中的权重为[0.4, 0.2, 0.4],实验评估代码参见本实验文献[1]。

3. 数据来源与描述

图像和基准(边界框和标签)的训练和验证集可参见本实验文献[2],测试图像可参见本实验文献[2]。其中,Test.zip 含有 99 999 张图像的测试集。

■ 参考文献

[1]　https://gist.github.com/wendykan/3ef30f74355f7da5ea9dfabcee4c13da.

[2]　https://www.kaggle.com/c/9951/download-all.

实验 2.11　真实世界图像的对称性检测

1. 实验背景与内容

对称性是自然界和人为环境中以各种形式普遍存在的现象。因此,人类、动物和昆虫

第 2 章　检测类

77

进化出了一种感知和利用对称性的天生能力，但在机器智能，特别是计算机视觉中，对称性的感知和识别还没有得到充分的探索。虽然通过群理论形成了对重复模式的理解，而且，四十多年来试图从数字数据中寻求对称性的算法，但是现在有效的自动对称分析的计算工具还很少。本实验的目标是基于真实图像对最新对称检测算法进行基准测试。

基于已有的检测算法，即使在含有随机噪声的情况下，镜像对称检测的速度也是非常快的。然而，自然背景下的对称性检测是在结构化基础上完成的。利用由 101 个自然纹理拼接而成的图案，通过测量时间阈值以检测镜像对称轴。阈值范围取值比较宽(0.028～0.568 s 不等)。为了估计对称能量，在滤波器-剪枝-滤波器-选择模型中，用了几对镜像对称的 Cortex-like 滤波器。该模型易于识别所有图案的对称轴，但在此轴上量化的对称性大小与显著性关系较弱。

2. 实验要求与评估

每个检测到的对称模式以一个标准化的置信度分值(0～1 之间)给出，建议实验者列出检测结果并通过精度/召回曲线进行评估。

3. 数据来源与描述

1) 反射对称性
训练集来源参见本实验文献[1]，测试数据集来源见本实验文献[2]。

2) 旋转对称性
训练集来源见本实验文献[3]，测试数据集来源参见本实验文献[4]。

3) 平移对称性
训练集来源参见本实验文献[5]，测试数据集来源参见本实验文献[6]。

■ 参考文献

[1] http://vision.cse.psu.edu/research/symComp13/data/reflection_training.zip.
[2] http://vision.cse.psu.edu/research/symComp13/testing/reflection_testing.zip.
[3] http://vision.cse.psu.edu/research/symComp13/data/rotation_training.zip.
[4] http://vision.cse.psu.edu/research/symComp13/testing/Rotation_Testing.zip.
[5] http://vision.cse.psu.edu/research/symComp13/data/translation_training_updated.zip.
[6] http://vision.cse.psu.edu/research/symComp13/testing/translation_testing.zip.

实验 2.12　空中客车船检测

1. 实验背景与内容

航运流量正在快速增长，日益增多的船只增加了海上违反法规的可能，如破坏环境的船舶事故、海盗行为、非法捕鱼、毒品贩运和非法货物运输。这迫使许多组织，包括环境保护机构、保险公司和国家政府等，对公海进行更密切的监视。

空中客车提供全面的海事监测服务，形成了一个有意义的解决途径，具有覆盖面大、细节精细、监测密集等特点。如果其专有的数据与训练有素的分析人员结合起来，则有助于支持航运业增加知识、预测威胁、触发警报并提高海事处理效率。

2. 实验要求与评估

实验结果在不同的交并比(Intersection over Union，IoU)阈值的 F_2 分值上评估。目标像素的 IoU 计算如下：

$$\text{IoU}(A,B)=\frac{A\bigcap B}{A\bigcup B} \tag{2-5}$$

在计算 F_2 分值的每一个点上，度量都会使用 IoU 不同的阈值。阈值范围在 0.5～0.95 之间，步长为 0.05(0.5, 0.55, 0.6, 0.65, 0.7, 0.75, 0.8, 0.85, 0.9, 0.95)。换句话说，在阈值为 0.5 时，如果预测目标与基准目标的交并比大于 0.5，则被认为是正确的。

在每个阈值 t 上，将预测目标与所有基准目标比较得到真正类(TP)、假负类(FN)和假正类(FP)的个数，并计算 F_2 分值(β 设置为 2)：

$$F_{\beta}(t)=\frac{(1+\beta^2)\cdot \text{TP}(t)}{(1+\beta^2)\cdot \text{TP}(t)+\beta^2\cdot \text{FN}(t)+\text{FP}(t)} \tag{2-6}$$

当单个预测目标与基准匹配高于 IoU 阈值时，就会计算出一个真正类。假正类表示预测目标没有关联的基准数据，假负类表示基准目标没有关联的预测目标。然后计算 F_2 分值在每个 IoU 阈值上的平均，获得单个图像的平均 F_2 分值：

$$\frac{1}{|\text{thresholds}|}\sum_{t}F_2(t) \tag{2-7}$$

其中，thresholds 表示预测得到的目标框与基准框之间的 IoU 阈值。

最后的分值是测试数据集中每幅图像的平均 F_2 分值的平均值。

3. 数据来源与描述

数据来源参见本实验文献[1]，train_ship_segmentations.csv 为训练文件，sample_submission 为测试文件。实验需要在图像中定位船只，并给出定位船只的边界框。数据集中有许多图像不包含船只，而有些图像可能包含多个船只。不同图像中船只的大小会存在差异，而且有些船只是在公海，有些是在码头，在图像内部和图像之间也有可能大小不同。

■ 参考文献

[1] https://www.kaggle.com/c/9988/download-all.

实验 2.13   地物变化检测

1. 实验背景与内容

在国土监察业务中，很重要的一项工作是监管地上建筑物的建、拆、改、扩。如果地块未经审批而存在建筑物，那么需要实地派人去调查是否出现了非法占地行为。如果地块卖给了开发商但是没有实际建设，那么需要调查是否捂地或者是开发商资金链出现问题。如果居民住房/商业用地异常扩大，那么需要调查是否存在违章建筑。对于大城市及其郊区来说，不可能靠国土局公务员来每天全城巡查，而可以靠高分辨率图像和智能算法来自动完成这项任务。具体来说，需要靠高分系列卫星图像(米级分辨率)和深度学习算法来革新现有的工作流程。

本实验以"土地智能监管"为主题，使用 2015 年和 2017 年分别获取到的广东省某地的卫星图像，识别出两年之间新增的人工地上建筑物(不包括道路)所占的像元图斑。

2. 实验要求与评估

实验者用算法检测到的人工地上建筑物(不包括路面)在两年间的变化，保存为.Tiff 文件，然后压缩成.ZIP 文件。Tiff 文件中应当只有 2 种数值：数值 1 代表该像元在 2015 年没有地上建筑物，然而到 2017 年新建了建筑物；数值 0 代表所有其它情况(包括无变化、地上建筑物拆除、道路兴建等)。检测出的结果将和标准答案比对，计算其 F1-Score：

$$F_1 = 2 \cdot \frac{\text{Precision} \cdot \text{Recall}}{\text{Precision} + \text{Recall}} \qquad (2\text{-}8)$$

其中，Precision 表示精确率，Recall 表示召回率。

3. 数据来源与描述

本实验文献[1]提供了覆盖广东省部分地区数百平方公里土地的图像数据，该数据共分为 3 个大文件，存储在操作支持系统(Operation Support Systems，OSS)上。

卫星数据以 Tiff 图像文件格式储存。如 quickbird2015.tif 是一张 2015 年的卫星图像，quickbird2017.tif 是一张 2017 年的卫星图像。每个 Tiff 文件中包含了 4 个波段的数据：蓝、绿、红、近红外。本实验的卫星数据为多景数据拼接而成，这是国土资源工作中常见的实际场景。实验数据在蓝、绿两个波段有明显的拼接痕迹，而红、近红外波段的拼接痕迹不明显。建议实验者挑选波段使用数据，或者在算法中设计相应的方案。quickbird 卫星数据的详细描述可以参见本实验文献[2]。

2015 年度的国土审批纪录也以 Tiff 图像文件格式储存，命名为 Cadastral2015.tif。其中包含了国土审批数据中大约 5%的地块，这些地块的位置在图像中数值定为 1，其余地区的位置在图像中数值定为 0。政府在 2015 年度审批的国土建设地块并不一定在 2017 年完成了建设，同时实验者获取的审批地块图像也仅是所有审批纪录中的一小部分。因此，本实验国土审批记录不是一份训练数据，而只是一个线索。本实验文献[1]提供了一份人工精确标注的小型数据集，便于实验者熟悉，命名为 tinysample.tif。但是，推荐对国土审批地块图像进行人工甄别，筛选建造自己的训练集。

图 2.14 中的深灰色/浅灰色地块是 2015 年政府批复下来的不同土地开发项目。Tiff 数据可以用各种编程语言读写。比如在 Python 语言中可以使用 PIL 库(Pillow 版本)，请参见本实验文献[3]；也可以使用 GDAL 库，请参见本实验文献[4]。同时，推荐使用开源软件QGIS 来观察/编辑卫星图像数据，请参见本实验文献[5]。

图 2.14　卫星图像和国土审批记录叠加在一起

■ 参考文献

[1]　https://tianchi.aliyun.com/competition/entrance/231615/information.
[2]　https://www.satimagingcorp.com/satellite-sensors/quickbird/.
[3]　https://python-pillow.org.
[4]　https://pcjericks.github.io/py-gdalogr-cookbook/.
[5]　https://www.qgis.org.

实验 2.14　余震捕捉实验

1.　实验背景与内容

中强地震发生后，往往会后续发生大大小小的余震。当周边地震台站监测到这些余震信号时，通过提取纵(P)波和横(S)波到达各地震台的时间，可以确定余震位置，为抗震救灾工作提供重要的参考信息。例如，从四川及邻区 16 个地震台站所记录的地震波形里，提取出汶川余震的 P 波和 S 波到达各台站的时间，并尝试确定地震发生位置。

实验目标是通过高效的算法，实现快速、准确、全面的早期余震检测。本实验建议采用数字信号处理、时间序列分析、机器学习、深度学习等各种算法。

2.　实验要求与评估

检测出的结果(n 条震相到时)和人工识别的结果(m 条震相到时，$m < n$，简称为"参考答案")作对比。以震相误差(RMSE)、震相命中率(Hit-rate1)、震相虚报率和地震目录命中率(Hit-rate2)进行评判。

1)　震相误差(RMSE)

每一个参考答案中的余震震相数据，将会被匹配到实验者检测出的"最邻近"的结果。此处的"最邻近"是指在参考答案的到时前后 0.4 s 内进行匹配。

当实验者识别到的时间与参考答案的时间差异小于 0.4 s 且震相类型一致时，认为正确检测到一个震相到时。使用下式计算震相到时的误差：

$$\text{RMSE} = \sqrt{\frac{1}{k \cdot m} \sum_{i=1}^{k} \sum_{j=1}^{m} [(T_{ij} - t_{ij})^2 + \text{PHA}_{ij}]} \tag{2-9}$$

其中：T_{ij} 和 t_{ij} 分别是参考答案和实验者识别的到时，PHA_{ij} 是参考答案和实验者识别的震相类型的匹配度，i 是地震台的编号，k 是地震台站的总数($1 \leqslant k \leqslant 16$)，$j$ 是余震震相编号，m 是人工识别震相数。如果实验者识别的震相类型与参考答案一致，则 $PHA_{ij} = 0$；如果不一致，则 $PHA_{ij} = 1$。

2) 震相命中率(Hit-rate1)

震中命中率定义为实验者检测出的正确到时数据 N 与人工识别震相数 m 之比，百分制计算公式如下：

$$Hit\text{-}rate1 = \frac{N}{m} \times 100\%$$

3) 虚报率

抽取若干天的数据计算虚报率。虚报率的计算公式如下：

$$\frac{n_0 - N_0}{m_0} \times 100\%$$

其中：n_0 为实验者自动识别的震相，N_0 是与人工拾取震相 m_0 匹配一致的震相数量。

4) 地震目录命中率(Hit-rate2)

每一个参考答案中的地震目录，将会被匹配到实验者检测出的"最邻近"的结果，此处的"最邻近"是指在参考答案的发震时刻前后 5 s 内进行匹配。当实验者给出的地震目录与参考答案的时间差异小于 5 s 且震中位置差异小于 20 km 时，认为正确检测到一个地震事件。

地震目录命中率定义为实验者检测出的地震数量 N_1 与人工处理的地震数量(m_1)之比，百分制计算公式如下：

$$Hit\text{-}rate2 = \frac{N_1}{m_1} \times 100\%$$

3. 数据来源与描述

数据来自汶川地震后(2008 年 7 月 1—31 日)四川及邻省 16 个地震台站的连续波形，台站与地震分布如图 2.15 所示。每个台站的波形包括东西(BHE)、南北(BHN)、垂直三个分量。数据以 SAC(Seismic Analysis Code)文件格式储存。例如：SC.YYU.200813 D.00.BHZ.sac，表示四川省 YYU 地震台站 2008 年第 133 天记录的垂直分量记录。

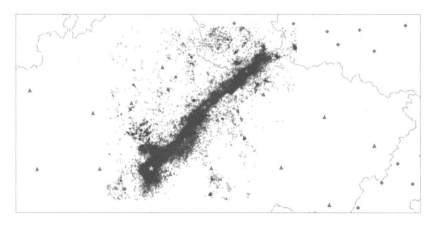

图 2.15　汶川震区周边的地震台站和地震分布

实验结果形式：

(1) 每个台站、每个震相的到时文件。实验的检测结果为多行文件，每行包括 3 列，分别包含台站名、震相到时和震相类型，字段之间以英文逗号为分隔符。文件格式为.csv。震相到时用年月日时分秒表示(北京时间，相当于 UTC+8 小时)，并精确到 0.01 秒。标准格式如下：

    YYU, 20080512160312.20, P
    YYU, 20080512160319.10, S
    WCH, 20080512160326.10, P

其中，各字段格式为：台站名(4s)、年(4d)、月(2d)、日(2d)、时(2d)、分(2d)、秒(5.2f)、震相类型(1s)。

(2) 检测出的地震数量的最大值。提交的余震检测结果数量上限是 4 万次，并提交置信度最高的 4 万次检测结果。

(3) 计算速度。需要在震相到时文件的最后一行，提交所有数据的计算完成时间(单位为分钟……　　　　　　普通 PC 服务器，2 片 10 核 CPU，30G 内存)。

　　　　前半部分是震相到时，后半部分是地震目录。地震目录为……3 列，分别为发震时刻、震中纬度和震中经度，字段之间……式为.csv。发震时刻用年月日时分秒表示(北京时间，相当于……标准格式如下：

    1, 104.01
    2, 104.02
    3, 104.03

(2d)、日(2d)、时(2d)、分(2d)、秒(4.1f)、震中纬度(5.2f)、

震中经度(6.2f)。

关于地震定位的程序，可以从本实验文献[2-3]中获取，也可以用其它定位方法。

■ 参考文献

[1] https://tianchi.aliyun.com/competition/entrance/231606/information.
[2] HYPOINVERSE: ftp://ehzftp.wr.usgs.gov/klein/hyp1.41.
[3] HYPO71: http://www.jclahr.com/science/software/hypo71/index.html.

实验 2.15 裂纹检测实验

1. 实验背景与内容

在铝型材的实际生产过程中，由于各方面因素的影响，铝型材表面会产生裂纹、起皮、划伤等瑕疵，这些瑕疵会严重影响铝型材的质量。为保证产品质量，需要人工进行肉眼检测。然而，铝型材的表面自身会含有纹路，与瑕疵的区分度不高。传统人工肉眼检测十分费力，不能及时准确地判断出表面瑕疵，质检的效率难以把控。

近年来，深度学习在图像识别等领域取得了突飞猛进的成果。铝型材制造商迫切希望采用最新的 AI 技术来革新现有质检流程，自动完成质检任务，减少漏检发生率，提高产品的质量，使铝型材产品的生产管理者彻底摆脱了无法全面掌握产品表面质量的状态。本实验选择南海铝型材标杆企业作为实验场景，寻求解决方案，助力企业实现转型升级，提升行业竞争力。

2. 实验要求与评估

使用某企业某一产线某一时间段获取的铝型材图像，训练算法来定位瑕疵所在位置以及判断瑕疵的类型。

瑕疵的衡量标准如下：

(1) 型材表面应整洁，不允许有裂纹、起皮、腐蚀和气泡等缺陷存在。

(2) 型材表面上允许有轻微的压坑、碰伤、擦伤存在，其允许深度装饰面不大于 0.03 mm，非装饰面大于 0.07 mm，模具挤压痕深度不大于 0.03 mm。

(3) 型材端头允许有因锯切产生的局部变形，其纵向长度不应超过 10 mm。

第 2 章 检测类

(4) 工业生产过程中，不够明显的瑕疵也会被作为无瑕疵图像进行处理，不必拘泥于无瑕疵图像中不够明显的瑕疵。

(5) 第一阶段实验图像结果为单标签，即一张图像只有一种瑕疵，"其他"文件夹中的瑕疵在第一阶段不要求细分，但是统一划分为一类，即"其他"。

(6) 第二阶段试验图像分成单瑕疵图像、多瑕疵图像以及无瑕疵图像：单瑕疵图像指所含瑕疵类型只有一种的图像，但图像中可能出现多处相同类型的瑕疵；多瑕疵图像指所含瑕疵类型多于一种的图像；无瑕疵图像指瑕疵可忽略不计的图像，这些图像不需要标注。

(7) 图像采用矩形框进行标注，标注文件储存成 json 文件，采用 utf-8 的编码格式，可通过 labelme 标注工具直接打开。labelme 是一款开源标注工具，有关 labelme 和 json 文件格式的介绍可通过网络进行了解[1]。

评估指标：

第一阶段实验：预测平均精确率。

$$平均精确率 = \frac{1}{N} \sum_{i=1}^{N} \frac{判定为 i 类并且正确的图像数}{判定为 i 类的图像数} \tag{2-10}$$

第二阶段实验：

参照 PASCALVOC 的评估标准，计算 10 类瑕疵的平均精度均值(mean Average Precision，mAP)作为实验者的分值。详细说明请参考本实验文献[1]，具体逻辑见 evaluator 文件。

(1) 上述链接出现评价指标的文字描述和代码冲突时，以代码为准。

(2) 上述链接代码不同的是：本实验计算 mAP 时，对同一个基准框，重复预测 n 次，取置信度(Confidence)最高的预测框作为真正类(True Positive，TP)样本，其余的 $n-1$ 个框都作为假正类(False Positive，FP)样本进行处理。

(3) 本实验参照 2010 年之后的 PASCAL VOC 评分标准，检测框和真实框的交并比(Intersection over Union，IoU)阈值设定为 0.5，同时，采用在所有点中进行插值(Interpolating All Points)方法插值获得 PR 曲线，并在此基础上计算 mAP 的值。

提交说明：

第一阶段实验：实验者需要预测测试集中的图像瑕疵类别，提交一份 csv 文件，不需要表头，参考提交样例 sample 文件。

第二阶段实验：实验者需要检测测试集中每幅图像所有瑕疵的位置和类型，瑕疵的位置通过矩形检测框进行标记，需给出各个矩形检测框的置信度，并将检测结果保存为 utf-8 编码的 json 文件，参考提交样例 sample 文件。提交的 json 文件中需要有所有测试图像的结果，评分才有效，否则 mAP 为 0。计算中文瑕疵标注统一换成英文标注，中英文瑕疵标注的对应关系如表 2.5 所示。

表 2.5　中英文瑕疵标注的对应关系

中文瑕疵标注	英文瑕疵标注
不导电	defect0
擦花	defect1
角位漏底	defect2
橘皮	defect3
漏底	defect4
喷流	defect5
漆泡	defect6
起坑	defect7
杂色	defect8
脏点	defect9

3. 数据来源与描述

在本实验文献[2]中，数据集里有 1 万份来自实际生产中有瑕疵的铝型材监测影像数据，每个影像包含一种或多种瑕疵。供机器学习的样图会明确标识影像中所包含的瑕疵类型。

■ 参考文献

[1]　https://github.com/rafaelpadilla/Object-Detection-Metrics.

[2]　https://tianchi.aliyun.com/competition/entrance/231682/information.

实验 2.16　智能城市交通系统检测

1. 实验背景与内容

在交通系统、信号系统、传输系统、基础设施及中转系统中，通过传感器获得这些系统的观察数据，有助于交通系统更安全、更智能。然而，目前还未能利用所获得观察数据的潜在信息，主要原因在于：数据质量不佳且缺乏数据标签，缺乏能够将数据转化为有用信息的高质量模型，缺少支持从客户端到云分析的平台，不能有效开发和部署加速模型。

目前计算机视觉，特别是深度学习在大规模的实际部署上已显现成效，此实验为了减少对监督式方法的依赖，更多地关注于迁移学习、非监督和半监督的方法，并应用于智能交通系统，这将有助于使城市变得更安全。本实验有三个任务：

任务一：交通流量分析(Traffic Flow Analysis)。

该任务需要实现测试集(包含 27 个 1 分钟视频)的个人车速测试。性能评估的主要依据是基准数据，评估将基于控制车辆检出率和预测控制车辆速度的均方根误差来进行，如图 2.16 所示。

图 2.16　交通流量分析示例

任务二：异常检测(Anomaly Detection)。

该任务需要展示前 100 个检测到的异常情况，这些异常可能是由于车祸或停滞的车辆造成的，但交通事故所造成的经常性拥堵不属于异常现象。评估将基于模型异常检测性能(F1-Score)和检测时间误差(Root Mean Square Error，RMSE)来进行，如图 2.17 所示。

图 2.17　异常检测示例

任务三：多传感器车辆检测和重识别(Multi-sensor Vehicle Detection and Reidentification)。

该任务是在一组 15 个视频中,对所有在 4 个不同地点分别至少经过一次的车辆进行识别。评估内容包括至少经过所有检测点一次的基准车辆的检测精度和定位灵敏度,如图 2.18 所示。

图 2.18 多传感器车辆检测和重识别示例

2. 实验要求与评估

1) 任务一评估

在每个视频中,速度数据都是通过车内跟踪的方式收集到的,实验根据定位这些车辆和预测其速度的能力进行评估。对于每一辆基准车,都用一个边界框在它出现的所有帧中进行标注。根据跟踪器的速度数据,利用插值函数对每一帧进行速度估计。

得分计算公式如下:

$$S_1 = DR \times (1 - NRMSE)$$

其中,DR 是检测率,为检测到的基准车辆与基准车辆总数的比值;NRMSE 是归一化的均方根误差(RMSE)。S_1 分值介于 0 和 1 之间,分值越高越好。如果一辆汽车在它出现的至少 30%的帧中被定位到,就认为这辆车被检测到了。如果至少有一个预测边界框与标注的基准边框的交并比大于或等于 0.5,则认为该车辆被定位到了。

对于所有正确定位的基准车辆,通过基准车辆车速和预测车速的 RMSE 来计算速度估计误差。如果 IoU≥0.5 的多个边界框存在,就只考虑置信度最高一个的速度估计值。NRMSE 是所有实验者的归一化 RMSE 得分,是通过实验者的最小-最大归一化获得的。具体来说,NRMSE 表示为

$$NRMSE_i = \frac{RMSE_i - RMSE_{min}}{RMSE_{max} - RMSE_{min}} \tag{2-11}$$

其中,$RMSE_{min}$ 和 $RMSE_{max}$ 分别是所有实验者的最大和最小 RMSE。

2) 任务二评估

模型异常检测性能由 F1-Score 进行评估，检测时间误差由 RMSE 进行评估。具体来说，得分计算公式为

$$S_2 = F_1 \times (1 - \text{NRMSE})$$

在计算 F1-Score 时，真正类(TP)是指检测到具有最高置信度的真实异常，所检测到的异常发生在 5 min 的绝对时间距离内，检测到一个真实异常就得到一个 TP；假正类(FP)是指将非真实异常检测为异常发生；假负类(FN)是指未被预测到的真实异常，即真实异常被检测为无异常。如果一场车祸之后又发生了另一场车祸，或者一辆车熄火之后又有人停下来帮忙，这些多车辆事件被认为是单个异常；如果第二个事件发生在第一个事件之后的 2 min 内，则应该将其考虑为与第一个事件相同的异常。

所有 TP 预测的基准异常时间和预测异常时间的 RMSE 用来计算检测时间误差。NRMSE 是所有实验者的归一化 RMSE 值，通过最小最大归一化获得。

3) 任务三评估

任务三将根据一组行驶过所有传感器位置至少一次的基准车辆的跟踪精度和定位灵敏度进行评估。得分计算公式如下：

$$S_3 = 0.5 \times (\text{TDR} + \text{PR})$$

其中，TDR 是轨迹检测率，PR 是定位精度。S_3 分值介于 0～1 之间，S_3 分值越高越好。

轨迹检测率 TDR 是正确识别的基准车辆轨迹与所有基准车辆轨迹总数的比值，如果一个车辆被定位(IoU≥0.5)，并且在给定的视频中包含基准车辆至少 30%的帧中与相同的 <obj_id>关联，则认为正确识别到车辆轨迹。精度 PR 是正确定位的边界框与所有视频中预测框总数的比值。

3. 数据来源与描述

(1) 任务一的数据集包含 27 个视频，每个时长约 1 min，以 30 f/s 和 1920×1080 分辨率录制[1]。

在 4 个地点录制视频，部分地点在不同时间录制多个视频。视频名为 Loc<X>_<Y>.mp4，其中 X 是位置 ID，Y 是视频 ID。与每个视频相关联的附加文件 Loc<X>_<Y>-meta.txt 包含视频的元数据，包括位置、类别(公路或十字路口)、GPS 坐标、方向、文件大小(以字节为单位)、视频长度、分辨率、每秒帧数和总帧数。

(2) 任务二的数据集包含 100 个视频，每个时长约 15 min，以 30 f/s 和 800×410 分辨率录制[2]。

由 4 个视频组成的附加样本集包括异常注释。这种异常可能是由于车祸或车辆熄火造

成的，但交通事故引起的正常交通挤塞不属于异常情况，例如，样本数据中的"3.mp4"没有任何异常。

(3) 任务三的数据集包含 15 个视频，每个时长约 0.5～1.5 h，以 30 f/s 和 1920 × 1080 分辨率录制[3]。

■ 参考文献

[1]　http://www.aicitychallenge.org/?page_id=55.

[2]　http://www.aicitychallenge.org/?page_id=84.

[3]　http://www.aicitychallenge.org/?page_id=85.

实验 2.17　交通系统监测

1. 实验背景与内容

交通事故的社会经济代价构成了社会的一个重要负担，因此人们更为关注减少此类事件的发生。本实验要求对车辆进行定位和分类两项内容。

2. 实验要求与评估

对车辆分类的评估代码请参见本实验文献[1]，对车辆定位的评估代码请参见本实验文献[2]。

3. 数据来源与描述

本实验的数据集[1-4]包含 786 702 张图像，分类数据集中包含 648 959 张图像，定位数据集中包含 137 743 张图像，这些数据集是由部署在加拿大和美国各地的成千上万的交通摄像机获得的，包含了一年的不同时期和一天的不同时间的数据。这些图像代表了城市和农村交通场景中的典型视觉数据，有助于应对广泛而复杂的挑战。每个前景目标(各种车辆以及行人和自行车)都已被仔细识别，可以对算法进行定量比较。该数据集旨在实现训练和测试交通场景中移动车辆的分类和定位，为所设计的算法提供一个测试基准。

数据集包含两个部分：分类数据集和定位数据集。

(1) 分类数据集请参见本实验文献[3]，包含 648 959 幅图像，分为 11 类：铰接式卡车、自行车、公共汽车、小汽车、摩托车、非机动车辆、行人、皮卡、单机卡车、工作货车、背景。

(2) 定位数据集请参见本实验文献[4]，包含 137 743 幅高分辨率图像，其中包含一个(或多个)前景目标，具有下列 11 个标签：铰接式卡车、自行车、公共汽车、小汽车、摩托车、机动车辆、非机动车辆、行人、皮卡、单机卡车、工作货车。

■ **参考文献**

[1] http://podoce.dinf.usherbrooke.ca/static/dataset/MIO-TCD-Classification-Code.tar.

[2] http://podoce.dinf.usherbrooke.ca/static/dataset/MIO-TCD-Localization-Code.tar.

[3] http://podoce.dinf.usherbrooke.ca/static/dataset/MIO-TCD-Classification.tar.

[4] http://podoce.dinf.usherbrooke.ca/static/dataset/MIO-TCD-Localization.tar.

实验 2.18　交通卡口车辆信息精准检测

1. 实验背景与内容

随着城市车辆的增多，改善交通拥挤现状成为各大城市交通运输系统的发展目标。智能交通系统是未来城市交通管理和车流量控制的热门研究方向，通过它可以更高效地对交通流进行限制、调整、疏导以改善通行效率、保障交通安全。

车辆监测是智能交通系统的重要组成部分，系统需要实时监测路口交通状态，动态检测交通事件，提取交通参数。目前车辆监测在各种环境下的背景建模方法通用性差，难以适应天气变化和阴影干扰，车型识别难度大，所以如何准确地进行车辆检测，是本实验所要解决的技术难题。

2. 实验要求与评估

实验者需要通过已经打标的图像和对应的 csv 文件建立模型，识别图像中的各种大小汽车，然后将模型应用于测试集，以预测图像中的车辆数目以及坐标(不识别图像中的自行车、行人、电瓶车、三轮车、摩托车)。

模型评分采用交并比(Intersection over Union，IoU)算法，具体来说，就是模型生成的目标窗口(DR)和基准标记窗口(GT)的交叠率，即 DR 和 GT 的交集除以 DR 和 GT 的并集。

$$IoU = \frac{DR \cap GT}{DR \cup GT} \tag{2-12}$$

具体计分方法如下：

(1) 将一辆车的 IoU 值设为 r，如果 r 大于阈值 k，就认为车辆打标正确。假设一张图像中有 n 辆真实的车，实验结果给出了 m 辆车，其中正确识别 a 辆车，那么得分为 $s = (2a)/(m + n)$。

(2) 本实验阈值 k 范围为 0.5～0.9，步长为 0.05。单张图像的最终得分为所有阈值的得

分 s 的算术平均值。

(3) 提交的单次得分为所有图像的算术平均值。

假设一张图像中有 5 辆真实的车，实验结果提交了 5 辆车，实验结果计分形式如表 2.6 所示。

表 2.6　实验结果计分形式

车辆	r	$k(0.5)$	$k(0.55)$	$k(0.6)$	$k(0.65)$	$k(0.7)$	$k(0.75)$	$k(0.8)$	$k(0.85)$	$k(0.9)$
1	0.9	a	a	a	a	a	a	a	a	a
2	0.8	a	a	a	a	a	a	a		
3	0.5	a								
4	0.3									
5	0									
得分		0.6	0.4	0.4	0.4	0.4	0.4	0.4	0.2	0.2

本次单张图像的最终得分约 0.37778。本实验文献[2]提供了一个标准化的可视化程序，以方便校验结果。

3. 数据来源与描述

1) 总体描述

本实验的数据集共提供了 1.8 万张以上的交通卡口图像[1]。这些图像被随机分为 4 组，其中 10000 张用于训练集 A(准确度 85%)，1000 张用于训练集 B(准确度 99%)，5000 张用于线上评分，剩余的用于线下检验。4 组数据的处理方式和内容类型是一致的，唯一不同的就是测试集中不提供图像打标数据。

2) 详细描述

(1) 图像：图像规格统一为 1069 × 500，每个图像的名字即为该图像的 ID。

(2) 打标数据：train_1w.csv，train_b.csv。

数据共有 2 个字段，分别是图像 Id 和车辆坐标。车辆坐标为 $(x\_y\_w\_h)$，其中 x、y 表示矩形框左上角的像素坐标，w、h 分别是矩形框的宽和高(pixel 为单位)。(0, 0, 1, 1)表示图像左上角的一个点；(1069, 500, 1, 1)表示图像右下角的一个点。例如：

- e3d5c101-6bb9-48af-ac80-08c73304456b.jpg, 173_179_162_180; 508_197_157_194
- e3d5d8a4-9622-45fd-ac074e0fdc0ba97b.jpg, 341_21_83_66; 528_29_107_83; 387_76_108_114; 191_187_134_134; 8_416_255_77; 454_262_181_178; 275_1_59_33
- e3d6518e-b0f5-4b4f-bacd-6ee405424ca0.jpg, 449_168_113_101; 575_148_130_168; 339_270_187_204; 619_468_190_32

- e3d65c80-cdc3-4097-a0ad-374cd2a45107.jpg, 442_0_85_42; 302_0_71_57; 205_24_106_112; 396_65_125_123; 6_137_133_225; 195_254_212_171; 978_26_89_76

■ 参考文献

[1] https://www.dcjingsai.com/common/cmpt/交通卡口车辆信息精准识别_赛体与数据.html.
[2] http://share.pkbigdata.com/ID.4407/Traffic_visualization.

实验 2.19 商家招牌的分类与检测

1. 实验背景与内容

本实验将结合图像处理技术,通过街采的或用户上传的包含商家招牌的照片,由所实现算法检测出图像中的招牌,并且对招牌进行分类,以降低人工成本。

选取 100 类常见的招牌信息,如肯德基、麦当劳、耐克等。每类招牌挑选出 10~30 张图像作为训练数据,5~10 张图像作为测试数据。需要根据训练集构建算法模型,然后针对测试集进行分类,得到最终的分类结果。

针对检测和分类任务,提供 9000 张带有位置信息和类别信息的图像数据用于训练,以及 4351 张图像用于评估测试。该数据集全部来源于百度地图淘金,从中选取了 60 类常见品牌类别,比如肯德基、星巴克、耐克等。

2. 实验要求与评估

1) 分类评价指标

根据准确率进行实验评估,准确率=正确信息条数/所有信息条数。

2) 分类加检测评价指标

计算平均精度均值(mean Average Precision,mAP),根据 mAP 进行评分。在 mAP 计算中,交并比(Intersection over Union,IoU)阈值采用 0.5。

3. 数据来源与描述

数据格式[1]:数据分为训练集和测试集,数据集打包为一个压缩包,整个压缩包包含 4 个文件,如表 2.7 所示。

表 2.7　压缩包所含文件

名　　称	数 据 说 明
train	训练数据文件夹，包含所有训练图像
train.txt	训练数据的 label 对照文件，每一行为图像名 + label，例如： 14ce36d3d539b6004b13e5e4e250352ac75cb780.jpg 1 14ce36d3d539b6008123af69e250352ac75cb77b.jpg 1 1ad5ad6eddc451da4d153849bdfd5266d11632b4.jpg 2 表示前两张图像对应的 label 为 1，第三张图像对应的 label 为 2
test	测试数据文件夹，包含所有测试图像
test.txt	测试数据的文件列表，实验者提交对 test.txt 的预测结果

数据典型图像：

(1) 样本类别的多样性如图 2.19 所示。

(2) 每类样本的多样化如图 2.20 所示。

图 2.19　样本类别多样示意图

图 2.20　每类样本的多样化

■ 参考文献

[1] https://dianshi.baidu.com/competition/17/question.

实验 2.20　充电桩故障分类与检测

1. 实验背景与内容

新能源汽车不产生排气污染，对环境保护和空气的洁净十分有益，几乎是"零污染"，近几年得到大力推广。充电桩对于新能源汽车的广泛使用至关重要，其中充电桩的故障检测及稳定性保障需要充电桩服务商投入很多人力成本。本实验探讨通过数据挖掘的方式预测分析充电桩的工作状态及影响因素，有助于降低充电桩的人工维护检修成本，并为充电桩改造提供参考建议。

本实验文献[1]为新能源汽车充电桩的故障检测问题提供了 85 500 条训练数据(标签: 0 代表充电桩正常，1 代表充电桩有故障)，实验者需对 36644 条测试数据进行预测。

2. 实验要求与评估

本实验采用 F1-Score 评分，F_1 评分公式如下:

$$F_\beta = (1+\beta^2) \cdot \frac{\text{Precision} \cdot \text{Recall}}{(\beta^2 \cdot \text{Precision}) + \text{Recall}} \tag{2-13}$$

其中，Precision 为精确率，Recall 为召回率，$\beta = 1$ 表示精确率和召回率同等重要。

3. 数据来源与描述

本实验文献[1]提供了 85 500 条训练数据和 36 644 条测试数据，数据说明如下:

1) 训练数据(data_train.csv)

数据格式: [id, K1K2 驱动信号，电子锁驱动信号，急停信号，门禁信号，THDV-M, THDI-M, label]，字段间以逗号分隔。字段说明如表 2.8 所示。

表 2.8　训练数据字段说明

字段名	描　　述	样　　例
id	充电桩 id	9
K1K2 驱动信号	K1K2 驱动信号	11.80274085

字段名	描　　述	样　　例
电子锁驱动信号	电子锁驱动信号	12.12268082
急停信号	急停信号	−0.057439804
门禁信号	门禁信号	12.08962855
THDV-M	电压的总谐波失真	11.80961848
THDI-M	电流的总谐波失真	11.46839787
label	正常情况的标签(0 代表正常，1 代表异常)	0

2) 测试数据(data_test.csv)

数据格式：[序号，K1K2 驱动信号，电子锁驱动信号，急停信号，门禁信号，THDV-M，THDI-M]，字段间以逗号分隔。字段说明如表 2.9 所示。

表 2.9　测试数据字段说明

字段名	描　　述	样　　例
序号	充电桩 id	9
K1K2 驱动信号	K1K2 驱动信号	11.80274085
电子锁驱动信号	电子锁驱动信号	12.12268082
急停信号	急停信号	−0.057439804
门禁信号	门禁信号	12.08962855
THDV-M	电压的总谐波失真	11.80961848
THDI-M	电流的总谐波失真	11.46839787

■ 参考文献

[1]　https://dianshi.baidu.com/competition/19/question.

实验 2.21　肺　炎　检　测

1. 实验背景与内容

本实验的任务是建立一个算法来检测医学图像中肺炎的视觉信息。具体来说，算法需

第 2 章　检测类

要在胸片上自动定位肺部阴影。

通常准确诊断肺炎是一项艰巨的任务，需要由训练有素的专家检查胸部 X 光片(Chest Radiograph，CXR)，并通过临床病史、生命体征和实验室检查予以确认。肺炎通常表现为 CXR 上出现一个或多个不透明的区域[1]。然而，肺炎的诊断在 CXR 上是复杂的，还需考虑肺部的许多其他情况，如液体超载(肺水肿)、出血、肺损伤(肺不张或肺塌陷)、肺癌、放疗后或手术后变化。在肺外，胸腔积液也表现为 CXR 出现的不透明度。比较患者在不同时间点的 CXR，并与临床症状和病史相结合，将有助于作出诊断。

CXR 是最常见的诊断影像学研究途径。许多因素可以改变 CXR 的特征[2]，如病人的位置和吸气的深度。此外，临床医生通常要面对大量的图像进行分析。为提高诊断服务的效率和覆盖面，人们试图通过机器学习方法实现 CXR 的智能解析水平。

2. 实验要求与评估

实验者通过给出肺部区域周围的预测边界框，来预测肺炎是否存在于给定的图像中。没有边框的样本是负样本，表示不包含肺炎的明显证据；带有边框的样本表明有肺炎的迹象。

根据不同的交并比(Intersection over Union，IoU)阈值来评估平均精度，目标像素的 IoU 计算如下：

$$\text{IoU}(A,B) = \frac{A \bigcap B}{A \bigcup B} \tag{2-14}$$

该度量标准使用一系列 IoU 阈值，在每个点计算平均精度值。其范围为 0.4～0.75，步长为 0.05(0.4, 0.45, 0.5, 0.55, 0.6, 0.65, 0.7, 0.75)。换句话说，当阈值为 0.5 时，如果预测目标与基准的交并比大于 0.5，则被认为是正确的。

对于每个阈值 t，精度值是根据预测目标与所有基准进行比较所产生的真正类(TP)、假负类(FN)和假正类(FP)的数目来计算的：

$$\text{Accuracy} = \frac{\text{TP}(t)}{\text{TP}(t) + \text{FP}(t) + \text{FN}(t)} \tag{2-15}$$

当单个预测目标与基准匹配高于 IoU 阈值时，就会计算出一个真正类；假正类表示预测目标没有关联的基准目标；假负类表示基准目标没有关联的预测目标。另外，如果对于给定的图像，根本没有基准目标，那么任何数量的预测(误报)都会导致图像得到零的分值，并包含在平均精度中。在每个 IoU 阈值下，单个图像的平均精度为上述精度值的平均值：

$$\frac{1}{|\text{thresholds}|} \sum_{t} \frac{\text{TP}(t)}{\text{TP}(t) + \text{FN}(t) + \text{FP}(t)} \tag{2-16}$$

提交实验结果时，要求为每个边界框提供置信度，并按照置信度的顺序对边界框进行评估。也就是说，首先检查置信度较高的边界框是否与基准匹配，这决定了哪些边界框是真正类和假正类。

实验结果形式：

每个图像应该只有一个预测行，该行可以包括多个边界框，格式可以采用以下形式：

(1) 预测没有肺炎/边界框的 patientIds：0004cfab-14fd-4e49-80ba-63a80b6 bddd6。

(2) 预测具有单个边界框的 patientIds：0004cfab-14fd-4e49-80ba-63a80b6bddd6,0.5 0 0 100 100。

(3) 预测具有多个边界框的 patientIds：0004cfab-14fd-4e49-80ba-63a80b6bddd6,0.5 0 0 100 100 0.5 0 0 100 100。

3. 数据来源与描述

数据来源于本实验文献[3]，包含训练集和测试集，其中测试集由新的、不可见的图像组成。训练数据提供 patientId 和边界框集合，边界框定义如下："x_{min}，y_{min}，宽度，高度"；还有一个二值目标列 Target，表示肺炎或非肺炎；每个 patientId 可能有多行。所有提供的图像是 DICOM 格式。

文件描述：

stage_2_train.csv：训练数据集，包含 patientId 和边界框/目标信息；

stage_2_detailed_class_info.csv：提供每幅图像正类或负类的详细信息。

stage_2_train.csv 的字段说明如下：

- patientId_：每个 patientId 对应唯一一幅图像。
- x_：边框左上角的 x 坐标。
- y_：边框左上角的 y 坐标。
- width_：边框宽度。
- height_：边框高度。
- Target_：二值目标，表示该样本是否含有肺炎症状。

■ 参考文献

[1] FRANQUET T. Imaging of community-acquired pneumonia. Journal of Thoracic Imaging, 2018, 33(5): 282-294.

[2] KELLY B. The Chest Radiograph. Ulster Medical Journal, 2012, 81(3): 143-148.

[3] https://www.kaggle.com/c/10338/download-all.

实验 2.22　肺部结节智能诊断

1.　实验背景与内容

要求实验者使用患者的 CT 影像数据(mhd 格式)训练模型算法,在独立的测试数据集中找出 CT 影像中的肺部结节的位置,并求得是一个真正肺结节的概率。每个图像中的结节都给出了中心坐标和半径,结节就存在于以这个中心坐标为球心、半径为 R 的空间球体当中。实验者需要设计模型,通过训练得到结节的特征,并找出给定图像中的结节。实验的难点之一在于判断结节时容易与其他血管的影像混淆。

实验者期望通过较好的算法来辅助医生进行肺结节诊断。医生对于较大肺结节的检测比较容易,但对于较小结节则较难检测甚至漏检。计算机辅助手段可以提高检测的精度和速度,本实验使用深度学习算法来进行结节检测。

2.　实验要求与评估

本实验会根据实验者给出的坐标信息判断结节是否检测正确。如果结节落在以参考标准为中心、半径为 R 的球体中,则认为检测正确。如果检测到小于 3 mm 的结节,则既不认为是错误检测也不认为是正确检测。根据提供的结节检测概率,计算一个无限制 ROC (Free-response ROC,FROC)曲线。灵敏度(Sensitivity)在 1/8、1/4、1/2、1、2、4 和 8 一共 7 个不同的误报情况下的平均值作为最终评判标准。

实验结果以 csv 文件格式提交,第一行标记每一列的名称,一共五列,分别为图像 ID 号、坐标(x, y, z)和概率;从第二行之后的每一行都标记一个检测到的结节,坐标为检测到的结节的中心坐标 x、y、z 的数值,如表 2.10 所示。

表 2.10　实验结果文件格式

seriesuid, coordX, coordY, coordZ, probability
LKDS-00012, 75.5, 56.0, -194.254518072, 6.5243e-05
LKDS-00022, -35.5999634723, 78.000078755, -13.3814265714, 0.00269234
LKDS-00049, 80.2837837838, 198.881575673, -572.700012, 0.00186072
LKDS-00056, -98.8499883785, 33.6429184312, -99.7736607907, 0.00035473
LKDS-00057, 98.0667072477, -46.4666486536, -141.421980179, 0.000256219

3. 数据来源与描述

1) 数据介绍

本实验文献[1]提供了数千份高危患者的低剂量肺部 CT 影像(mhd 格式)数据,每个影像包含一系列胸腔的多个轴向切片。每个影像包含的切片数量会随着扫描机器、扫描层厚和患者的不同而有差异。原始图像为三维图像,每个图像包含一系列胸腔的多个轴向切片。这个三维图像由不同数量的二维图像组成,其二维图像数量可以基于不同因素变化,比如扫描机器、患者等。mhd 文件包含关于患者 ID 的必要信息,以及诸如切片厚度的扫描参数。

2) 数据安全

本实验文献[1]中的数据全部是肺部 CT 影像(mhd 格式)数据,所有 CT 影像数据严格执行国际通行的医疗信息脱敏标准。脱敏信息包括:医院信息、患者信息和标注医师信息,所有数据不可溯,切实保障数据安全。

3) 数据信息

(1) 数据量。1000 例病人,全部都有结节。

① 结节大小(mm)大致分布如表 2.11 所示。

表 2.11　结节大小分布

5~10 mm	10~30 mm
50%	50%

② 除了进行病理分析的结节外,其他结节都由三位医生进行标记确认。

(2) 数据格式。

① CT 影像:mhd 格式;

② csv 文件,标注了结节的位置和大小(mm),如表 2.12 所示。

表 2.12　结节位置与大小的文件格式

seriesuid	coordX	coordY	coordZ	diameter_mm
LKDS_00001	-100.56	67.26	-231.81	6.44

(3) 层厚(mm)。所有 CT 影像的层厚小于 2 mm。

4. 辅助信息

参考算法主要分为三步:肺部区域提取,疑似肺结节分割,疑似肺结节分类。

(1) 肺部区域提取。使用图像分割算法生成肺部区域的 mask 图,然后根据 mask 图生成肺部区域图像，如图 2.21 所示。

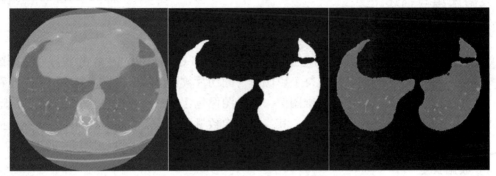

图 2.21　肺部区域提取过程

(2) 疑似肺结节分割。利用肺部分割生成的肺部区域图像，加上结节标注信息生成的结节 mask 图像，训练基于卷积神经网络的肺结节分割器。图 2.22 是基于卷积网络的肺结节分割结果，对分割结果图像进行二值化，提取连通块等处理，提取出疑似肺结节。由于CT 图像是一个扫描序列，实验者可能需要对多帧的结果进行融合。

(3) 疑似肺结节分类。找到疑似肺结节后，可以使用常见的图像分类算法(如 CNN 等)对疑似肺结节进行分类，得出疑似肺结节是否为真正肺结节的概率。图 2.23 是找到的肺结节分类示例。

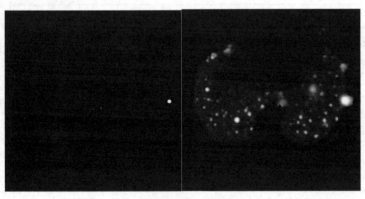

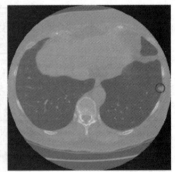

图 2.22　基于卷积网络的肺结节分割　　　　图 2.23　肺结节分类示例

■ 参考文献

[1]　https://tianchi.aliyun.com/competition/entrance/231601/information.

实验 2.23 钢筋数量检测

1. 实验背景与内容

在工地现场，对于进场的钢筋车，验收人员需要对车上的钢筋进行现场人工点根，确认数量后钢筋车才能完成进场卸货。目前现场采用人工计数的方式，如图 2.24 所示。

图 2.24 钢筋点根现场场景

上述过程烦琐、消耗人力且速度很慢(一般一车钢筋需要半小时，一次进场盘点需数个小时)。针对上述问题，希望通过手机拍照—目标检测计数—人工修改少量误检的方式(如图 2.25 所示)智能、高效地完成此任务。

图 2.25 理想工作场景

本实验主要难点如下：

(1) 精度要求高。钢筋本身价格较昂贵，且在实际使用中数量很大，误检和漏检都需要人工在大量的标记点中找出，所以对精度要求非常高。本实验需要专门针对此密集目标的检测算法进行优化，另外，还需要处理拍摄角度、光线不完全受控、钢筋存在长短不齐、可能存在遮挡等情况。

(2) 钢筋尺寸不一。钢筋的直径变化范围较大(12～32 mm 间很多种类)，且截面形状不规则，颜色不一，拍摄的角度、距离也不完全受控，这也导致传统算法在实际使用的过程中效果很难稳定。

(3) 边界难以区分。一辆钢筋车一次会运输很多捆钢筋，如图 2.26 所示。如果直接全部处理会存在边缘角度差、遮挡等问题。目前使用单捆处理＋最后合计的流程，但这样的处理过程需要对捆间进行分割或者对最终结果进行去重，难度较大。

图 2.26　钢筋进场场景

该实验基于本实验文献[1]提供的钢筋进场现场的图像和标注，要求综合运用计算机视觉和机器学习/深度学习等技术，实现拍照即可完成钢筋点根任务，大幅度提升了建筑行业关键物料的进场效率和盘点准确性，从而将建筑工人从这项极其枯燥繁重的工作中解脱出来。

2. 实验要求与评估

测试结果为 csv 格式的目标识别结果文件，列之间用","分割，每行包含测试图像名称(ID)及识别结果，如表 2.13 所示。

表 2.13　测试结果文件格式

ID	识别结果
xxx.jpg	240 170 260 240
xxx.jpg	152 331 246 415
yyy.jpg	240 170 260 240

其中识别结果采用检测框坐标依次排列的形式，例如"240 170 260 240"表示在左上角坐标(240, 170)、右下角坐标(260, 240)的矩形框位置检测到钢筋，数据之间采用空格隔开，同一张图像上的不同检测结果写入多行记录。

评分算法采用 F1-Score 的计算方式，计算实验结果的召回率(Recall)和精确率(Precision)：

$$Recall = \frac{检测正确的目标数量}{检测正确的目标数量 + 漏检的目标数量} \tag{2-17}$$

$$Precision = \frac{检测正确的目标数量}{检测正确的目标数量 + 检测错误的目标数量} \tag{2-18}$$

计算 F1-Score 如下：

$$F_1 = \frac{2\,Precision \cdot Recall}{Precision + Recall} \tag{2-19}$$

F1-Score 值越高越好。实验用预测边界框和基准边界框的 IoU 作为结果匹配的依据。

(1) 检测正确的目标：IoU 值大于 Precision 为 0.7 时的结果。

(2) 漏检：标准答案中标识出的目标，但是实验结果中未找到 IoU 值大于 0.7 的匹配项。

(3) 检测错误的目标：实验结果中标注的目标在标准答案中没有对应的 IoU 值大于 0.7 的匹配项。

3. 数据来源与描述

钢筋数据来自现场手机采集。钢筋车辆进库时，使用手机拍摄成捆钢筋的截面(一般保证较小倾角，尽量垂直于钢筋截面拍摄)。数据包含直径为 12～32 mm 等不同规格的钢筋图像。

文件中包含以下内容：

train 文件夹，用于训练的图像集合，共 250 张。

test 文件夹，用于测试的图像集合，共 200 张。

train_labels.csv 文件，训练图像的标注文件。

训练图像标注格式如表 2.14 所示，其中 ID 列为图像文件名，Labels 列为图像对应的标注信息。表中 Labels 列为一个矩形框的标注信息，从左到右依次为 x_min(左上角 X 坐标)、y_min(左上角 Y 坐标)、x_max(右下角 X 坐标)、y_max(右下角 Y 坐标)四个值，中间用空格分割。若 Labels 中包含多个矩形标注框，则需采用多行。

表 2.14　训练图像标注格式

ID	Labels
xx.jpg	x_min y_min x_max y_max

■ 参考文献

[1]　https://www.datafountain.cn/competitions/332/datasets.

第3章 识别类

目标识别是使计算机具有从图像或图像序列中认知周围环境的能力，是从图像或图像序列逆向推理客观场景的某些本质信息的反演过程，其本质是逆问题的求解，以确认目标所属类型。本部分主要包括文字识别、场景识别、行为识别、人脸识别、地物识别等。

实验 3.1 汉字档案手写识别

1. 实验背景与内容

档案是历史的见证，档案的完整和系统的保存关系着一个国家历史文化的延续。对于个人而言，档案也关乎着一个人的完整经历。然而，纸质档案不仅耗费空间，还由于自然或人为的原因，经常容易出现损毁现象，不易保存。因此，在大数据时代，档案数字化已经成为档案工作者工作内容中的重中之重。然而，许多档案数字化的工作仅仅是通过对纸质文件的扫描来进行的，这样的"数字档案"并不能被计算机所识别，而且工作人员手动录入所有档案中的文字信息也是一个浩大的工程。

本实验希望解决如何能够将扫描文件中的文字信息真正转化为可以被引用、检索的数字信息，从而迈出档案数字化中重要的一步。

2. 实验要求与评估

本实验中所用的数据是某公司人力部门所提供的近 1000 份应聘人员登记表格扫描图像，其中包含应聘人员的性别、民族、生日和教育经历等基本信息(姓名、联系方式、亲属等个人身份敏感信息已进行严格脱敏处理)，还包括应聘者的个人学术成果、所获荣誉与工作技能。实验要求实验者利用上述近 1000 张扫描件进行模型构建，从每个 pdf 文件中监测到表格，并从表格中提取指定类别的内容，准确地识别更多类似的档案扫描文件。

统计识别结果与标准答案之间的"编辑距离"(编辑距离为一个常用方法，许多语言都有可直接调用的函数)，且同时将"增、删、改"的情况(也就是说，识别结果出现"多识别""错识别""漏识别"的情况均会扣分)作为评价指标。例如，某简历中的大学字段，标准答案为"西安电子科技大学"，若识别成"西安建筑科大"，就要修改两个字，添加两个字，编辑距离为 4。

最终评分标准计算公式为

$$\text{Score} = \frac{1}{M} \sum_{i=1}^{m} \sum_{j=1}^{n} d_{ij} \tag{3-1}$$

其中，M 为所有简历中待识别字段中的总汉字数量，m 为简历的数量，n 为简历中待识别的字段数量，d_{ij} 为第 i 份简历中第 j 个字段的编辑距离。

3. 数据来源与描述

不提供训练集，自行寻找手写体数据，以完成模型的训练。

测试集数据为脱敏后的"应聘登记表"[1]的扫描文件，共有 990 张图像。每一份应聘登记表都包括应聘者的性别、民族、生日、教育经历等基本信息，以及工作技能等求职相关信息。

■ 参考文献

[1] https://www.dcjingsai.com/common/cmpt/汉字档案手写识别大赛(华录杯复赛)_竞赛信息.html.

实验 3.2　汉字书法多场景识别

1. 实验背景与内容

书法是汉字的书写艺术，是中华民族对人类审美的伟大贡献。从古至今，有大量照亮书法艺术星空的经典之作，是中华文明历经漫长岁月留下的艺术精华。这些书法作品现在仍以各种形式呈现给世人：博物馆里的字画作品、旅游景点里的碑刻、建筑上的题词、对联、牌匾，甚至寻常家居里也会悬挂带有书法艺术的字画。在全球化、电子化的今天，书法的外部环境有了非常微妙的变化，对于年轻一代，古代书法字体越来越难以识别，导致一些由这些书法文字承载的传统文化无法顺利传承。因此，利用先进的技术，实时、准确、自动地识别出这些书法文字，对于记录整理书法艺术和传播书法背后的中国文化有着重要的社会价值。

该实验要求通过人工智能算法实现书法文字的自动识别，解决实际场景中某些书法文字难以识别的问题，要求给出测试数据集中每张图像中文字的位置及对应的内容。实验使用已标注的训练图像集[1]来训练所设计的模型和算法，要求利用开发和训练的模型和算法识别测试图像集中每张图像书法文字的内容以及文字对应的位置。

2. 实验要求与评估

本实验以文本字段 F1-score 作为评分标准。

1) 文本检测

文本检测评测参考本实验文献[2]中"one to many"的思路，遵循 ICDAR2013 文本检测算法衡量标准。根据"one to many"的场景，当"多"中的任意框与目标框交叉面积除以自身面积(IoU)≥0.50 时，视为合格候选。取最大 IoU 值的文本框为最终候选，计入可召回和正确校测范畴，参与文本识别精度计算。

预测实例 A 和真实实例 B 的交并比(Intersection over Union，IoU)的计算公式为

$$\text{IoU}(A,B) = \frac{A \bigcap B}{A \bigcup B} \tag{3-2}$$

2) 文本识别

判断文本是否匹配时同时考虑文本检测位置和文本内容。文本位置匹配是指预测文本框与真实文本框之间的 IoU≥0.50。

实验结果的召回率(Recall)和精确率(Precision)的计算公式为

$$\text{Recall} = \frac{\text{检测正确的目标数量}}{\text{检测正确的目标数量} + \text{漏检的目标数量}} \tag{3-3}$$

$$\text{Precision} = \frac{\text{检测正确的目标数量}}{\text{检测正确的目标数量} + \text{检测错误的目标数量}} \tag{3-4}$$

计算 F1-Score：

$$F_1 = \frac{2\,\text{Precision} \cdot \text{Recall}}{\text{Precision} + \text{Recall}} \tag{3-5}$$

F_1 分值越高越好。

3. 数据来源与描述

1) 训练集

本实验文献[1]的训练集总量为 5 万左右，用以训练模型。训练集 train.zip 包含两个文

件目录及一个声明文件：image 文件夹中是模拟生成的书法图像；label 文件夹中是相关图像对应的 label；声明.txt 中是该实验数据使用声明。

训练图像中的每张图像都有一个相应的文本文件(.csv)(UTF-8 编码)。文本文件每行对应于图像中的一个文本框，以"，"分割不同的字段，具体格式如下：

　　　　图像名，X1，Y1，X2，Y2，X3，Y3，X4，Y4，文字

其中，图像名为图像的具体名称，以左上角为零点，X1、Y1 为文本框左上角坐标，X2、Y2 为文本框右上角坐标，X3、Y3 为文本框右下角坐标，X4、Y4 为文本框左下角坐标，文字为文本框内文字内容。图像样例如图 3.1 所示。

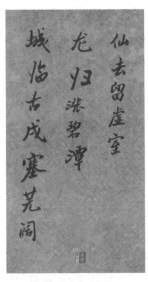

图 3.1　图像样例

对应的 label 样例如下：

　　　　img_calligraphy_00001_bg.jpg, 248, 63, 305, 66, 292, 382, 2353, 82, 仙去留虚室
　　　　img_calligraphy_00001_bg.jpg, 149, 58, 226, 62, 211, 419, 133, 419, 龙归涨碧潭
　　　　img_calligraphy_00001_bg.jpg, 46, 53, 122, 56, 98, 585, 20, 587, 城临古戍寒芜阔

2) 验证集

验证集总量为 1 万左右，用以验证模型效果，验证集 verify.zip 包含两个文件目录及一个声明文件(图像类型和 label 格式与训练集相同)：image 文件夹中是模拟生成的书法图像；label 文件夹中是相关图像对应的 label；声明.txt 中是该实验数据使用声明。

3) 测试集

测试集总量为 1 万左右，用以生成测试结果，仅给出图像(未标注)，测试集 test.zip 包

含一个文件目录及一个声明文件(图像类型与训练集相同): image 文件夹中是模拟生成的书法图像，声明.txt 中是该实验数据使用声明。

■ 参考文献

[1] https://www.datafountain.cn/competitions/334/datasets.
[2] WOLF C, JOLION J M. Object count/area graphs for the evaluation of object detection and segmentation algorithms. International Journal of Document Analysis, 2006, 8(6): 280-296.

实验 3.3　网络图像的端到端文本检测和识别

1. 实验背景与内容

在互联网世界中，图像是传递信息的重要媒介，特别是在电子商务、社交、搜索等领域，每天都有数以亿兆级别的图像在传播。图像文字识别(Optical Character Recognition，OCR)在商业领域具有重要的应用价值，是数据信息化和打通线上线下的基础，也是学术界的研究热点。然而，各研究领域尚没有基于网络图像的、以中文为主的 OCR 数据集。本实验文献[1]提供了基于网络图像的中英混合数据集，该数据集数据量充分，涵盖了几十种字体、几个到几百像素字号、多种版式和较多干扰背景。希望实验者可以在该数据集上做深入的研究，藉此发展基于 OCR 的图像管控、搜索和信息录入等 AI 领域的应用技术。

2. 实验要求与评估

1) 网络图像的端到端文本检测和识别

识别整图中的文字内容，允许使用其他数据集或者生成数据，允许 Fine-tuning 模型或者其他模型。实验者提交的报告中须对额外使用的数据集或非本数据集训练出的模型做出说明。

2) 训练集

只考虑中文、英文和符号的行，忽略[图像文件名].txt 里每行最后一个逗号后面含"###"的行。

3) 测试集

输入：所有整图。

输出：对于每一个检测到的文本框，按行将其顶点坐标和文本内容输出到对应的[图像文件名].txt 中，字符需以 UTF-8 进行编码。

评测需要找到和基准(ground truth)重合度最大的框，分别计算全匹配和编辑距离，并以编辑距离为主要依据。

3. 数据来源与描述

本实验文献[1]提供了 20 000 张图像作为本实验的数据集，其中 50%用作训练集，50%用作测试集。该数据集全部来源于网络图像，主要由合成图像、产品描述、网络广告等构成。典型的图像如图 3.2 所示。

图 3.2　典型图像

这些图像是网络上最常见的图像类型，每一张图像或者包含复杂排版、或者包含密集的小文本或多语言文本、或者包含水印，这对文本检测和识别均提出了挑战。

每张图像都有一个相应的文本文件(.txt)(UTF-8 编码与名称：[图像文件名] .txt)。文本文件是一个逗号分隔的文件，其中每行对应于图像中的一个文本串，并具有以下格式：

　　　X1，Y1，X2，Y2，X3，Y3，X4，Y4，文本

其中，X1～Y4 分别代表文本的外接四边形的四个顶点坐标，而文本是四边形包含的实际文本内容。

图 3.3 是标注的图像，灰色边框代表标注的文本框，图 3.4 是标注图像对应的文本文件。标注时对所有语言、所有看不清的文字串均标注了外接框。对于中文和英文以外的其他语言以及看不清的字符来说，并未标注文本内容，而是以"###"代替。

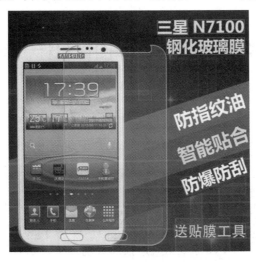

图 3.3 标注的图像

494. 91, 36. 36, 494. 91, 81. 45, 596. 0, 81. 45, 595. 27, 32. 73, 三星
614. 91, 34. 91, 614. 91, 77. 82, 783. 64, 77. 82, 783. 64, 34. 91, N7100
524. 73, 93. 82, 524. 73, 146. 18, 784. 36, 146. 18, 784. 36, 93. 82, 钢化玻璃膜
164. 0, 143. 27, 164. 0, 157. 09, 251. 27, 157. 09, 251. 27, 143. 27, SNMSUNG
316. 73, 174. 55, 316. 73, 189. 09, 353. 82, 189. 09, 353. 82, 174. 55, 17：39
117. 45, 236. 36, 117. 45, 284. 36, 298. 55, 284. 36, 298. 55, 236. 36, 17:39
142. 91, 292. 36, 142. 91, 309. 82, 268. 73, 309. 82, 268. 73, 292. 36, 9月12日星期三
262. 91, 354. 91, 262. 91, 367. 27, 345. 82, 367. 27, 345. 82, 354. 91, 小到中雨转阵雨
321. 82, 338. 91, 321. 82, 350. 55, 345. 82, 350. 55, 345. 82, 338. 91, 北京
70. 57, 378. 86, 70. 57, 384. 57, 87. 14, 384. 57, 87. 14, 378. 86, ###
88. 86, 376. 57, 88. 86, 385. 71, 118. 57, 385. 71, 118. 57, 376. 57, 新浪天气
206. 0, 371. 43, 206. 0, 381. 71, 324. 29, 381. 71, 324. 29, 371. 43, 已更新2012/09/1116:59
76. 86, 545. 71, 76. 86, 556. 0, 106. 0, 556. 0, 104. 86, 546. 29, 沃·3G
150. 57, 545. 71, 150. 57, 557. 71, 183. 71, 557. 71, 183. 71, 545. 71, 沃商店
226. 57, 546. 86, 226. 57, 557. 71, 264. 29, 557. 71, 264. 29, 546. 86, 116114
294. 57, 545. 14, 294. 57, 557. 71, 350. 0, 557. 71, 350. 0, 545. 14, 手机营业厅
67. 71, 682. 86, 67. 71, 693. 14, 100. 29, 693. 14, 100. 29, 682. 86, 联系人
135. 71, 682. 29, 134. 57, 694. 29, 156. 29, 694. 29, 156. 29, 681. 14, 手机
195. 14, 682. 86, 195. 14, 693. 71, 218. 57, 693. 71, 218. 57, 682. 86, 信息
251. 14, 682. 86, 251. 14, 692. 57, 282. 57, 692. 57, 282. 57, 682. 86, 互联网
307. 14, 681. 71, 307. 14, 693. 14, 349. 43, 693. 14, 349. 43, 681. 71, 应用程序
232. 29, 513. 14, 232. 29, 522. 86, 261. 43, 522. 86, 261. 43, 513. 14, 116114
150. 0, 514. 29, 150. 0, 522. 86, 172. 86, 522. 86, 172. 86, 514. 29, WO
153. 43, 523. 43, 153. 43, 532. 0, 180. 86, 532. 0, 180. 86, 523. 43, ###
76. 29, 522. 29, 76. 29, 529. 14, 105. 43, 529. 14, 105. 43, 522. 29, ###
76. 29, 504. 0, 76. 29, 514. 86, 107. 14, 514. 86, 107. 14, 504. 0, WO
69. 43, 341. 14, 69. 43, 366. 86, 125. 43, 366. 86, 125. 43, 341. 14, 29°C
141. 43, 340. 0, 141. 43, 366. 86, 195. 71, 366. 86, 195. 71, 340. 0, 17°C
547. 71, 701. 14, 547. 71, 746. 86, 784. 29, 746. 86, 784. 29, 701. 14, 送贴膜工具
568. 29, 554. 86, 588. 29, 608. 0, 792. 29, 534. 29, 775. 14, 481. 71, 防爆防刮
551. 14, 449. 14, 577. 43, 510. 86, 795. 71, 434. 29, 785. 43, 372. 57, 智能贴合
542. 0, 344. 0, 564. 29, 396. 57, 788. 86, 323. 43, 771. 71, 265. 71, 防指纹油
659. 14, 543. 43, 659. 14, 544. 0, 659. 71, 544. 0, 659. 71, 543. 43, ###

图 3.4 标注图像的文本文件

■ 参考文献

[1]　https://tianchi.aliyun.com/competition/entrance/231652/information.

实验 3.4　零样本图像目标识别

1.　实验背景与内容

零样本学习是 AI 识别方法之一，简单来说就是识别从未见过的数据类别，即训练的分类器不仅可以识别出训练集中已有的数据类别，还可以对于来自未见过的类别的数据进行区分。这是一个很有用的功能，该功能使得计算机能够具有知识迁移的能力，并无需任何训练数据，很符合现实生活中海量类别的存在形式。本实验要求提交对测试样本的类别预测值，除所提供数据集外，不可使用任何预训练的模型或外部图像数据进行模型训练。

本实验文献[1]提供了一个图像数据集，按照类别 4∶1 划分为训练集和测试集。本实验训练时不能使用测试集数据，实验者可以使用一个预训练的类别词向量和标记的类别属性，可使用外部数据自行训练类别词向量，也可使用类别的外部关联属性知识库等数据进行辅助训练。

2.　实验要求与评估

本实验要求实验者将测试样本的标签预测值汇总成一个 txt 文件进行提交，如submit.txt，其每行是一个预测结果，应包含图像名称和预测的类别，并以 Tab 隔开，格式示例如下：

936a67d882c0d5164b2b54d237f0f237.jpeg　　　ZJL160

本实验采用识别准确率作为评价标准，实验模型预测的标签与真实标签一致即为识别正确。设总测试图像数为 N，预测正确的图像数为 M，则识别准确率为

$$\text{Accuracy} = \frac{M}{N}$$

3.　数据来源与描述

数据集分为 Dataset A 和 Dataset B 两部分[1]。训练数据见文件 train，测试数据见文件test，标签见 train.txt，文件结构如下：

a6394b0f513290f4651cc46792e5ac86.jpeg　　　ZJL1

每张图像的数据占一行，每个字段以 Tab 隔开，分别表示：

图像名　标签　ID

标签 ID 与真实类别英文名称相对应，见 label_list.txt，文件结构如下：

ZJL109　gondola

每个类别占一行，每个字段以 Tab 隔开，分别表示：

标签　ID　标签英文名

类别级属性标注见 attributes_per_class.txt，文件结构如下：

ZJL109 0　1　0　0　0　0　0　0　0　0　0　0　0　0　0　0　0　0　0　0　0　0　0　0

0　0　0　0　0　0　0　0　0

每个类别占一行，每个字段以 Tab 隔开，分别表示：

类别 ID 属性标注(顺序同 attribute_list.txt)

属性 ID 与属性英文名称相对应，见 attribute_list.txt，文件结构如下：

1　is animal

每个属性占一行，每个字段以 Tab 隔开，分别表示：

属性　ID　属性英文名

■ 参考文献

[1]　https://tianchi.aliyun.com/competition/entrance/231677/information.

实 验 3.5　场 景 识 别

1. 实验背景与内容

场景理解是计算机视觉的重要任务之一，基于此可以给出目标识别的语境信息。本实验中有三个任务：场景解析、实例分割和语义边界检测，如图 3.5 所示。

1) 场景解析

场景解析是将图像分割成不同类别的物体(stuff)和目标(object)。该任务是像素级分类，类似于 Pascal 中的语义分割任务，但不同之处在于，每个测试图像中的每个像素都需要被划分为一些语义类别，如天空、草地、道路等物体概念，或人、车、建筑等离散对象。数据集共有 150 个语义类别，涵盖了所有图像中 89%的像素类别。具体来说，数据分为 2 万张训练图像、2000 张验证图像和 3000 张测试图像。评估指标是交并比(IoU)在所有 150 个

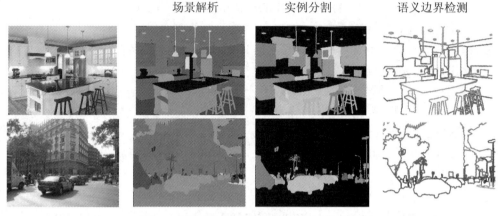

場景解析　　　　　實例分割　　　　語義邊界檢測

图 3.5　场景解析、实例分割和语义边界检测

视觉类别上的平均值。对于每张图像，分割算法都会生成一个语义分割掩膜，预测图像中每个像素的语义类别。算法的性能通过所有像素准确率均值和 150 个语义类别上的 IoU 均值进行评估。

2) 实例分割

场景实例分割是将图像分割成目标实例。该任务与任务 1 类似，是基于像素的分类，但是还要求算法从图像中提取每个目标实例。这一任务的研究动机有两个方面：

(1) 将语义分割的研究推广到实例分割。

(2) 增强目标检测、语义分割、场景解析的协同作用。数据与任务 1 共享语义类别，同时附带了用于 100 个类别的对象实例标注。评估指标是所有 100 个语义类别的平均精度 (Average Precision，AP)。

3) 语义边界检测

语义边界检测是对图像中每个目标实例的边界进行检测。边界检测与边缘检测相关，但更侧重于边界及其目标实例之间的关联。ADE20K 数据集[1]图像中所有对象实例的像素标注都可以作为语义边界检测的基准，这比之前的 BSDS500 数据集[2]要大得多。该任务的图像数据与任务 1 和任务 2 中使用的图像相同，共有 150 个语义类别。所设计的算法通过最优数据集规模的 F-measure (F-measure at Optimal Dataset Scale，F-ODS)进行评估。

2. 实验要求与评估

本实验允许使用来自 ImageNet 和 Places 的分类网络的预训练模型，但是不允许使用其他来源的像素级注释数据的模型。

1) 场景解析

为了评估分割算法，将像素级精度的均值和类级 IoU 作为最终得分。像素级精度表示正确预测的像素的比例，类级 IoU 表示所有 150 个语义类别的像素交并比的均值。

2) 实例分割

遵循 COCO 的评估指标，实例分割算法的性能根据平均精度(AP)或平均精度均值(mean Average Precision，mAP)进行评估。对于每张图像，取所有类别中得分最高的 255 个实例掩膜。对于每个实例掩膜预测，只在它与真实掩膜(mask)的 IoU 超过某个阈值时才有效。取 0.50～0.95(步长为 0.05)的 10 个 IoU 阈值进行评估，最终的 AP 是在 10 个 IoU 阈值和 100 个类别上的平均值，可参考 COCO API 来获得评估标准[3]。

3) 语义边界检测

语义边界检测的性能依据 F-measure 在 F-ODS 上的结果确定。评估工具包[4]还提供了最优图像规模的 F-measure(F-measure at Optimal Image Scale，F-OIS)和 AP 评估模型。

3. 数据来源与描述

本实验三个任务的数据都来自已全部标注的图像数据集 ADE20K，其中训练集包含 2000 张图像，验证集包含 2000 张图像，测试集包含 3000 张图像。

■ 参考文献

[1] http://groups.csail.mit.edu/vision/datasets/ADE20K/.

[2] http://www2.eecs.berkeley.edu/Research/Projects/CS/vision/grouping/resources.html.

[3] https://github.com/cocodataset/cocoapi/blob/master/PythonAPI/pycocoEvalDemo.ipynb.

[4] https://github.com/CSAILVision/placeschallenge/tree/master/boundarydetection.

实验 3.6　低功耗图像目标识别

1. 实验背景与内容

低功耗图像识别是一个将低功耗技术与图像识别相结合的实验。目前，许多移动系统(智能手机、电子设备、自动机器人)都具有拍照功能，这些系统都需要使用电池，因此降低能耗极其重要。本实验旨在发掘出兼顾图像识别和节约能耗的最佳技术，并根据两个维度进行评估，一是高识别率，二是低功耗。

图像识别涉及许多任务，本实验集中于目标检测与识别，这也是许多识别方法的基本路径。图 3.6 中的两个例子说明了该任务，在第一个例子中，有两个目标——一只鸟和一只青蛙；在第二个例子中，有几个对象——汽车、人、摩托车和头盔。

图 3.6　目标检测示例

本实验基于 Tensorflow 模型，分为以下三个任务：

任务一(低延迟图像分类)：每张图像都有一个明显的目标(如人、车或桌子)。解决方案是必须在 30 ms 内分辨出每张图像中的这个目标。这个性能限制是考虑到 30 f/s 的视频数据处理速度。

任务二(交互式图像分类)：与任务一内容相似，但是模拟与人类用户交互的时间限制放宽到 100 ms。

任务三(交互式目标检测)：每张图像有一个或多个目标，解决方案是必须识别目标并在 100 ms 内标记目标在图像中的位置。

2. 实验要求与评估

(1) 任务一用来评估准确性和执行时间。
(2) 任务二使用运行在英伟达 Jetson TX2 上的 Caffe2 深度学习框架。
(3) 任务三在硬件和软件上都没有限制。

3. 数据来源与描述

该实验数据来自于 ImageNet 大规模图像数据集[1]。

■ 参考文献

[1]　http://image-net.org/challenges/LSVRC/2012/index#data.

实验 3.7　轻量化人脸识别

1. 实验背景与内容

对无约束条件下获取的静态图像和视频序列中的人脸进行识别，在监视、执法、生物度量、营销等方面有着广泛应用，同时该技术也是计算机视觉领域研究的热点之一。近年来，有关人员在顶级计算机视觉会议(如 ICCV、CVPR、ECCV 等)上提出了一些性能较好的方法，并在基于深度学习的人脸识别方面取得了很大的进展。尽管针对深度人脸识别任务已做了大量的工作，并建立了全面的基准测试数据集，但是针对轻量级深度人脸识别的基准测试工作却非常有限，轻量级深度人脸识别的目标是算法生成的模型具有轻量性、高速性和准确性，以实现高效的系统部署。

2. 实验要求与评估

本实验主要有两个任务。

任务一：用户流畅的手机解锁应用(ARM 上小于 50 ms)。详细要求如下：

(1) 计算复杂度的上限为 1G FLOPs；

(2) 模型大小上限为 20 MB；

(3) 针对 float32 求解，不可以使用 float16、int8 或任何其他量化方法；

(4) 特征维数的上限为 512。

任务二：参考人脸识别厂商测试[1](CPU 上小于 1 s)的提交要求。详细要求如下：

(1) 计算复杂度的上限为 30G FLOPs；

(2) 针对 float32 求解，不可以使用 float16、int8 或任何其他量化方法；

(3) 特征维数的上限为 512。

在评估算法性能时，对于图像与视频测试集采用 1∶1 的验证原则，并选择固定错误接受比例(False Accept Rate，FAR)时的正确接受比例(True Accept Rate，TAR)大小(TAR@FAR)作为评估标准。最终准确率 ACC=TAR_image+TAR_video。

实验时使用提供的数据集进行训练，不用进行任何修改(如重新配准或改变图像大小)。可以使用任何方法(如更好的网络和损失设计)来提高性能，但是不可用外部数据集和模型。

3. 数据来源与描述

1) 训练数据

训练数据集是清洗的 MS1M[2]，通过 RetinaFace[3]算法预测的 5 个人脸标记，所有的人脸图像都被预处理为 112 × 112 的大小。总共有 9.3 万个个体的 510 万张图像，数据可由本实验文献[4-5]获取。

推荐使用 InsightFace (Mxnet)[6]工具包，但对深度学习框架(如 Tensorflow、Pytorch、Caffe)没有限制。InsightFace (Mxnet)提供了高效的并行训练、FLOPs 计算和比较基准[7]。

2) 测试数据

(1) 大型图像测试集。将 Trillion-paris 数据集[8]作为实验的大规模图像测试集，该数据集由以下两部分组成：

① ELFW：LFW 名单中明星的脸，包括 5700 个明星的 27.4 万张图像。

② DELFW：ELFW 的干扰项，包括 Flickr 上的 158 万张人脸图像。

所有测试图像的预处理尺寸为 112 × 112(与训练数据相同)。不用对测试图像进行修改(如重新配准或调整大小)，可以水平翻转进行测试增强，但不可以用其他测试增强方法。

(2) 大型视频测试集。将 iQIYI-VID 测试集[9]作为实验的大规模视频测试集，iQIYI-VID 测试集包含 1 万个明星艺人的 20 万个视频片段。每段视频以 8 f/s 的速度提取人脸帧，预处理到 112 × 112 的大小(与训练数据相同)。为了简化实验，该数据集提供了 630 万张经过预处理的人脸切割图(而不是原始视频)，还提供了视频和帧之间的映射，实验时可以研究如何将帧特性聚合到视频特性。不用对测试图像进行修改(如重新配准或调整大小)，可以水平翻转进行测试增强，但不可以用其他测试增强方法。

■ 参考文献

[1] https://www.nist.gov/programs-projects/face-recognition-vendor-test-frvt-ongoing.

[2] GUO Y, L. ZHANG L, HU Y, et al. Ms-celeb-1m: a dataset and benchmark for large-scale face recognition. In: Proc. of ECCV, 2016, 87-102.

[3] DENG J, GUO J, ZHOU Y, et al. RetinaFace: single-stage dense face localisation in the wild. arXiv: 1905.00641, 2019.

[4] https://pan.baidu.com/s/1rQxJ3drqm_071vpxBtp98A?errno=0&errmsg=Auth%20Login%20 Sucess&&bduss=&ssnerror=0&traceid=.

[5] https://www.dropbox.com/s/ev5ezzcz79p2hge/ms1m-retinaface-t1.zip?dl=0.

[6] DENG J, GUO J, XUE N, et al. Arcface: Additive angular margin loss for deep face

recognition. In: Proc. of CVPR, 2019.

[7] https://github.com/deepinsight/insightface/tree/master/iccv19-challenge.

[8] http://trillionpairs.deepglint.com/overview.

[9] http://challenge.ai.iqiyi.com/detail? raceId = 5afc36639689443e8f815f9e&from= timeline& isappinstalled=0.

实验 3.8　大规模视觉识别

1. 实验背景与内容

本实验评估用于图像/视频的目标定位/检测和大规模场景分类/解析的算法。主要任务有：

(1) 目标定位：定位 1000 个类别的目标。

(2) 目标检测：检测 200 个完全标记类别的目标。

(3) 视频中的目标检测：从视频中检测 30 个完全标记类别的目标。

(4) 场景分类：在本实验文献[1]所提供的 Places2 数据库上为 365 个场景进行分类。

(5) 场景解析：为 150 个物品和离散目标类别进行场景解析。

2. 实验要求与评估

1) 目标定位

在这个实验中，给定一张图像，算法按照置信度降低的顺序生成 5 个类标签 c_i, $i=1$, 2, …, 5，以及 5 个边框 b_i, $i=1, 2, …, 5$，每个类标签对应于一个边框。定位标签的质量根据置信度最高的边框和基准边框的重叠率来评估，重叠率越高，定位标签的质量就越好。实验允许算法识别一张图像中的多个目标，如果识别到的某个目标确实存在，但不包含在基准边框中，对算法不进行扣分处理。

图像的基准标签为 C_k, $k=1, 2, …, n$，有 n 类标签。对于每个基准类标签 C_k，基准边框是 B_{km}, $m=1, 2, …, M_k$，其中 M_k 是当前图像中第 k 个目标的实例数。令 $c_i = C_k$ 时，$d(c_i, C_k) = 0$，否则为 1；如果 b_i 和 B_{km} 的重叠率超过 50%，则令 $f(b_i, B_{km})=0$，否则为 1。算法对单张图像的误差计算方法如下：

$$e = \frac{1}{n} \sum_k \min_i \min_m \max \left\{ d(c_i, C_k), f(b_i, B_{km}) \right\} \tag{3-6}$$

在所有测试图像中实现最小平均误差的结果为最优。

2) 目标检测

对于每张图像，要求算法生成一个关于类标签 c_i、置信度评分 s_i 和边界框 b_i 的注释集合 (c_i, s_i, b_i)，这个集合应该包含 200 个目标类别中的每个实例。没有标注的目标将会扣分，重复检测(同一目标实例的两个标注)也会扣分，在最多的目标类别上实现最佳精度的结果为最优。

3) 视频中的目标检测

对于每个视频片段，要求算法生成一个关于帧号 f_i、类标签 c_i、置信度评分 s_i 和边界框 b_i 的注释集合 (f_i, c_i, s_i, b_i)，这个集合应包含 30 个目标类别中每一类的每个实例。评估指标与目标检测实验相同，这意味着没有标注的目标将会扣分，重复检测(同一目标实例的两个标注)也会扣分，在最多的目标类别上获得最佳准确度的结果为最优。

4) 场景分类

对于每张图像，算法按照置信度的降序生成一个最多含有 5 个场景类别的列表。标签的质量根据与图像的基准标签最匹配的标签进行评估，这考虑了算法识别图像中的多个场景类别，因为许多环境具有多个标签(例如，一个酒吧也可以是一个餐馆)，而且人们经常用不同的词语描述一个地方(如森林小径、森林、树木)。

对于每张图像，算法生成 5 个标签 l_j，$j = 1, 2, \cdots, 5$，图像的基准标签是 g_k，$k = 1, 2, \cdots, n$，标记了 n 类场景，算法的误差如下：

$$e = \frac{1}{n} \sum_k \min_j d\left(l_j, g_k\right) \tag{3-7}$$

如果 $x = y$，则 $d(x, y) = 0$，否则为 1。算法的总误差值是所有测试图像的平均误差。本实验中，$n = 1$，即每张图像具有一个基准标签。

5) 场景解析

为了评估分割算法，采用像素级精度和类级 IoU 的平均值作为最终得分。像素级精度表示正确预测的像素的比例，而类级 IoU 表示在所有 150 个语义类别上的平均像素 IoU。

3. 数据来源与描述

1) 目标定位

该实验的验证和测试数据包括从 Flickr 图片搜索网站和其他搜索引擎收集的 15 万张照片，并且还手工标记了 1000 个目标类别的存在与否。这 1000 个目标类别包含 ImageNet 的内部节点和叶子节点，但彼此不重叠。带有标签的 5 万张图像中的随机子集作为验证数据，同时还包含 1000 个类别的列表。剩余的图像用于评估，而且在测试时是没有标签的。训练数据是 ImageNet 的子集，包含 1000 个类别和 120 万张图像，本实验中数据的详细情况可查阅本实验文献[2]。

2) 目标检测

该实验的训练和验证数据有 200 个类别，这些类别在测试数据上都有完整的标注，也就是说，图像中所有类别的边界框都已标记。这些类别是经过仔细选择的，考虑了不同的因素，如目标规模、图像杂乱程度、目标实例的平均数量等。一部分测试图像不包含在这200 个类别内。该实验中数据的详细情况可查阅本实验文献[3-4]。

3) 视频中的目标检测

该实验有 30 个类别，是目标检测实验的 200 个类别的子集。这些类别是经过仔细选择的，考虑了不同的因素，如移动类型、视频杂乱程度、目标实例的平均数量以及其他一些因素，每个剪辑中的所有类都被完全标记。该实验中数据的详细情况可查阅本实验文献[5-7]。

4) 场景分类

该实验的目标是识别照片中描绘的场景类别，数据集来自本实验文献[1]的 Places2 数据库，其中包含属于 400 多个独特场景类别的 1000 多万张图像。具体来说，实验数据被分为用于训练的 800 万张图像、用于验证的 3.6 万张图像、用于测试的 32.8 万张图像，这些图像来自 365 个场景类别，而且每个类别的训练图像分布并不均匀，范围从 3000 到 40 000不等，模仿了更自然的场景发生频率。

5) 场景解析

该实验的目标是将图像分割并解析成与语义类别相关联的不同图像区域，如天空、道路、人和床。实验数据来自本实验文献[8]中的 ADE20K 数据集，其中包含超过 2 万张以场景为中心的图像，这些图像用目标和目标部件进行详细标注。具体来说，实验数据被分为用于训练的 2 万张图像、用于验证的 2000 张图像和用于测试的另一批预留图像。该实验的评估中共包含 150 个语义类别，包括天空、道路、草地等物体以及人、车、床等离散物品，而且图像中出现的目标分布不均匀，模仿了日常场景中的自然现象。

■ 参考文献

[1] http://places2.csail.mit.edu/.

[2] http://image-net.org/challenges/LSVRC/2016/browse-synsets.

[3] http://image-net.org/challenges/LSVRC/2016/browse-det-synsets.

[4] http://www.image-net.org/challenges/LSVRC/2016/ui/det.html.

[5] http://vision.cs.unc.edu/ilsvrc2015/ui/vid.

[6] http://image-net.org/challenges/LSVRC/2015/browse-det-synsets.

[7]　http://image-net.org/challenges/LSVRC/2015/browse-vid-synsets.

[8]　http://groups.csail.mit.edu/vision/datasets/ADE20K/.

实验 3.9　大规模地标识别

1.　实验背景与内容

本实验共分为两个任务，即地标识别和地标检索。

1)　地标识别

地标识别可以直接根据图像像素预测地标标签，帮助人们更好地理解和组织照片。地标识别需要建立模型，在测试集中识别出正确的地标 (如果图中有地标)。ImageNet LSVRC 大规模视觉识别的任务是识别 1000 种常规类别的目标。地标识别包含了更多的类，本实验有 15 000 个类，并且每个类的训练样本的数量可能不是很大。地标识别与地标检索实验可以同时进行，两个实验的测试集相同。

2)　地标检索

图像检索是计算机视觉中的一个基础问题：给定一个图像，能否在大型数据库中找到类似的图像对于含有地标的图像来说非常重要(因为人们大都喜欢以特定的地标作为背景拍照)。

本实验文献[1]提供了查询的图像，并且对于每个给定的图像，都希望能检索出数据库中包含相同地标的所有图像(如果存在)。实验中鼓励使用地标识别的训练数据来训练地标检索的模型。

2.　实验要求与评估

1)　地标识别评估

评估使用全局平均精度(Global Average Precision，GAP)，且 $k = 1$，这一度量也称为宏平均精度(Macro Average Precision，Micro AP) [2]，具体描述如下：

对于每个查询图像预测一个地标标签和相应的置信度分值。评估将每个预测作为长预测列表中一个单独的数据点(根据置信度分值按降序排序)，并根据该列表计算平均精度。如果实验结果有 N 个预测(标签/置信度对)，并按其置信度降序排序，那么全局平均精度可由下式计算：

$$\text{GAP} = \frac{1}{M} \sum_{i=1}^{N} P(i)\,\text{rel}(i) \tag{3-8}$$

其中, N 为系统在所有查询中返回的预测总数; M 为训练集中至少有一个地标的查询总数(有些查询可能不描述地标); $P(i)$ 表示在排序为 i 处的精度; $\text{rel}(i)$ 表示第 i 个预测相关性, 1 表示预测是正确的, 否则为 0。

2) 地标检索评估

评估使用平均精度均值@100(mAP@100):

$$\text{mAP@100} = \frac{1}{Q} \sum_{q=1}^{Q} \frac{1}{\min(m_q,100)} \sum_{k=1}^{\min(n_q,100)} P_q(k)\,\text{rel}_q(k) \tag{3-9}$$

其中, Q 为索引集中描述地标的查询图像的数量; m_q 为含有与查询映像 q 相同地标的索引映像的数量(这仅适用于描述索引集中地标的查询, 因此 m_q 不等于 0); n_q 为系统对查询映像 q 做出的预测数量; $P_q(k)$ 为第 q 个查询在第 k 级的精度; $\text{rel}_q(k)$ 为第 q 个查询的第 k 个预测的相关性, 如果第 k 个预测正确, 则为 1, 否则为 0。

3. 数据来源与描述

本实验使用的数据集是世界上最大的图像检索研究数据集[1-3], 由 1 000 000 张图像组成, 包含 15 000 个独特的地标, 每个训练集图像都描绘了一个地标。

测试图像在 test.csv 中列出, 而 train.csv 包含大量带有与地标关联的标记图像。测试图像可能没有描绘某一个地标, 或者没有描述多个地标或任何地标, 而训练集图像则描绘了每一个地标。每个图像都有一个唯一的 id(哈希), 每个地标也都有一个唯一的 id(整数)。

数据集结构形式: 训练集是通过使用类似于本实验文献[4]中描述的算法, 并根据照片的地理位置和视觉相似性对照片进行聚类来构建的, 利用局部特征匹配建立了训练图像之间的匹配。每个地标可能有多种聚类, 这些聚类通常对应于不同的视图或地标的不同部分。为了避免出现偏差, 没有使用计算机视觉算法进行基准的生成, 而是使用人工标注的方法在测试图像和地标之间建立了基准对应。

■ 参考文献

[1] https://www.kaggle.com/google/google-landmarks-dataset/downloads/ google-landmarks-dataset.zip/48

[2] PERRONNIN F, LIU, RENDERS J M. A family of contextual measures of similarity

between distributions with application to image retrieval. In: Proc. of CVPR, 2009, 2358-2365.

[3] NOH H, ARAUJO A, SIM J, et al. Large-scale image retrieval with attentive deep local features. In: Proc. of ICCV, 3456-3465.

[4] ZHENG Y T, ZHAO M, SONG Y, et al. Tour the world: building a web-scale landmark recognition engine. In: Proc. of CVPR, 2009, 1085-1092.

实验 3.10   监控场景下的行人精细化识别

1. 实验背景与内容

随着平安中国、平安城市的提出，视频监控被广泛应用于各种领域，这给维护社会治安带来了便捷；但同时也带来了一个问题，即海量的视频监控流使得发生突发事故后，需要耗费大量的人力、物力去搜索有效信息。行人作为视频监控中的重要目标之一，若能对其进行有效的外观识别，不仅能提高视频监控工作人员的工作效率，而且对视频的检索、行人行为解析也具有重要意义。

本实验提供监控场景下多张带有标注信息的行人图像，要求在定位(头部、上身、下身、脚、帽子、包)的基础上研究行人精细化识别算法，自动识别出行人图像中行人的属性特征。标注的行人属性包括性别、头发长度、上下身衣着、鞋子及包的种类和颜色，并提供图像中行人头部、上身、下身、脚、帽子、包等位置的标注。图 3.7 所示即为监控场景下带有标注信息的行人图像的识别情况。

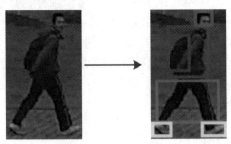

图 3.7   监控场景下带有标注信息的行人图像的识别

2. 实验要求与评估

对于每一张测试图像，需要对行人的性别及头发长度进行判别。对行人子部位及附属物进行定位,在此基础上完成对行人衣着及附属物的识别。

1) 任务描述

对于每一张测试图像,需要对行人的性别及头发长度进行判别。

其中性别分为男、女、其他,对应的代码如下:

男:0;女:1;其他:2

头发长度分为长、短、其他,对应的代码如下:

长:0;短:1;其他:2

对行人子部位及附属物进行定位,在此基础上完成对行人衣着及附属物的识别。

行人衣着和附属物的识别结果要给出行人上身衣着、下身衣着、鞋子、包的种类识别结果,其中上身衣着种类分别为 T 恤、衬衫、外套、羽绒服、西服、其他,对应的代码如下:

T 恤:0;衬衫:1;外套:2;羽绒服:3;西服:4;其他:5

下身衣着种类分别为长裤、短裤、长裙、短裙、其他,对应的代码如下:

长裤:0;短裤:1;长裙:2;短裙:3;其他:4

鞋子种类分别为皮鞋、运动鞋、凉鞋、靴子、其他,对应的代码如下:

皮鞋:0;运动鞋:1;凉鞋:2;靴子:3;其他:4

包的种类分别为单肩包、双肩包、手拉箱、钱包、其他,对应的代码如下:

单肩包:0;双肩包:1;手拉箱:2;钱包:3;其他:4

在给出行人上身衣着、下身衣着、鞋子、包等种类识别结果的同时,还要给出颜色识别结果,其中颜色可细分为黑、白、红、黄、蓝、绿、紫、棕、灰、橙、多色、其他,对应的代码如下:

黑:0;白:1;红:2;黄:3;蓝:4;绿:5;紫:6;棕:7;灰:8;橙:9;多色:10;其他:11

对于图 3.7 所示的图像,其行人子部位及附属物检测结果如下(如果行人图像中不存在某类附属物,如帽子,为了保证属性识别结果的顺序,对应位置直接用 NULL 代替,而检测结果直接缺省):

IMG_000001.jpg 45 2 60 19

对应字段代表的含义分别为:图像名字、头部检测框左上角的 x、y 坐标、右下角的 x、y 坐标。

IMG_000001.jpg 18 17 57 64

对应字段代表的含义分别为:图像名字、上身检测框左上角的 x、y 坐标、右下角的 x、y 坐标。

IMG_000001.jpg 7 64 65 110

对应字段代表的含义分别为：图像名字、下身检测框左上角的 x、y 坐标、右下角的 x、y 坐标。

      IMG_000001.jpg 2 108 19 121

对应字段代表的含义分别为：图像名字、脚 1 检测框左上角的 x、y 坐标、右下角的 x、y 坐标。

      IMG_000001.jpg 54 112 72 121

对应字段代表的含义分别为：图像名字、脚 2 检测框左上角的 x、y 坐标、右下角的 x、y 坐标。

      IMG_000001.jpg NULL NULL NULL NULL

对应字段代表的含义分别为：图像名字、帽子检测框左上角的 x、y 坐标、右下角的 x、y 坐标。

      IMG_000001.jpg 17 25 37 57

对应字段代表的含义分别为：图像名字、包检测框左上角的 x、y 坐标、右下角的 x、y 坐标。

    其中，脚 1 和脚 2 只表示检测到的脚，不分先后顺序。

    图 3.7 所示的图像中，行人属性精细化识别结果如下：

      IMG_000001.jpg 0 1 3 4 0 0 1 1 1 0

对应字段代表的含义分别为：图像名字、性别属性、头发长度属性、上衣种类属性、上衣颜色属性、下衣种类属性、下衣颜色属性、鞋子种类属性、鞋子颜色属性、包种类属性、包颜色属性。

    2) 实验结果文件格式说明

    (1) 实验结果数据为 csv 格式，共包含 19 列。第 1～19 列的表头分别为图像名(name)、大小(size)、性别(gender)、头发长度(hairLength)、头位置(headBndBox)、上身位置(topBndBox)、上身衣服类型(topClass)、上身衣服颜色(topColor)、下身位置(downBndBox)、下身衣服类型(downClass)、下身衣服颜色(downColor)、脚 1 位置(foot1BndBox)、脚 2 位置(foot2BndBox)、鞋子类型(shoesClass)、鞋子颜色(shoesColor)、帽子位置(hatBndBox)、包位置(bagBndBox)、包类型(bagClass)、包颜色(bagColor)。任意两列禁止对换位置。

    (2) 实验结果文件共 14 001 行，第一行为表头，采用上述列名介绍中的英文名(即 name，size，…)。

    (3) 按图像名编号从小到大排列。

    (4) 文件采用"无 BOM-UTF8"编码。

    3) 实验评估准则

    (1) 行人子部位及附属物检测分任务的评估规则。不考虑被遮挡或者部分被遮挡的行人图像，对含有单个行人的图像中的行人头部、上身、下身、脚及帽子、包这两种附属物进行检测，每个目标的检测需要同时满足以下两个条件才计为一次有效检测：

① 标注出每个目标的类型(头部、上身、下身、脚、帽子、包)；

② 标注出每个目标的区域范围，并且检测目标区域与真实目标区域的区域重叠率大于设定阈值才算有效检测。

(2) 行人属性精细化识别分任务的评估规则。有效的行人精细化识别需要同时满足以下三个条件：

① 返回出行人性别和头发长度的识别结果；

② 给出行人图像上身衣着、下身衣着、鞋子的种类和颜色识别结果；

③ 如行人部位粗定位及附属物检测结果中有对包的定位结果，须给出包种类和颜色的识别结果。

首先分别计算出行人图像中行人性别、头发长度的识别精度，然后统计出行人上身衣着、下身衣着、鞋子、包种类和颜色的识别精度，并将种类和颜色的识别精度以加权的方式计算出对应单项的识别精度，最后将行人性别、头发长度、上身衣着、下身衣着、鞋子、包的识别精度分别以 0.2、0.2、0.2、0.2、0.1、0.1 的权重进行平均，以此作为行人属性精细化识别分任务结果的评估分值。

(3) 实验总成绩的评估规则。将行人子部位及附属物检测分任务的分值和行人属性精细化识别分任务的分值取均值，得到实验的总成绩。

3. 数据来源与描述

本实验文献[1]通过人工标注的方法得到每张行人图像的标注结果，以 xml 的形式保存。

■ 参考文献

[1] https://www.datafountain.cn/competitions/235/datasets.

实验 3.11 盲人视觉问题的回答

1. 实验背景与内容

智能地回答盲人提出的视觉问题成为目前新的研究热点，为此，本实验文献[1]提供了来自这个群体的视觉问答(Visual Question Answering，VQA)数据集，称为 VizWiz-VQA。它源于一种自然的视觉问答设置，每个盲人拍一张图像并记录一个口头问题，每个视觉问题有 10 个解决方案。本实验旨在设计一种帮助盲人克服日常视觉挑战的算法，共涉及两个任务：预测视觉问题的答案，预测视觉问题的可回答性，如图 3.8 所示。

Q: Does this foundation have any sunscreen?
A: yes

Q: What is this?
A: 10 euros

Q: What color is this?
A: green

Q: Please can you tell me what this item is?
A: butternut squash red pepper soup

Q: Is it sunny outside?
A: yes

Q: Is this air conditioner on fan, dehumidifier, or air conditioning?
A: air conditioning

Q: What type of pills are these?
A: unsuitable image

Q: What type of soup is this?
A: unsuitable image

Q: Who is this mail for?
A: unanswerable

Q: When is the expiration date?
A: unanswerable

Q: What is this?
A: unanswerable

Q: Can you please tell me what the oven temperature is set to?
A: unanswerable

图 3.8   视觉问题回答示例

2. 实验要求与评估

1) 预测视觉问题的答案

给定一张图像及关于它的问题，任务是预测准确的答案。使用以下精确率评估指标：

$$Accuracy = \min\left(\frac{\text{humans that provided that answer}}{3}, 1\right) \tag{3-10}$$

所有测试视觉的平均准确率越高，则结果就越优。

2) 预测视觉问题的可回答性

给定一张图像及关于它的问题，任务是预测这个视觉问题是否无法回答(在预测中给出一个置信度评分)。预测模型所得到的置信度分值应该在 0～1 之间，本实验文献[1]给出了评估方法，用于计算 PR 曲线下的精确率的加权平均，在所有测试视觉问题上取得最高平均精确率分值的结果最优。

3. 数据来源与描述

实验数据集基于本实验文献[1-3]，该数据集由盲人提出的视觉问题组成，每个盲人都使用手机拍摄照片并记录一个口头问题，此外还包括 10 组答案。这些视觉问题来自 11 000

多名盲人，他们在真实世界中试图了解周围的物理世界。从本实验文献[1]所获取的文件组织方式如下：

(1) 可视化问题被分成三个 json 文件：训练、验证和测试。对于训练和验证，答案是公开共享的，而对于测试，答案是隐藏的。

(2) 提供 API 来演示如何解析 json 文件，并根据基准对方法进行评估。

(3) 每一个视觉问题的详情如下：

```
"answerable"：0,
"image": "VizWiz_val_000000028000.jpg",
"question": "What is this?",
"answer_type": "unanswerable",
"answers": [
                {"answer": "unanswerable", "answer_confidence": "yes"},
                {"answer": "chair", "answer_confidence": "yes"},
                {"answer": "unanswerable", "answer_confidence": "yes"},
                {"answer": "unanswerable", "answer_confidence": "no"},
                {"answer": "unanswerable", "answer_confidence": "yes"},
                {"answer": "text", "answer_confidence": "maybe"},
                {"answer": "unanswerable", "answer_confidence": "yes"},
                {"answer": "bottle", "answer_confidence": "yes"},
                {"answer": "unanswerable", "answer_confidence": "yes"},
                {"answer": "unanswerable", "answer_confidence": "yes"}
]
```

这些文件显示了两种指定答案类型的方法：train.json 和 val.json。"answer_type"是最流行答案的答案类型(在 VizWiz 1.0 中使用)，而"answer_type_v2"是所有答案的答案类型中最流行的答案类型(在 VQA 2.0 中使用)。

具体来说，该数据集包括：

20 000 个训练图像/问题对；

200 000 个训练答案/答案置信度对；

3173 个图像/问题对；

31 730 个验证答案/答案置信度对；

8000 个图像/问题对；

用于读取和可视化 VizWiz 数据集的 Python API；

Python 评估代码。

■ 参考文献

[1] http://vizwiz.org/data/#dataset.

[2] GURARI D, LI Q, STANGL A J, et al. VizWiz grand challenge: answering visual questions from blind people. arXiv preprint arXiv:1802.08218, 2018.

[3] GURARI D, LI Q, LIN C, et al. VizWiz-Priv: a dataset for recognizing the presence and purpose of private visual information in images taken by blind people. In: Proc. of CVPR, 2019.

[4] https://scikit-learn.org/stable/modules/generated/sklearn.metrics.average_precision_score.html.

实验 3.12 虚拟仿真环境下的自动驾驶交通标志识别

1. 实验背景与内容

随着汽车产业变革的推进，自动驾驶已经成为行业新方向。如今，无论是科技巨头还是汽车厂商，都在加紧布局自动驾驶，如何保障研发优势、降低投入成本，从而加快实现自动驾驶汽车商业化成为了主要焦点。作为典型的自主式智能系统，自动驾驶是人工智能、机器学习、控制理论和电子技术等多种技术学科交叉的产物。

虚拟仿真测试作为一种新兴测试方法，可快速提供实车路测难以企及的测试里程并模拟任意场景，凭借"低成本、高效率、高安全性"成为验证自动驾驶技术的关键环节，根据各传感器采集到的数据信息作出精准分析和智能决策，从而提高自动驾驶汽车的行驶安全性，成为自动驾驶发展过程中不可或缺的技术支撑手段。

自动驾驶系统的环境感知能力是决定仿真结果准确性的重要因素之一，本实验的目的旨在推动仿真环境下环境感知算法的发展，实验内容是在虚拟仿真环境下依托视频传感器数据进行交通标志检测与识别。

2. 实验要求与评估

本实验文献[1]提供了一系列基于虚拟仿真环境下的自动驾驶视频图像，其中对交通标志牌作出了标注。实验要求识别测试数据中随机出现的交通标志牌，并按照出现顺序反馈对应的识别结果。该虚拟仿真环境存在着行人、非机动车等干扰因素，并具备多样性天气条件(包含光照)。

1) 图像检测

图像检测需要使用矩形框将目标检测物体选中，当检测结果和目标框之间的重叠率大于 0.90 时，视为合格候选，预测实例 A 和真实实例 B 的交并比(Intersection over Union, IoU)的计算公式为

$$IoU(A,B) = \frac{A \bigcap B}{A \bigcup B} \tag{3-11}$$

2) 图像识别

判断图像内容是否匹配的方法是根据图像中汽车道路标志牌名称与候选名称是否一致，实验结果的召回率(Recall)和精确率(Precision)的计算公式为

$$Recall = \frac{检测正确的目标数量}{检测正确的目标数量 + 漏检的目标数量} \tag{3-12}$$

$$Precision = \frac{检测正确的目标数量}{检测正确的目标数量 + 检测错误的目标数量} \tag{3-13}$$

计算 F1-Score：

$$F_1 = \frac{2\, Precision \cdot Recall}{Precision + Recall} \tag{3-14}$$

F_1 值越高，分值越高。

3. 数据来源与描述

数据来源于虚拟场景环境下自动驾驶车辆采集的道路交通数据，包括道路周边交通标志牌数据。场景中会有不同的天气状况和行人状况作为干扰因素，以仿真环境下车辆摄像头采集到的数据为依据，指导虚拟仿真环境自动驾驶技术的提升。训练及测试数据来源于本实验文献[1]。

本实验文献[1]中提供训练数据集 train.csv 和训练集打包文件，数据集包含两列，分别为训练数据图像文件名称和答案；提供测试数据集 evaluation_private.csv 和测试集打包文件，测试数据集包含两列，分别为测试图像文件名称和答案，测试数据集检测答题者的结果与防止过拟合；提供评测数据集 evaluation_public.csv 和评测集打包文件，评测数据集包含一列，为评测图像文件名称。

每一张图像都占用标注结果文件中的一行(.csv，UTF-8 编码)。文本文件每行对应于图像中的一个四边形框，以"，"分割不同的字段，具体描述格式如表 3.1 所示。各字段为

filename, X1, Y1, X2, Y2, X3, Y3, X4, Y4, type。

表 3.1　字 段 描 述

字段名称	类　　型	描　　　述
filename	string	图像名称
X1	int	左上角 X 坐标
Y1	int	左上角 Y 坐标
X2	int	右上角 X 坐标
Y2	int	右上角 Y 坐标
X3	int	右下角 X 坐标
Y3	int	右下角 Y 坐标
X4	int	左下角 X 坐标
Y4	int	左下角 Y 坐标
type	int	交通标示对应的编号(具体见表 3.2)

　　图像名为图像的具体名称，以左上角为零点，X1、Y1 为文本框左上角坐标，X2、Y2 为文本框右上角坐标，X3、Y3 为文本框右下角坐标，X4、Y4 为文本框左下角坐标，编码为交通标识对应的编号，如表 3.2 所示。

表 3.2　交通标识及编号

类　　型	对应的编号	类　　型	对应的编号
停车场	1	禁止大客车通行	12
停车让行	2	禁止摩托车通行	13
右侧行驶	3	禁止机动车通行	14
向左和向右转弯	4	禁止非机动车通行	15
大客车通行	5	禁止鸣喇叭	16
左侧行驶	6	立交直行和转弯行驶	17
慢行	7	限制速度 40 km/h	18
机动车直行和右转弯	8	限制速度 30 km/h	19
注意行人	9	鸣喇叭	20
环岛行驶	10	其他	0
直行和右转弯	11		

■ 参考文献

[1]   https://www.datafountain.cn/competitions/339/datasets.

实验 3.13   ActivityNet 大规模活动识别

1. 实验背景与内容

本实验有六项不同的任务,旨在突破对视频的语义视觉理解的限制,以及将视觉内容与人类理解关联起来。六项任务中有三项是基于 ActivityNet 数据集[1]的,按照语义分类进行分层组织。本实验分为以下六个任务。

任务一:时间行为建议(temporal action proposals)

在许多大规模视频分析场景中,人们对定位和识别长时未裁剪视频中短时间间隔内发生的人类活动感兴趣。当前的活动检测方法仍然难以处理大规模的视频集合,并且对于视觉系统来说,有效地处理这项任务仍然难以获得理想的结果。这是由于当前行为识别方法的计算复杂性,以及缺乏在视频中构建更少间隔的方法。这些候选时间片段集合称为行为建议,其目的是将长视频根据语义分割成多个片段。

为了适用于大规模和实际场景,一个好的行为建议方法应该具有以下特性:

(1) 在表示、编码和评分时间片段时必须具有好的计算效率;

(2) 必须对感兴趣的活动具有区分性,以便只检索包含这些活动类别的视觉信息的时间片段。

本实验旨在评估算法生成高质量行为建议的能力,目标是产生一组可能包含人类行为的候选时间片段,数据集见本实验文献[2]。

任务二:时间行为定位(temporal action localication)

尽管目前大规模视频分析方面的研究取得了进展,时间行为定位仍然是计算机视觉中最具挑战性的未解决问题之一。这个搜索问题阻碍了监控、人群监测和老年人护理等的各种实际应用。因此,本实验致力于推动开发高效、准确的方法,以搜索和检索视频集合中的事件和活动。

此任务旨在评估算法在未裁剪的视频序列中实现定位活动的能力。在这里,视频可以包含多个活动实例,多个活动类别,ActivityNet 1.3 版本数据集[3]被用于此实验。该数据集包括 648 小时未裁剪的视频,总共有 2 万个视频片段。它包含 200 种不同的日常活动,如:

遛狗、跳远和地板吸尘。

任务三：视频中的密集标题事件(dense-captioning events in videos)

大多数自然视频包含许多事件，例如，在一段"男人弹钢琴"的视频中，该视频还可能包含另一段"男人跳舞"或"人群鼓掌"等事件。本实验研究的是密集标题事件的任务，包括检测和描述视频中的事件。实验使用 ActivityNet Captions 数据集，这是一个针对密集标题事件的大规模基准数据集。ActivityNet Captions 包含 2 万个视频，总计 849 小时，总共有 10 万个描述，每个描述都具有开始和结束时间。

此任务涉及两个方面，即检测和描述视频里的事件。对于此任务，实验者使用 ActivityNet 标题数据集[4]，这是一种新的大规模基准集，用于密集标题事件。

任务四：裁剪行为识别(trimmed activity recognition)

此任务旨在评估算法识别裁剪视频序列中行为的能力。在这里，视频包含一个单一的行为，所有的剪辑都有 10 s 的标准持续时间。对于此任务，实验者使用动力学数据集(Kinetics Dataset)[5]，这是一个大规模的基准集，用于裁剪行为分类。

任务五：空-时行为定位(spatio-temporal action localization)

此任务旨在评估算法在空间和时间上的行为定位的能力。每个标记的视频片段可以包含多个主题，每个标题执行潜在的多个动作。目标是通过从电影中连续提取 15 min 的视频片段来识别这些主题和行为。对于此任务，实验者使用新的原子视觉行为(AVA)数据集[6]。

任务六：裁剪事件识别(trimmed event recognition)

此任务旨在评估算法在剪裁的 3 s 视频中对事件进行分类的能力。在这里，视频包含一个单一的活动，所有剪辑的标准持续时间为 3 s。该部分包括以下两个内容：

(1) 使用 Moments in Time 数据集[7]，这是一个新的大规模视频理解的数据集，训练集包含 80 万个视频；

(2) 使用 Moments in Time 数据集的子集，提供 10 万个视频的时间子集。

2. 实验要求与评估

任务一评估代码见本实验文献[8]，使用平均召回率和平均每个视频建议数(AR-AN)曲线下的面积作为该任务的评估指标。如果一个建议与基准片段的时间交并比 (tIoU)大于或等于给定阈值(如{tIoU} > 0.5)，则该建议是真正类。AN 定义为建议总数除以测试子集中的视频数量，AR 定义为 tIoU 在 0.5～0.9 之间(含 0.9)步长为 0.05 的回调率的均值。当计算 AR-AN 的值时，考虑 AN 的 100 个区间(1～100 之间，含 100)，步长为 1。

任务二评估代码见本实验文献[9]，用平均精度均值(mean Average Precision，mAP)实现度量，时间交并比 tIoU > 0.5，步长为 0.05。

任务三评估代码见本实验文献[10]，标题精确率的评估采用传统评估方法：BlEU，METEOR 和 CIDEr。

任务四评估代码见本实验文献[11]，对于每一个视频，要求算法生成 k 个标签 l_j，$j = 1$，2，$\cdots$，k，该视频的基准标签是 g，视频的算法误差为 $e = \min\limits_{j} d(l_j, g)$，当 $x = y$ 时，$d(x, y) = 0$，否则为 1。算法的总误差是所有视频误差的平均值。

任务五评估代码见本实验文献[12]，tIoU > 0.5。

任务六评估，在测试集上使用 Top k 精度作为此任务的指标，该算法的总体错误分值是所有视频的平均误差。

3. 数据来源与描述

ActivityNet 数据集[1-3]将视频与一系列带时间标注的语句描述关联起来。每句话都包含视频的一个独特片段，描述发生的多个事件。这些事件可能在很长或很短的时间内发生，并且不受任何容量限制，允许它们同时发生。每个视频的句子数服从一个相对正态分布。此外，随着视频时长的增加，句子的数量也会增加，每个句子的平均长度为 13.48。

ActivityNet Captions 数据集将视频与一系列临时标注的句子描述联系起来。每个句子涉及视频的一个独有片段，也描述发生的多个事件。这些事件可能在很长或很短的时间内发生，或者同时发生，并且不受任何容量的限制。总的来说，Captivity Net 中 2 万个视频的每一个视频都包含 3.65 个临时局部描述的句子，总共有 10 万个句子。研究发现每个视频的句子数量服从相对正态分布。此外，随着视频时长的增加，句子的数量也会增加。每个句子的平均长度为 13.48 个单词，也服从正态分布。

Kinetics-600 数据集[4]是一个大规模的、高质量的 YouTube 视频 URL 数据集，包含各种各样的以人类为中心的活动。该数据集由大约 50 万个视频剪辑组成，涵盖 600 个人工动作类，每个动作类至少有 600 个视频剪辑。每个剪辑持续大约 10 s，并被标记为一个类。所有的剪辑都经过了多次人工标注，每一次标注都是从一个独特的 YouTube 视频中摘取的。这些行为涵盖了广泛的类，包括人和物体的交互(如演奏乐器)，以及人与人之间的交互(如握手和拥抱)。

AVA 数据集 v2.1[5]密集标注 430 个 15 分钟电影剪辑中的 80 个原子视觉动作，其中对动作在空间和时间上进行定位，从而产生 158 万个动作标签，每个人都经常出现多个标签，剪辑是从连续片段的电影中提取的，数据集分为 235 个用于训练的视频、64 个用于验证的视频和 131 个用于测试的视频。

■ 参考文献

[1] http://activity-net.org/.

[2] http://ec2-52-11-11-89.us-west-2.compute.amazonaws.com/files/activity_net.v1-3.min.json.

[3] http://activity-net.org/download.html.

[4] http://cs.stanford.edu/people/ranjaykrishna/densevid/.

[5] https://deepmind.com/kinetics.

[6] https://research.google.com/ava/download.html.

[7] https://docs.google.com/forms/d/e/1FAIpQLSc0rovlbTCDqJyuJXKLHWtpIX6fiuc1jl.AnhT68p86D9NCF9g/viewform?usp=sf_link.

[8] https://github.com/activitynet/ActivityNet/blob/master/Evaluation/get_proposal_performance.py.

[9] https://github.com/activitynet/ActivityNet/blob/master/Evaluation/get_detection_performance.py.

[10] http://github.com/ranjaykrishna/densevid_eval.git.

[11] https://github.com/activitynet/ActivityNet/blob/master/Evaluation/get_kinetics_performance.py.

[12] https://research.google.com/ava/download/ava_action_list_v2.1_for_activitynet_2018.pbtxt.

实验 3.14 验 证 码 识 别

1. 实验背景与内容

验证码已成为日常生活中常见的验证方式，如何自动识别出图像验证码的内容是计算机视觉的热点之一。希望通过本实验提升实验者的验证码识别能力，提高对计算机技术、算法模型的兴趣和应用能力，真正让大家做到学以致用，突破现阶段业界验证码识别水平。

2. 实验要求与评估

本实验的主要任务是利用各类验证码的训练集进行学习、编码与测试，形成验证码算法模型，运用测试集数据进行识别并输出 csv 结果文件，基于结果对模型性能进行评估和调优。

验证码识别实验针对 6 类验证码，分别设置有 6 个单项成绩和 1 个总成绩，分值计算规则如下。

1) 单项得分计算方式

针对每一类验证码，通过比较实验者的提交结果和标准答案，计算出一个单项得分，计算方法如下：

$$\text{Score\_xxx} = \frac{\text{正确识别的图像数}}{\text{xxx 测试图像总数}} \tag{3-15}$$

正确识别是指一张图像所要求的字符都要识别正确，比如，一张图像要求输入 4 个字符，只要有一个字符错误都视为该案例为识别错误。另外，如果识别字符为英文字母，统一提交为大写。

2) 总成绩计算方式

针对 6 类验证码，计算一个识别结果的总分，这里采用的是累加和大于一定阈值 θ 的分值，计算形式如下：

$$\text{Score} = \sum_{\text{类型}i > \theta} \text{Score\_类型} i \tag{3-16}$$

其中，θ 是实验的预设指标。单项得分范围为 0～1 分，总分得分范围为 0～6 分。

3. 数据来源与描述

本实验的验证码共设置为 6 类，数据集按照 type1～type6 命名，6 类验证码的特征如下：

type1：九宫格验证码识别，输出结果为汉字/拼音在九宫格中的位置编号。

type2：数字与英文字母识别，输出结果为数字及英文字母。

type3：汉字的拼音首字母识别，输出结果为拼音首字母。

type4：汉字识别，输出结果为汉字。

type5：扭曲汉字识别，输出结果为汉字。

type6：英文字母识别，输出结果为英文字母。

由本实验文献[1]可获取 6 类验证码的训练集和测试集数据。每类验证码训练集数据包含 2 万个训练样本(如 type1_train.zip)及其标准答案(如 type1_train.csv)。每类验证码的测试集包含 1 万张验证码图像(如 type1_test1.zip)。

每个压缩包(zip 文件)只是单一地直接存储所有的图像文件，没有额外的目录结构，文件名由数字和扩展名表示。标准答案的格式统一为 UTF-8 编码的 csv 文件，比如：

    type1_test1_1.jpg, JKLS

    type1_test1_2.jpg, OJOK

    …

    type1_test1_10000.jpg, NTOG

    type2_test1_1.jpg, 愚公移山

    type2_test1_2.jpg, 排山倒海

    …

每一行包括两个字段，即文件 ID 和标注内容，两者用一个半角的逗号隔开。文件 ID 统一为从数字 1 开始逐渐递增，标注内容根据验证码类型来决定：假如验证码要求输入英文字母，那么要求标注统一为大写；假如要求输入 9 宫格中与验证码匹配的字符，那么要求输入 9 宫格中字符的编号，从左到右、从上到下，分别对应 1、2、3～9。

■ 参考文献

[1]　https://www.dcjingsai.com/common/cmpt/验证码识别竞赛_赛体与数据.html.

实验 3.15　盐 矿 识 别

1. 实验背景与内容

地球上大量石油和天然气聚集的几个地区的地表下面有大量的盐。但遗憾的是，要准确地了解大型盐矿的位置是非常困难的。专业的地震成像仍然需要对盐体进行专业的解释，导致得到的解析非常主观且高度可变。更令人担忧的是，这会给石油和天然气公司的钻探人员带来潜在的危险。

地震数据是利用地震能量源产生的反射波来收集的。该方法需要可控的地震能量源，例如，压缩空气或地震振动器，同时，传感器记录地下岩石界面的反射。记录的数据经过处理并创建地球内部的三维视图。

通过对来自岩石边界的反射成像产生地震图像，地震图像显示了不同岩石类型之间的边界。理论上，反射的强度与界面两侧的物理性质的差异成正比。虽然地震图像显示岩石的边界，但对岩石本身的识别收效甚微，有些岩石很容易识别，而有些则很难识别。

为了创建最精确的地震图像和三维解析，希望能够建立一种自动、准确地识别地下目标是否为盐体的算法，本实验即为实现盐矿识别的算法。

2. 实验要求与评估

本实验根据不同的交并比(Intersection over Union，IoU)阈值来评估平均精度，目标像素的 IoU 计算公式如下：

$$\mathrm{IoU}(A,B) = \frac{A \bigcap B}{A \bigcup B} \tag{3-17}$$

该度量标准使用一系列 IoU 阈值，在每个点均计算平均精度值，范围在 0.5～0.95 之间，步长为 0.05(0.5, 0.55, 0.6, 0.65, 0.7, 0.75, 0.8, 0.85, 0.9, 0.95)。换句话说，在阈值为 0.5 时，如果预测目标与基准的交并比大于 0.5，则被认为是正确的。

对每个事件 t，准确率(Accuracy)都是根据将预测目标与所有基准进行比较所产生的真正类(TP)、假负类(FN)和假正类(FP)的数目来计算的：

$$\text{Accuracy} = \frac{\text{TP}(t)}{\text{TP}(t) + \text{FN}(t) + \text{FP}(t)} \tag{3-18}$$

当单个预测目标与基准的匹配度高于 IoU 阈值时，就会计算出一个真正类，假正类表示预测目标没有关联的基准，假负类表示基准目标没有关联的预测目标。在每个 IoU 阈值处，单个图像的平均精度为上述精度值的平均值：

$$\frac{1}{|\text{thresholds}|} \sum_t \frac{\text{TP}(t)}{\text{TP}(t) + \text{FN}(t) + \text{FP}(t)} \tag{3-19}$$

度量返回的分值是测试数据集中每张图像的平均精度的平均值。

3. 数据来源与描述

本实验数据是随机选择的地下不同位置的一组图像，图像大小为 101 像素 × 101 像素，每个像素被归类为盐或沉积物。除地震图像外，还为每张图像提供了成像位置的深度，实验的目标是分割含有盐的区域。

■ 参考文献

[1] https://www.kaggle.com/c/10151/download-all.

实验 3.16 农作物区块识别

1. 实验背景与内容

本实验希望能够引导人们关注人工智能在遥感农业产业中的应用，激发人们对人工智能技术和产业的热爱，鼓励通过团队协作，综合运用所学知识，围绕农业应用场景，迸发创新智慧。同时，进一步提升图像识别领域的研究水平，推进人工智能领域技术和应用的发展。本实验分为两大类，即创意应用类和数据探索类。

1) 创意应用类

实验的主题基于我国自主高分辨率对地观测系统的可见光、高光谱、雷达、红外等卫星、航空和地面摄影影像，围绕高分辨率影像在农业绿色发展、乡村振兴、现代农业、乡村旅游、精准扶贫、农村保险、平台与系统建设等方面进行选题[1]。

2) 数据探索类

实验数据来源于某一时刻一张遥感卫星多光谱图像，覆盖面积为 850 km × 300 km。要求实验者利用深度学习等智能算法自动识别出所给图像对应的农作物，包括玉米、大豆、水稻三种农作物区块和其他区块共四种区块，根据识别准确度和时效性进行评分。

2. 实验要求与评估

使用准确识别农作物区块的面积大小作为评估标准。假设测试图像总像素点为 N 个，对比测试答案和实验结果像素点差异，测试答案和实验结果像素点值一致的像素点为 n 个，打分为 n/N，分值越高，效果越好。

实验者对原始多光谱图像进行农作物标注，识别出该遥感卫星图像中所有的玉米、大豆和水稻所在区块；需要提交和原始多光谱图像同样大小的单通道图片，每个像素点值表示卫星图片对应位置所属类别(包括其他区域、玉米、大豆和水稻)，其他区域、玉米、大豆和水稻的像素值分别为 0, 20, 40, 60。如果像素点为 0，表示该像素位置为其他区域，其他以此类推。

3. 数据来源与描述

1) 数据简介

本实验文献[1]提供遥感卫星图像(格式为 tif)。

2) 数据类别

实验数据来源于某一时刻一张遥感卫星的历史存档数据，是多光谱图像，覆盖面积为 850 km × 300 km。

3) 数据内容

数据内容覆盖玉米、大豆、水稻和其他区块等四类典型农作物场景；玉米、大豆和水稻三类农作物分布在遥感卫星图像中的不同区块，不同的农作物区块数量不一，不同区块的面积大小不一；除以上三类农作物以外的图像区域定义为其他区块。

数据格式为多光谱 tif 图像。实验目标是从测试数据集中识别出玉米、大豆和水稻所在区块，并把对应的像素点值标注为对应类别的农作物类别值。

4) 数据组成

本实验的数据由原始多光谱图像和训练数据集两部分组成。

(1) 原始多光谱图像：多光谱图像一张(tif 格式)，8 通道，覆盖面积为 $850\ km \times 300\ km$。

(2) 训练数据集：训练数据集是原始多光谱图像中农作物区块的部分标注数据。给定玉米、大豆和水稻三个类别农作物对应区块的中心点像素位置(x, y)列表，以及其对应中心点对应的区块半径 3，样例如下：

   FID, id, 作物, 半径, 备注, x, y

   0, 1, 玉米, 3, , 12500.7001953, −3286.5600586

   1865, 1866, 大豆, 3, , 5941.6601563, −6966.2797852

   2086, 2087, 水稻, 3, , 9165.4697266, −14989.2998047

备注：

(1) (x, y)为 tif 数据格式的坐标系，x、y 的取值为小数，实验者可以利用四舍五入取整的方法获得对应像素点的位置。实验者可以从卫星图像中取出对应图像 $7 \times 7 \times 8$ 大小尺寸的训练样本。某些农作物区块对应的面积半径可能大于 3，实验者可以采用算法扩展农作物区块面积，作为训练样本。

(2) 多光谱图像由多张高分辨率图像拼接而成，光照等影响因素会使得同类农作物区块的颜色可能不同，此处考查实验者所训练模型的泛化能力。

数据对应关系：RasterXSize 对应的是 x 坐标，RasterYSize 对应的是 y 坐标，x 坐标的步长是 1.0，y 坐标的步长是−1.0，左上角的坐标是(0.0, 1e − 07)

本实验的训练和测试都是基于同一张原始多光谱图像进行的。训练提供的标注数据仅覆盖了少量的农作物标注，实验者需按照要求对原始多光谱图像完成所有的标注。

■ 参考文献

[1] https://dianshi.baidu.com/competition/28/question.

实验 3.17 农作物病害识别

1. 实验背景与内容

病虫害的诊断对于农业生产来说至关重要。本实验的主要目的是农作物病虫害识别，实验者设计算法与模型，对图像中的农作物叶子进行病虫害识别。通过最终的识别结果与真实标注作比较，得出准确率(Accuracy)，并结合实验结果来评估算法模型。

2. 实验要求与评估

本实验预测结果将按准确率进行打分。准确率计算公式如下：

$$Accuracy = \frac{正确识别数}{正确识别数 + 未正确识别数}$$

3. 数据来源与描述

实验数据来源于本实验文献[1]，数据集有 61 个分类(按"物种—病害—程度"进行分类)，10 个物种，27 种病害(其中 24 种病害又分为一般和严重两种程度)，10 个健康分类，47 637 张图像，如图 3.9 所示。每张图像包含一片农作物的叶子，叶子占据图像的主要位置。数据集随机分为训练(70%)、验证(10%)、测试 A(10%)与测试 B(10%) 4 个子数据集。训练集和验证集包含图像和标注的 json 文件，json 文件中包含每一张图像和对应的分类 ID。

(a) 马铃薯早疫病严重图   (b) 草莓枯叶病一般图   (c) 苹果雪松锈病严重图

图 3.9 不同病害示例图

■ 参考文献

[1] https://challenger.ai/competition/pdr2018.

实验 3.18   服饰属性标签识别

1. 实验背景与内容

服饰属性标签内容庞杂，是构成服饰知识体系的重要基础。人们对服饰属性进行了专业的整理和抽象，构建了一个符合认知过程、结构化且满足机器学习要求的标签知识体系。由此诞生的服饰属性标签识别技术可以广泛应用于服饰图像检索、标签导航、服饰搭配等应用场景，如图 3.10 所示。

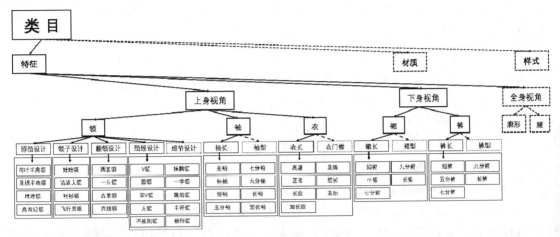

图 3.10　服饰属性框架示意图

2.　实验要求与评估

1) 测试数据

本实验文献[1]给出了相应数据，用于对算法进行评测。

文件夹结构如下：

- Images
- Annotations
- README.md

(1) Images 存放图像数据，jpeg 编码图像文件。图像文件名如：0000001.jpg

(2) Annotations 存放实验者进行模型计算的属性维度信息。实验者需要对这些维度进行预测，输出各个属性值的预测概率，将"?"替换成计算出来的各个标签的预测概率值(分值)，取最大的预测概率(分值)的属性值作为预测结果，如表 3.3 所示。

表 3.3　各属性预测表

ImageName	AttrKey	AttrValueProbs
0000001.jpg	sleeve_length_labels	?
0000001.jpg	pant_length_labels	?

字段解释如下：

① ImageName：对应 Images 文件夹里图像的名字。

② AttrKey：属性维度，如袖长(sleeve_length_labels)。

③ AttrValueProbs：各个属性值的预测概率，用于计算平均精度均值(mean Average Precision，mAP)指标。

2) 评估指标

(1) 录入提交的 csv 文件，为每条数据计算出 AttrValueProbs 中的最大概率以及对应的标签，分别记为 MaxAttrValueProb 和 MaxAttrValue。

(2) 对每个属性维度分别初始化评测计数器：

BLOCK_COUNT = 0 (不输出的个数)

PRED_COUNT = 0 (预测输出的个数)

PRED_CORRECT_COUNT = 0 (预测正确的个数)

设定 GT_COUNT 为该属性维度下所有相关数据的总条数。

(3) 给定一个模型输出阈值(ProbThreshold)，分析与该属性维度相关的每条数据的预测结果：

当 MaxAttrValueProb < ProbThreshold 时，模型不输出：BLOCK_COUNT++；

当 MaxAttrValueProb ≥ ProbThreshold 时，MaxAttrValue 对应的标注位是 'y'，记为正确：PRED_COUNT++，PRED_CORRECT_COUNT++；

MaxAttrValue 对应的标注位是 'm' 时，不记入精确率评测：无操作；

MaxAttrValue 对应的标注位是 'n' 时，记为错误：PRED_COUNT++。

(4) 遍历使 BLOCK_COUNT 落在[0, GT_COUNT)里所有可能的阈值 ProbThreshold，分别计算：

$$精确率(Precision) = \frac{PRED\_CORRECT\_COUNT}{PRED\_COUNT}$$

统计它们的平均值，记为 AP。

(5) 综合所有属性维度计算得到的 AP，统计它们的平均值，得出 mAP，将 mAP 作为评分依据。

(6) BasicPrecision 指标，即模型在测试集全部预测输出(ProbThreshold = 0)的情况下，将每个属性维度精确率的平均值作为更直接的精确率预估。当 BasicPrecision = 0.7 时，mAP 一般在 0.93 左右。

3. 数据来源与描述

本实验专注于服饰商品的局部属性识别,图中所有可清晰辨别的属性标签都要求预测。考虑到服饰知识的复杂性,只保留了单主体(单人模特或单件平铺)的商品图数据,实验可专注于解决属性标签任务。

1) 术语说明

(1) 属性维度(AttrKey):如袖长是一个属性定义范畴。

(2) 属性值(AttrValues):如中袖、七分袖、九分袖等,它们都是在属性定义范畴(袖长)下面的属性值。图 3.10 实线框所示所有属性值为本实验的直接评测目标。

2) 标签数据

(1) 图像由标注人员标注标签,经服饰专业研究人员复审,保证标注准确率。标注数据存在一定的缺失标签现象,比如,一个图中存在领型、袖长两个维度的属性,可能数据中只标注了领型一个维度的属性,袖长维度没有标注。

(2) 考虑到属性含义理解的复杂性,从属性标签知识体系中拿出 8 种重要的属性维度进行实验。这些属性维度是:颈线设计、领子设计、脖颈设计、翻领设计、袖长、衣长、裙长、裤长,具体示例如图 3.11 所示。

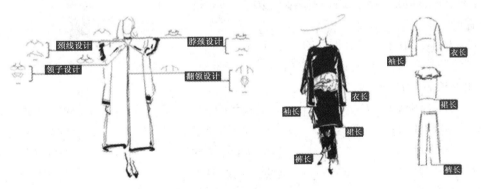

图 3.11　属性的表征示意图

3) 数据特性

(1) 互斥:一个属性维度下,属性值之间是互斥的,不能同时成立。比如脖颈设计维度,不能同时既是常规高领,又是荷叶半高领。这是一个"多选一"的问题。考虑到实验的严谨性,去除部分做不到互斥准则的数据。比如一个模特,叠穿多件单品,致使在同一个属性维度出现了多个属性。

(2) 独立:一个图像中,不同属性维度下的属性值可同时存在,它们之间相互独立。

比如"领—脖颈设计—常规高领"和"领—领子设计—衬衫领"可以同时存在，且概念上相互独立。

(3) 每个属性维度下都有一个属性值叫"不存在"，表示当前属性维度在该图像所展示的视角下是被定义过的，但是该属性在图中并没有出现或者被遮挡看不见。比如一个模特身穿连衣裙的图像，它包含了上身视角和下身视角，所以衣长维度是需要被考虑的，然而它的裙摆被遮住了，衣长维度的属性值是"不存在"，在这类被遮挡或不可见的情况下，考察模型的"否决"能力，但不考察对于图像中不存在视角的属性维度的否决能力。比如，对于下身视角的裤子图像，不会考察对于上身视角属性(比如"袖长")的否决能力。

4) 训练数据文件结构

实验提供用于训练的图像数据和识别标签，文件夹结构如下：

- Images
- Annotations
- README.md

(1) Images 存放图像数据，jpeg 编码图像文件。图像文件名如：0000001.jpg。

(2) Annotations 存放属性标签标注数据，csv 格式文件。

(3) README.md 是对数据的详细介绍。

训练数据各属性示例如图 3.12 所示。

图 3.12　训练数据各属性示意图

图 3.12 对应的 csv 标注文件示例如下：

ImageName	AttrKey	AttrValues
0000001.jpg	sleeve_length_lables	nnnnnnnym
0000001.jpg	skirt_length_lables	nynnnn
0000001.jpg	neck_design_labels	nnnyn
0000001.jpg	coat_length_lables	nnynnnnn

标注文件格式说明如下：

① ImageName：图像文件名，对应 Images 文件夹下面的图像文件。

② AttrKey：属性维度，如袖长(sleeve_length_labels)、裤长(pant_length_labels)等。

③ AttrValues：AttrKey 属性维度对应的属性值。袖长属性维度(AttrKey)有 9 个属性值(AttrValues)，包括不存在、无袖、杯袖、短袖、五分袖、七分袖、九分袖、长袖、超长袖。分别对应上图示例标注数据中的"nnnnnnmyn"，一共九位，每一位是下面三个值中的一个：y(yes，一定是)，m(maybe，可能是)，n(no，一定不是)。在某个图的某个属性维度的标注数

据中，有且只有一个"y"标注，其余的可能是"m"或者"n"。袖长属性维度(AttrKey)及其对应的属性值(AttrValues)的关系，将在 README.md 中详细说明。

模糊边界问题的定义：模糊边界的现象在属性标签问题中不可避免，如图 3.13 所示。

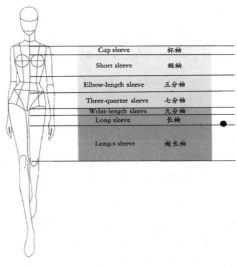

Cap sleeve	杯袖
Short sleeve	短袖
Elbow-length sleeve	五分袖
Three-quarter sleeve	七分袖
Wrist-length sleeve	九分袖
Long sleeve	长袖
Long-s sleeve	超长袖

图 3.13　模糊边界示意图

上面示例中，黑色点的位置是当前衣服的袖长。该点位于长袖和超长袖的分界线上，更多属于长袖。此时，"长袖位"对应标注 "y"，"超长袖位"对应标注 "m"，"其余位"是 "n"。

遮挡问题的定义：

① 在属性标签识别中，遮挡现象是不可避免的。

② 如图 3.14 所示，裙子下沿被截图截掉，不太能准确判断裙长。此时，裙长的"不存在位"对应的标注为"y"，"其余位"是"n"。此时，skirt_length_labels 维度对应的标注为"ynnnnn"。

图 3.14　属性值遮挡示意图

■ 参考文献

[1] https://tianchi.aliyun.com/competition/entrance/231649/information.

实验 3.19　物流货物限制品监测

1. 实验背景与内容

包裹 X 光限制品监测作为日常包裹物流行业及安防行业的重要环节，承担着防止易燃易爆等危险品进入货运渠道、管理刀具等特殊货运物品、监测毒品等国家重点违禁品偷运等工作。随着线上购物的普及和快速发展，线上物流包裹数量已经远超人工可以处理的范围，给物流包裹监管带来了巨大挑战。

本实验针对给出的限制品种类，利用 X 光图像及标注数据，研究开发高效的计算机视觉算法，监测图像是否包含危险品及其大致位置。通过自动化监测包裹携带品算法，降低漏检风险及误报率，提升危险品管理效率。本实验是一次未来物流及安防行业的有益尝试，对行业未来发展有着不可估量的价值。本实验必须包含深度学习作为主要算法。

2. 实验要求与评估

对 5 个子类的交并比(Intersection over Union，IoU)做平均处理。

1) 模型大小

模型融合是常用的提高模型最终性能的方式，但考虑到实际生产任务中，很多任务部署需要在端上完成，或部分业务场景并不支持强计算资源的使用，本实验也本着鼓励使用精简高效模型的方针，原则上不鼓励采用过多模型融合提高性能的方式。鼓励实验者使用不超过 2 个模型，同一网络结构不同参数设置同样被认为属于不同模型。单个模型主网络大小需小于 600 MB(即不超过 VGG19 大小)。

2) 响应时间

有效的图像预处理、数据增强等方式是提高识别精确率的重要手段。原则上不限制使用各种预处理方法的数量，同时考虑到不同计算平台、不同计算硬件的多样性，实验不设置硬性的计算时间限制，但预处理、数据增强及模型预测的整体时间会纳入对实用性的考量。

3. 数据来源与描述

实验数据描述见本实验文献[1]，数据集涵盖了 3 个大类、5 个子类的危险品/限制品/特殊物品(后统一简称为限制品)。数据包含了带有限制品的日常包裹 X 光图像及对应限制品的位置标注。

训练数据文件结构：按照限制品类别存放相应的原始图像，以及使用矩形框和多边形标注的位置数据。图像文件采用 jpeg 格式，标注文件采用 json 格式。

本实验文献[1]提供了 5 类带有两种矩形框位置标记的限制品标注数据，以及一定数量无限制品包裹数据，供实验者自行选用。限制品包括：铁壳打火机、黑钉打火机、刀具、电容电池及剪刀 5 类(类别 id 依次从 1 到 5)。数据集标注采用 json 文件提供，json 文件中的信息与 COCO 数据集兼容，详见本实验文献[2]中的 object deteciton 部分。iscrowd 字段为 0，无意义。其中，Bbox 字段[x, y, width, height]，为标准常用边界框坐标。新增的minAreaRect 字段表示目标轮廓的最小外接矩形，依次为其 4 个顶点坐标。如果图像中没有违禁品，则显示"rects": []。

■ 参考文献

[1] https://tianchi.aliyun.com/competition/entrance/231710/information.
[2] http://cocodataset.org/#format-data.

第4章　视频分析类

　　智能视频分析通过数字图像处理、计算机视觉、深度学习等分析和理解视频画面中的内容，在视频帧与其描述之间建立映射关系。本部分主要包括视频内容理解、描述、检索和超分辨，视频理解和分类，视觉感知等。

实验 4.1　电 影 描 述

1. 实验背景与内容

　　自动用丰富的自然语言来描述不同题材的视频是计算机视觉、自然语言处理和机器学习领域最具有挑战性的任务之一。为实现这一主题的研究，本实验主要实现大规模电影描述与理解，电影数据集的相关描述可由本实验文献[1-2]获取。本实验的任务是给定电影中的一个片段，生成一个句子来描述这个片段。如图 4.1 所示的 3 个电影片段，可生成以下句子来分别描述：片段 1 - "He plants a tender kiss on her shoulder"，片段 2 - "His vanity license plate reads 732"，片段 3 - "SOMEONE sits on her roommate bed"。

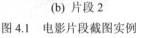
(b) 片段 2　　　　　　　　　　(c) 片段 3

图 4.1　电影片段截图实例

2. 实验要求与评估

根据以下准则对生成的句子进行评分(1~5，分值越高越好)：

(1) 语法：判断句子的流畅性与可读性，不考虑是否与视频内容相关。

(2) 正确性：判断对视频内容的描述是否正确，不考虑语法正确性或内容是否完整。

(3) 相关性：句子中是否包含更相关(或更重要)的事件、主体。

(4) 对盲人有益：生成的句子对盲人理解视频中描述的内容有多大帮助。

3. 数据来源与描述

本实验使用的大规模电影数据集(M-VAD[1]和 MPII-MD[2])是使用针对视障人士的音频描述(AD)/描述视频服务(DVS)资源构建的，包含带有相关句子描述的短电影剪辑(4~5 s)，所有句子都被手动配准到视频中。数据集包括训练集、验证集和测试集，实验数据可由本实验文献[3]获取。

■ 参考文献

[1] https://mila.quebec/en/publications/public-datasets/m-vad/.

[2] https://www.mpi-inf.mpg.de/departments/computer-vision-and-multimodal-computing/ research/ vision-and-language/mpii-movie-description-dataset/.

[3] https://sites.google.com/site/describingmovies/lsmdc-2016/download.

实验 4.2　电影标记与检索

1. 实验背景与内容

基于自然语言的视频图像搜索一直是信息检索、多媒体和计算机视觉领域的研究热点。一些现有的在线视频平台(如 Youtube)依靠大量的人工管理、手工分配标签、点击计数和相关的文本来匹配大量非结构化的搜索短语，以便从存储的库中检索相关视频的排名列表。然而，随着未标记视频内容数量的增长，以及廉价的移动记录设备(如智能手机)的出现，人们的注意力正迅速转向自动理解、标记和搜索。在这个实验中，希望探索各种语言-视觉联合学习模型，用于视频注释和检索任务。

2. 实验要求与评估

大多数大规模电影描述挑战(LSMDC)[1]的字幕中都包含对人类活动的描述。本实验的主要目标是基于描述各种人类活动的自然语句，评估不同视觉语言模型的标记和搜索视频的性能。本实验主要有两个任务。

1) 多选测试

图 4.2 给出一个视频和 5 个字幕，在 5 个选项中找到正确的视频标题。数据集用一个或多个短语标签标记了每个字幕[1]，正确的句子是基准字幕，其他 4 个句子是干扰项，它们是从其他标题中随机抽取的，抽取条件是它们具有与正确答案不同的短语标签。在多选测试中，文献[2]提供了 10 053 个问题，准确率在整个公开测试的多选测试数据上进行评估，准确率是 10 053 个问题被正确回答的百分比。

1. They kiss passionately.

2. SOMEONE covers his eyes with her hands, then removes them.

3. A woman races to the desk.

4. SOMEONE goes to the window and peeks between the curtains.

5. Sister points to SOMEONE.

图 4.2　多选测试

2) 电影检索

LSMDC2016[2]公共测试数据中的原始字幕包含许多描述人类活动类型和给定了字幕排名的视频，在 1000 个视频、句子中计算视频检索的 Recall@1、Recall@5、Recall@10 和
示前 k 个视频中基准视频的回调百分比，而中位数等级(MedR)表
检索示例如图 4.3 所示。

QUERY: answering phone

图 4.3　电影检索

3. 数据来源与描述

实验数据可在本实验文献[2]获取，数据集对每个视频只有一个描述，其描述语句易于理解，是原始长描述的总结或原始描述的主旨，为训练数据和公共测试数据提供了全新的、完整而简化的描述。

(1) 原始音频描述语句：电影描述提供的原始数据。

(2) Para-Pharses 音频描述语句：训练数据中长字幕(超过 15 个单词)的释义，大多数"长"描述都非常详细、复杂，释义通常只包含 3～10 个单词，是对原始长描述的概括或对其主要方面的表述。

■ 参考文献

[1]　https://sites.google.com/site/describingmovies/.

[2]　https://sites.google.com/site/describingmovies/lsmdc-2016/download.

实验 4.3　电 影 填 空

1. 实验背景与内容

问答任务(question-answering)已经成为一个流行的任务，并有许多实际应用，如对话系统等。该任务容易解释并可定量评估，通过简单的设置，较容易生成非常大的数据集，这些数据集对深度学习非常有用。大规模数据集支撑的视觉问答(图像和自然语言问题)近年来得到快速发展，本实验希望将这一进展扩展到视频领域。

2. 实验要求与评估

给出一个视频片段和一个句子，句子中有一个空格，实验任务是用正确的单词填空，如图 4.4 所示。在评估中，将词性(名词、动词、形容词、副词)的功能以及基于视觉信息所定义的类别(如亲吻/情感、愤怒/紧张、快速运动等)进行汇总。评估的目的是检查不同模型在不同领域中的性能。

图 4.4　电影填空

3. 数据来源与描述

在空格中填一个单词,从包含名词、动词、形容词、副词等约 3000 个单词的词库中选择,每个单词在训练集中出现 50~3000 次。实验数据可由本实验文献[1]获取,训练集中包含 100 000 个短视频的约 300 000 个样本;验证集与训练集不重叠,包含 21 000 个样本(来自 7500 个短视频);评估在一个包含 30 000 个样本(来自 10 000 个剪辑短视频)的测试集上进行。

■ 参考文献

[1]　https://sites.google.com/site/describingmovies/lsmdc-2016/download.

实验 4.4　短视频内容理解与推荐

1. 实验背景与内容

近年来,机器学习在图像识别、语音识别等领域取得了重大进步,但在视频内容理解领域仍有许多问题需要探索。字节跳动公司旗下的 TikTok(抖音海外版)短视频 App 在全球范围内的用户中获得非常多的好评,短视频的内容理解与推荐技术成为了关注的焦点。

一图胜千言。仅一张图像就包含大量信息,这些信息难以用几个词来描述,更何况是短视频这种富媒体形态。面对短视频内容理解的难题,本实验希望通过用充足的视频内容特征和用户行为数据来预测用户对短视频的喜好。

2. 实验要求与评估

本实验文献[1]提供了多模态的短视频内容特征，包括视觉特征、文本特征和音频特征，同时提供了脱敏后的用户点击、喜爱、关注等交互行为数据。实验者需要通过一个视频及用户交互行为数据集对用户兴趣进行建模，然后预测该用户在另一视频数据集上的点击行为。

本实验要求通过构建深度学习模型，预测测试数据中每个用户 id 在对应作品 id 上是否浏览完作品和是否对作品点赞的概率加权。本实验使用曲线下面积(Area Under Curve，AUC)作为评估指标(ROC 曲线下面积)，AUC 越高结果越优。

3. 数据来源与描述

本实验文献[1]提供了 Byte-Recommend100M 交互数据集，包含数万用户的亿级别交互数据，其中的多模态功能包括面部特征、视频内容特征、标题特征和 BGM 特征，这些特征都是嵌入向量的形式，实验者可以将它们结合起来以获得更好的推荐。用户与作品的交互数据中具体每个字段代表的含义如表 4.1 所示。

表 4.1　用户与作品的交互数据的字段含义

字　段	字　段　描　述	数据类型	备　注
uid	用户 id	int	已脱敏
user_city	用户所在城市	int	已脱敏
item_id	作品 id	int	已脱敏
author_id	作者 id	int	已脱敏
item_city	作品城市	int	已脱敏
channel	观看到该作品的来源	int	已脱敏
finish	是否浏览完作品	bool	
like	是否对作品点赞	bool	
music_id	音乐 id	int	已脱敏
device	设备 id	int	已脱敏
time	track1：作品观看的起始时间 track2：作品发布时间	int	已脱敏
duration_time	作品时长	int	单位：s

第 4 章　视频分析类

■ 参考文献

[1]　https://www.biendata.com/competition/icmechallenge2019/data/.

实验 4.5 视频中可移动物体实例分割

1. 实验背景与内容

自动驾驶是当前科研和产业界非常重要的项目，环境感知是自动驾驶众多关键技术之一。实验的目的是推动环境感知问题中的计算机视觉和机器学习算法的科研水平。本实验文献[1]提供了一个具备精细标注的大规模数据集，基于这个数据集，实验者可为自动驾驶开发新颖独特的算法和框架。本实验主要针对基于视频的可移动物体分割的任务，实验者也可以在百度 Apollo 官网上找到更多的相关任务。

百度提供的 ApolloScape 数据集是一个综合的、全面的数据集，包括测绘级的三维点云和配准过的带相机姿态的视频图像，点云的每个点和图像的每个像素都具有语义信息。希望本实验文献[1]提供的新数据集可以对自动驾驶相关的应用有所助益，这些应用包括(但是不限于)2D/3D 场景解析、定位、迁移学习和驾驶仿真。用于实验的数据集开放了近九万帧具有移动物体实例标注的视频图像。

数据集提供了一系列像素级标注的视频图像，其中的可移动物体(如车辆和行人)为实例标注。实验的目的是评估当前先进的基于视频的物体分割算法。图 4.5 为视频中移动物体的实例分割结果显示。

图 4.5 视频中移动物体的实例分割结果显示

2. 实验要求与评估

实验结果提交的是行程长度编码(RLE)。每一行应该代表一个物体实例,包括以下内容:ImageId,LabelId,Confidence,PixelCount,EncodedPixels。

ImageId:文件名。

LabelId:物体的类别(如轿车,行人等)。

Confidence:预测的置信度。

PixelCount:该物体总共的像素(帮助判断评估所需时间)。

EncodePixels:行程长度编码,每一对由符号"|"分割开。例如:1 3|10 5|表示像素 1, 2, 3, 10, 11, 12, 13, 14 在当前物体内。像素采用零索引,从左到右,以及从上到下的编号。

评估 7 个不同的实例级的标签(即轿车、摩托车、自行车、行人、卡车、公交车和三轮车)。由于标注人员有时无法区分物体边界,所以相应的群类(如轿车群或者自行车群)也在数据集中提供,但是群类不参与实验的评估。

使用内插的平均精度(Average Precision,AP)作为物体分割的评估标准[1],AP 或平均精度均值(mean Average Precision,mAP)是依据所有视频段和所有类别并且根据不同的交并比(Intersection over Union,IoU)的阈值计算所得。在一个预测实例 A 和真实实例 B 之间的 IoU 的计算公式为

$$IoU(A,B) = \frac{A \bigcap B}{A \bigcup B} \tag{4-1}$$

为了获得准确率-召回率(PR)曲线,以步长 0.05 选取了 10 个 IoU 阈值,在不同的阈值下匹配真实实例到预测的实例上。例如,给定一个 IoU 阈值 0.5,如果在一个预测实例和真实实例之间的 IoU 大于 0.5,则该预测实例被认为实现了匹配。如果存在多个匹配的预测实例,则匹配的并具备最大置信度的预测实例被选为正样例,剩下的匹配的预测实例被归为负样例。预测实例如果没有被匹配到任何真实实例,则被归为负样例。如果一个预测实例和被忽略标签(如群类)之间的 IoU 大于当前 IoU 阈值,则该预测实例不被评估。

3. 数据来源与描述

该实验使用文献[2]中的数据集,该数据集是通过配备了高分辨率相机和 Riegl 采集系统的中型 SUV 进行数据采集的,包含不同城市的不同交通状况的道路行驶数据。数据集标注了 5 组涵盖了 25 个不同语义项的标签。其中给每个像素都分配了 2 个 id:Class id 和 Train id。Train id 是用于训练的 id,可以根据需要进行修改,值 255 表示现阶段未评估的标签,可以暂时忽略;Class id 用于表示真实标注的 id,包含颜色分配的更多细节,可以在 utilities.tar.gz 中的 label_apollo.py 文件中查看,并且在提交评测的阶段,请确保使用的是

Class id。训练和测试数据文件如表 4.2 所示，数据集目录结构如表 4.3 所示。

该实验具体评估 7 个不同的实例级的标注，即轿车、摩托车、自行车、行人、卡车、公交车和三轮车；也有相对应的群类，如轿车群和自行车群。群类的产生主要是因为一定数量的物体相互遮挡导致标注人员无法区分物体边界。

表 4.2　训练和测试数据文件

文　件	描　述
train_color.zip	原始的训练图像
train_label.zip	训练图像标签
test.zip	测试集图像
sample_submission.zip	样例提交文件
train_video_list.zip	训练图像的视频列表
convertVideotoCSV.py	脚本样例用于将图像序列转成 csv 格式
EvaluationScriptsAndExamples.zip	评估脚本(C#)和样例

表 4.3　数据集目录结构

文件名	描　述
root	用户定义的根文件夹
type	当前版本中有三种数据类型，即 ColorImage、Label 和 Pose
road id	道路 id，例如 road001、road002
level	seg 表示标签仅包含像素级标签，ins 表示标签包含像素级和实例级标签
record id	记录 id，例如 Record001、Record002，每个记录包含多达几千个图像
camera id	采集系统所使用的两个前置相机，即相机 5 和相机 6
timestamp	图像名称的第一部分
camera id	图像名称的第二部分
ext	文件的扩展名。彩色图像为 .jpg，标签图像为 _bin.png，实例级标签的多边形列表为 .json，实例级标签为 _instanceIds.png

每个相机和每个记录只有一个姿态文件(即 pose.txt)，该姿态文件包含相应摄像机和记录的所有图像的所有外部参数。姿态文件中每行的格式如下所示：

r00 r01 r02 t0 r10 r11 r12 t1 r20 r21 r22 t2 0 0 0 1 image_name

训练用的标签的格式：

(1) 所有标签和原始图像的尺寸一致；

160

(2) 标签里的像素值表示标签和实例；

(3) 每个类的标签可包括多个物体实例；

(4) int(PixelValue / 1000) 为类标签；

(5) PixelValue % 1000 是实例 id。

例如，某个像素值为 33 000 代表该像素的标签为 33(即轿车类)，实例 id 为#0。某个像素值为 33 001 代表该像素的标签为 33(即轿车类)，实例 id 为#1。这两个像素值表示该图中两辆不同的轿车。

■ 参考文献

[1] Microsoft coco: Common objects in context，http://cocodataset.org/.

[2] https://www.datafountain.cn/competitions/324/datasets.

实验 4.6　DAVIS 视频目标分割

1. 实验背景与内容

本实验主要完成对视频帧序列的目标分割，实验内容分为 3 个任务，即半监督式、交互式、无监督式，如图 4.6 所示。

图 4.6　视频帧序列目标分割

半监督式：在视频序列的第一帧中输入感兴趣目标的完全掩膜，在后续帧中为该目标生成分割掩膜。

交互式：以供迭代求精的方式，分割感兴趣的目标。所实现方法必须考虑所有实验者交互的情况，在视频序列的所有帧中为该目标生成一个分割掩膜。

无监督式：实验者不与算法交互可以获得分段掩膜。所实现方法应该提供一组候选目标，这些候选目标在整个视频序列不含重叠的像素。在观看整个视频序列时，这组目标应该至少包含捕获人类注意力的目标，即更可能被人类注视的目标。

2. 实验要求与评估

1) 半监督式评估

单个目标评估：区域相似性(J)和边界度量(F)。

所有目标评估：求所有目标 J 和 F 的平均值，可参见本实验文献[1]。

2) 交互式评估

计算由时间和 J&F(Time vs J&F)为坐标轴的曲线下的面积(AUC)，该图中的每个样本都考虑到整个测试开发的平均时间和特定交互的平均 J&F。在 60 s 内对上一次的 J&F 图进行插值，得到一个 J&F 值，这被用于评估一种方法在 60 s 内对于一个序列能够获得的处理质量。

对于此次实验，每次交互的最大交互次数为 8，每个目标的最大交互时间为 30 s(如果序列中有 2 个目标，那么每次交互的时间为 1 min)。因此，为了进行 8 次交互，与某一个序列交互的时间最大值为 30 × num_obj × 8。如果在完成 8 个交互之前达到最大值，则丢弃最后一个交互，只考虑前一个交互进行评估。

3) 无监督式评估

所实现方法必须为每个视频序列提供 N 个非重叠视频目标建议，即视频序列中每个帧的分段掩膜，其中某个目标的掩膜 id 必须在整个序列中是一致的。在评估期间，通过使用二分图匹配最大化 J&F 的方法，基准的每个标注目标与 N 个视频目标建议中的一个进行匹配。需要注意的是，如果检测到的目标多于在实际情况中标注的目标，最终的 J&F 结果是所有视频序列中所有匹配目标的平均值。

3. 数据来源与描述

实验数据来源于本实验文献[2]，训练和验证数据集包含 50 个序列，也可以在除 DAVIS(Youtube-VOS，MS COCO，Pascal 等)之外的任何其他数据集上训练或预训练算法，或使用全分辨率 DAVIS 标注图像。

■ 参考文献

[1] http://www.cv-foundation.org/openaccess/content_cvpr_2016/papers/Perazzi_A_Benchmark_Dataset_CVPR_2016_paper.pdf.

[2] https://davischallenge.org/davis2017/code.html.

实验 4.7 人体骨架跟踪与视觉分析

1. 实验背景与内容

本实验旨在推进人体骨架跟踪和视觉分析方面的先进技术，除了实现人体骨架跟踪之外，还有两个任务：密集姿态估计和三维人体姿态估计。

1) 人体姿态的估计与跟踪

该实验要求在实际的视频中估计和跟踪多人的二维骨架姿态，如图 4.7 所示，将单帧姿态估计精度和骨架跟踪精度作为评估准则。

图 4.7 估计和跟踪多人的二维骨架姿态

2) 密集姿态估计

该实验主要估计人物视频和三维人体模型之间的密集对应关系，旨在将一张 RGB 图像的所有人物像素映射到人体模型的三维表面，如图 4.8 所示。利用本实验文献[1]中提出的DensePose-RCNN(Mask-RCNN 的一种变体)，以每秒多帧的速度密集地返回每个人所在区域的特定 UV 坐标。

图 4.8 人物视频和三维人体模型之间的密集对应关系

通过划分人体表面来找到密集的对应关系，如图 4.9 所示，对于每个像素，确定它属于表面的哪个部分以及它对应于二维参数化的哪个部位。采用 Mask-RCNN 的结构，利用特征金字塔网络(FPN)的特征，并通过 ROI-Align 池化层来获得每个选定区域内的密集部分的标签和坐标。在 ROI 池化层的基础上引入一个全卷积网络，它的作用是：生成每个像素的分类结果，并用于选择表面部位；对于每个部位，回归部位内的局部坐标。在推理过程中，系统使用 GTX1080 显卡对 320×240 图像以 25 f/s 运行，对 800×1100 图像以 4～5 f/s 运行。

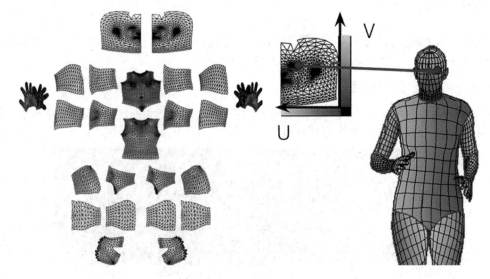

图 4.9　人体表面的划分与"部位上的点"相对应

可以使用带标注的点监督训练 DensePose-RCNN 系统，同时，通过"修复"最初未标注位置上的监督信号的值可以获得更好的结果。为实现这一目标，采用一种基于学习的方法，首先训练一个"教师"网络(全卷积的神经网络)，重建基准值并给出尺度归一化图像及其分割掩膜。使用级联策略进一步提高了系统的性能，通过级联可以利用来自相关任务的信息，如关键点估计和实例分割，而 Mask-RCNN 结构已经成功地解决了这些问题，这使得能够实现任务协同以及不同监督来源的优势互补。

3) 三维人体姿态估计

该实验要求估计三维人体的姿态，基于本实验文献[2]中的基准测试集，该基准测试集为估计二维和三维骨骼关节位置、骨架角度、身体部位、语义分割以及三维人体形状和深度提供条件。

2. 实验要求与评估

任务 1 的评估代码见本实验文献[3]，使用平均精确度(AP)和平均召回率(AR)作为评价指标，使用交并比(IoU)测试检测或者分割出来的目标与标注目标之间的相似性。

任务 2 的评估代码见文献[3]，使用测地点相似性(geodesic point similarity)作为评价指标，该指标简称 GPS，用来评估一张图像上人体表面基准点坐标与估计点坐标之间的距离。GPS 公式如下：

$$GPS = \frac{1}{|P|} \sum_{p_i \in P} \exp\left(\frac{-d(\hat{p}_i, p_i)^2}{2k(p_i)^2} \right)$$

其中，$d(\hat{p}_i, p_i)$ 表示人体表面估计点($\hat{p}_i$)和人体表面基准点(p_i)之间的距离，$k(p_i)$ 表示人体某一部分的归一化向量。

任务 3 的评价代码见本实验文献[2]，使用每个关节点坐标误差均值(mPJPE)作为评价指标，计算估计的关节点坐标与基准点坐标之间的平均欧氏距离来评价网络的性能。

3. 数据来源与描述

1) 人体姿态的估计与跟踪

基于本实验文献[4]中基准测试集中的视频，可以对数据集进行扩充翻倍。

2) 密集姿态估计

本实验文献[4]中的数据集是一个大型的基准数据集，在 5 万张 COCO 图像上手动标注了图像与表面之间的对应关系。使用人工手动标注的方法来建立从二维图像到基于表面的人体表征之间的密集对应关系，通过构建一个两阶段标注流程，以有效地获取用于图像到表面之间对应关系的标注。

3) 三维人体姿态估计挑战

该任务的数据集是本实验文献[2]中大规模数据集 Human3.6M 的子集，由 8 万个人体姿态和相应的图像组成，图像包含了 10 名专业演员(6 名男性和 4 名女性)和 15 种特定的情节(讨论、正在抽烟、正在拍照、正在打电话等)。

■ 参考文献

[1] http://densepose.org/.

[2] http://vision.imar.ro/human3.6m/challenge_open.php.

[3] https://github.com/facebookresearch/DensePose/tree/master/PoseTrack.

[4] https://posetrack.net/.

第 4 章 视频分析类

实验 4.8　视觉理解与解析

1. 实验背景与内容

开发野外场景中以人为中心的综合视觉应用解决方案是计算机视觉中最基本的问题之一，可对许多工业应用领域产生至关重要的影响，如自动驾驶、虚拟现实、视频监控、人机交互和人类行为解析。

对人的解析和姿态估计常常是高级活动事件识别和检测的第一步，为了促进这一研究课题的发展，并吸引更多的人才从事这一课题的研究，本实验文献[1]提供了第一个标准的人类解析，并在一个新的大规模数据集上建立姿态基准。这个数据集比以前类似的数据集更大，更具有挑战性。

本实验涉及的视觉感知与处理任务包括：多人解析与姿态估计，基于单个 RGB/深度图像或视频的二维/三维人体姿态估计，野外场景中的行人检测，人类行为识别和轨迹识别/预测，三维人体形状估计与仿真，人体服饰与属性识别，人脸识别/验证，人类理解的高级应用(包括自动驾驶、事件识别和预测、机器人操作、室内导航、图像/视频检索和虚拟现实)。

2. 实验要求与评估

(1) 单人解析：使用常用于语义分割和场景解析评估的 4 个度量，主要包括像素精度和区域交并比(Intersection over Union, IoU)，4 个指标分别是像素精度(%)，平均准确度(%)，平均 IoU(%)和频率加权 IoU(%)。

(2) 单人体姿态估计与跟踪：基于以人为中心的标注，使用关键点正确估计的比例，并以头部长度作为归一化参考(PCKh)的评估度量[1]。

(3) 多人解析：使用两个度量进行多人解析评估，对于语义部分分割[1]利用平均 IoU(%)评测，实例级人工解析用 AP^r[2]。

(4) 视频多人解析：使用 3 种度量进行多人解析评估。

① 对于语义级部位分割用平均 IoU(%)[1]。

② 采用 IoU 阈值为 0.5～0.95 的几个平均精度均值(mean Average Precision, mAP)来评价人工实例分割，称为 AP^r。

③ 实例级人类解析用 APrvol[3]。

(5) 基于图像的多姿态虚拟试穿：两种度量方式，结构相似性(Structural SIMilarity

index，SSIM)和 AMT(Amazon Mechanical Turk)。

3. 数据来源与描述

本实验数据集包含 50 000 张图像，这些图像有详细的像素级标注，有 19 个完整的语义人体部位标签，并带有 16 个密集关键点的二维人体姿态[4]。

■ 参考文献

[1]　http://www.cv-foundation.org/openaccess/content_cvpr_2015/html/Long_Fully_Convolutional_
　　　Networks_2015_CVPR_paper.html.

[2]　https://arxiv.org/abs/1407.1808.

[3]　https://arxiv.org/abs/1709.0361.2.

[4]　http://mscoco.org/home/.

实验 4.9　视觉问答和对话

1.　实验背景与内容

本实验给定一张图像和一个关于图像的自然语言问题，任务是给出一个准确的自然语言答案。视觉问题通常是有选择地针对图像的不同区域，包括背景细节和底层的上下文。因此，要实现性能较好的视觉问答(Visual Question Answering，VQA)系统，通常需要对图像和复杂推理有详细的了解，如图 4.10 所示。

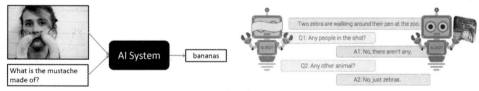

图 4.10　视觉问答示例

2.　实验要求与评估

不同任务的评估代码可参见本实验文献[1-3]，其中视觉对话任务使用稀疏标注的检索度量/评估[4]。

3. 数据来源与描述

数据集包括以下 4 类：

(1) VQA 2.0[5]。VQA v2.0 更加平衡，减少了 VQA v1.0[6]的语言偏差，数据集大小大约是 VQA v1.0 的 2 倍。

(2) TextVQA[7]。TextVQA 需要算法查看图像，读取图像中的文本，推理并回答给定的问题。

(3) GQA[8-9]。GQA 是一个新的数据集，应用于现实世界的组合推理。该数据集包含 20M 图像和问题对，每个图像和问题对都带有其语义的底层结构化表示。数据集补充了一套新的评估指标，以测试一致性和有效性。

(4) VisDial v1.0[10]。视觉对话需要 AI 智能体以自然的会话语言，就一些视觉内容与人类进行有意义的对话。具体而言，给定图像和一个对话历史记录(由图像标题和一些先前的问题和答案组成)，智能体必须回答对话中的后续问题。

■ 参考文献

[1] http://visualqa.org/evaluation.html.

[2] https://textvqa.org/challenge#evaluation.

[3] https://visualreasoning.net/evaluate.html.

[4] https://arxiv.org/abs/1611.08669.

[5] http://visualqa.org/download.html.

[6] http://visualqa.org/vqa_v1_download.html.

[7] https://textvqa.org/dataset.

[8] https://cs.stanford.edu/people/dorarad/gqa/gqaPaper.pdf.

[9] https://visualreasoning.org/.

[10] https://visualqa.org/-%22https://visualdialog.org/data%22.

实验 4.10 短视频实时分类

1. 实验背景与内容

近几年发展极快的短视频行业具有明显的娱乐性和流行性，深受人们喜爱。为促进短视频领域理论与实践的共同发展，本实验文献[1]中的数据集提供了业内首个大规模多标签短视频实时分类数据，用于短视频分类任务的训练与测试工作。数据集共包含 21 万条短视频，涵盖舞蹈、健身、唱歌等 63 类流行元素，大部分视频的长度为 5～15 s。本实验数据集分为训练集(12 万)、验证集(3 万)、测试集 A(3 万)和测试集 B(3 万)。

视频中通常包含丰富的语义信息，如视频主体、场景、动作以及人物属性等内容，对丰富的语义信息及其依赖关系进行建模是视频分类的关键。

2. 实验要求与评估

本实验评判标准包含"短视频算法准确率"以及"短视频实时分类"两个方面。实验测试准确率和运行时间，需要注意的是，本实验侧重工业界应用，故运行时间包括截帧、提取特征等所有预处理时间和算法运行时间。评估分为算法准确率测评与运行时间测评。

1) 算法准确率测评

本实验数据集采用多标签分类体系，测评使用整体准确率(Accuracy)综合评估多标签分类的召回率和精确率。在多标签分类中，召回率(Recall)衡量在预测结果中正确标签的占比；精确率(Precision)衡量正确标签在真实标签中的比例。分别定义 Y_i 和 Z_i 为第 i 个视频实例的真实标签和预测标签，则多标签分类的召回率和精确率的定义如下：

$$\text{Recall} = \frac{1}{t}\sum_{i=1}^{t}\frac{|Z_i \cap Y_i|}{|Y_i|} \tag{4-2}$$

$$\text{Precision} = \frac{1}{t}\sum_{i=1}^{t}\frac{|Z_i \cap Y_i|}{|Z_i|} \tag{4-3}$$

在最终判断中，使用整体准确率(Accuracy)来综合衡量所有 t 个视频样本的算法召回率和精确率，具体测评方法如下：

$$\text{Accuracy} = \frac{1}{t}\sum_{i=1}^{t}\frac{|Z_i \cap Y_i|}{|Z_i \cup Y_i|} \tag{4-4}$$

2) 算法运行时间测评

本实验输入数据为视频文件，输出为该视频的类别。单个视频运行时间包括所有预处理和推理时间，即单个视频从视频输入到结果输出所需整体时间。最终度量值为测试集里 N 个视频进行 M 次处理的平均值 T_{average}，计算方式如下：

$$T_m = \frac{\sum_{n=1}^{N}T_n}{N} \tag{4-5}$$

$$T_{average} = \frac{\sum_{m=1}^{M} T_m}{M} \tag{4-6}$$

其中，T_n 为算法处理第 n 个视频花费的时间，N 为测试视频个数，M 为测试次数。

3. 数据来源与描述

本实验数据来源于文献[1]，数据集共包含 21 万条短视频，采用多标签分类体系，标签信息包含视频主体、场景、动作等多个维度，标注信息尽量包含视频中展现的所有元素，每条视频有 1～3 个标签。视频所有标签列表如表 4.4 所示。

表 4.4 视频所有标签列表

标签 id	标签名称	标签 id	标签名称	标签 id	标签名称
0	狗	21	芭蕾舞	42	游戏
1	猫	22	广场舞	43	娱乐
2	鼠	23	民族舞	44	动画
3	兔子	24	绘画	45	文字艺术配音
4	鸟	25	手写文字	46	瑜伽
5	风景	26	咖啡拉花	47	健身
6	风土人情	27	沙画	48	滑板
7	穿衣秀	28	史莱姆	49	篮球
8	宝宝	29	折纸	50	跑酷
9	男生自拍	30	编织	51	潜水
10	女生自拍	31	发饰	52	台球
11	做甜品	32	陶艺	53	足球
12	做海鲜	33	手机壳	54	羽毛球
13	街边小吃	34	打鼓	55	乒乓球
14	饮品	35	弹吉他	56	画眉
15	火锅	36	弹钢琴	57	画眼
16	抓娃娃	37	弹古筝	58	护肤
17	手势舞	38	拉小提琴	59	唇彩
18	街舞	39	拉大提琴	60	卸妆
19	国标舞	40	吹葫芦丝	61	美甲
20	钢管舞	41	唱歌	62	美发

一个标注的可视化例子如图 4.11 所示。

图 4.11 标注的可视化示例

图 4.11 所示该视频中包含了"宝宝"和"弹钢琴"的信息,所以该视频的标注信息如下:

892507542.mp4, 8, 36

含义为:视频名称,视频标签,其中 8 和 36 分别为"宝宝"和"弹钢琴"的标签。

■ 参考文献

[1] https://challenger.ai/datasets/.

实验 4.11 视频增强与超分辨

1. 实验背景与内容

本实验要求通过训练样本对视频增强和超分模型进行建模,对测试集中的低分辨率视频样本预测高分辨率视频。高分辨率视频来自优酷高清媒资库,低分辨率视频的生成模型是模拟实际中的噪声模式,解决此问题对视频产业有重要的贡献。

为了更好地研究该问题,优酷建立了业界最大、最具有广泛性的视频超分和增强数据集[1],该数据集包含 10 000+ 视频对,包括不同内容品类、不同难度、不同业务场景下的噪声模型等,本实验使用其中的 1000 个视频数据集。

2. 实验要求与评估

对于算法恢复的视频和抽帧结果,本实验采用峰值信噪比(Peak Signalto Noise Ratio,

PSNR)和视频质量多方法评价融合(Multimethod Assessment Fusion，VMAF)两种评价指标。对于上传的完整视频，评估程序逐帧计算 PSNR 和 VMAF 两种指标。对于上传的抽帧视频，评估程序仅仅计算 PSNR，而且是对每帧单独计算 PSNR。

评估程序的最终 VMAF 结果为完整视频所有帧 VMAF 结果的平均值，最终 PSNR 的结果为完整视频和抽帧视频中所有帧的平均值。将 PSNR 和 VMAF 值进行加权得到最终分值：

$$\text{Score} = \text{PSNR 指标得分} \times 80\% + \text{VMAF 指标得分} \times 20\% \tag{4-7}$$

测试集前 10% 视频需要提交完整超分结果视频(yuv420planar 8bit，bt709，tv range)，后 90% 视频需要提交抽帧结果(yuv420planar 8bit，bt709，tv range)。抽帧视频要求每 25 帧抽取 1 帧，帧号从 0 开始，依次取 0 帧，25 帧，50 帧，75 帧，…，得到一个新视频，需要提交的是这个只有少数帧的新视频。数据格式详细信息请见本实验文献[1]。

3. 数据来源与描述

由本实验文献[1]可知，实验涉及 1000 个视频，每个视频的时间长度为 4～6 s。每个样本由低分辨率视频和高分辨率视频组成的视频对构成。低分辨率视频为算法的输入，高分辨率视频为增强和超分后的真值，视频数据为无压缩的 y4m 格式。

第一阶段实验视频有 250 个，训练集、验证集、测试集占比为 150：50：50；第二阶段实验视频有 750 个，训练集、验证集、测试集占比为 450：150：150。对应的文件列表为：train.txt，val.txt 和 test.txt。测试集数据只有低分辨率视频，对应高分辨率视频作为真值，仅用于评测。

视频命名规则：Youku_视频序列号(%05d)_h/l_Sub 抽帧频(%2d)_GT/Res.y2m

视频序列号(%05d)为 5 位数字的视频序列号：

h：表示高清视频。

l：表示低分辨率视频。

GT：表示基准真值视频。

Res：表示计算结果视频。

例如，(Youku_00101_l.y4m，Youku_00101_h_GT.y4m)表示第 101 个视频对，前者为低分辨视频，后者为高清真值视频。算法恢复结果中，完整视频需要命名为 Youku_00100_h_Res.y4m，抽帧视频为 Youku_00100_h_Sub25_Res.y4m。Sub25 表示时间上每 25 帧抽取结果。

■ 参考文献

[1]　https://tianchi.aliyun.com/competition/entrance/231711/information.

实验 4.12　无人驾驶视觉感知

1. 实验背景与内容

　　自动驾驶过程中，需要基于视觉传感器判断周围的障碍物，同时也需要根据交通规则找出可行驶区域。在工业场景中，经常需要在模型的精确率和硬件资源中做出权衡。由于资源有限，很多时候无法同时使用多个模型。这时，多任务学习就是一个很好的解决方法。本实验希望实验者使用一个模型，同时解决"目标检测"和"可行驶区域分割"两个子问题。实验数据来自 BDD100K[1]，包含 Images、Labels、Driverable Maps 3 个文件。对于测试集 A 和测试集 B，选取 BDD 测试集中的一部分数据。

2. 实验要求与评估

　　实验结果针对两个任务分别评测出一个平均精度均值(mean Average Precision，mAP)和一个 mIoU，其中，mAP 是在 IoU=0.75 时计算的，详细计算过程可以参考文献[2]，mIoU的计算过程可以参考文献[3]。对于两个任务，分别算出标准分值：

$$目标检测子任务标准分值 = \frac{mAP - 所有实验者mAP平均值}{所有实验者mAP标准差} \tag{4-8}$$

$$可行驶区域分割子任务标准分值 = \frac{mIoU - 所有实验者mIoU平均值}{所有实验者mIoU标准差} \tag{4-9}$$

实验总分值为两个子任务标准分值之和，在此基础上，如果考虑帧率，则总分值说明如下：
(1) FPS 计算方式为：FPS=总图像数量/总推理时间。
(2) 实验者提交 docker，在单核 P40 GPU 环境下运行 docker，测量 FPS。
(3) 分别计算 mAP 标准分值、mIoU 标准分值、FPS 标准分值。
(4) 总分 = (mAP 标准分值 + mIoU 标准分值) / 2 + FPS 标准分。

3. 数据来源与描述

　　目标检测包含十个类别：bike, bus, car, motor, person, rider, traffic light, traffic sign, train, truck，标注文件格式请参考本实验文献[3]。

　　可行驶区域的标注数据分为两类：可行驶区域和选择性行驶区域。在数据预览中，可行驶区域用红色标注，表示车辆对当前区域有道路优先同行权；选择性行驶区域用蓝色标注，表示车辆可在该区域行驶，但车辆对该区域不具有道路优先通行权。

同时提供可行驶区域的多边形标注结果(在标注文件中)以及图像对应的基准图像。 需要说明的是，category 字段的可能取值有很多，与本实验相关的取值为上述 10 个类别以及 area/drivable(可行驶区域)，或者 area/alternative(选择性区域)。

■ 参考文献

[1] http://bdd-data.berkeley.edu/.

[1] https://github.com/ucbdrive/bdd-data/blob/master/bdd_data/evaluate.py#L177.

[3] https://github.com/ucbdrive/bdd-data/blob/master/bdd_data/evaluate.py#L44.

[4] https://github.com/ucbdrive/bdd-data/blob/master/doc/format.md.

人工智能创新实验教程

第5章 语言处理类

自然语言处理即通过机器读取、解读、理解和感知人类语言，利用机器学习分析文本语义和语法，从人类语言中获得含义。本章主要包括机器翻译、同声传译、图形描述等。

实验 5.1　英中文本机器翻译 1

1. 实验背景与内容

随着深度学习技术的不断发展，近年来机器翻译研究受到了越来越多的关注。本实验文献[1]提供了一个英中机器翻译数据集，包含了 1000 万英中对照的句子对，这些句子对主要来源于英语学习网站和电影字幕，主要为语音数据。另外，还包含了 300 万带有上下文情景的英中双语语音数据。

本实验目标是评测机器翻译的能力。机器翻译语言方向为英文到中文，测试文本为语音数据。需要根据评测方提供的数据训练机器翻译系统，可自由地选择机器翻译技术，如基于规则的翻译技术、统计机器翻译及神经网络机器翻译等。

本实验利用机器翻译的客观考核指标(BLEU[2]、NIST Score、TER)进行评分，BLEU 得分会作为主要的评价指标，综合评估实验者的算法模型。

2. 实验要求与评估

对于机器翻译，多采用双语评估替换(Bilingual Evaluation Understudy，BLEU)得分评价翻译效果。英中机器翻译指标采用基于字符的评价方式，中文句子会被切分成单个汉字，翻译结果中的数字、英文等则不切分，然后再使用测试指标测试效果，所有的自动评测均采用大小写敏感的方式。BLEU 的定义如下：

$$\begin{cases} \text{BLEU}\_n = \text{brevity\_penalty} \exp \sum_{i=1}^{n} \lambda_i \log \text{precision}_i \\ \text{brevity\_penalty} = \min\left(1, \dfrac{\text{output\_length}}{\text{reference\_length}}\right) \end{cases} \tag{5-1}$$

其中：precision_i 表示 i 元文法的准确率，即指定阶数 i 的正确文法个数占该阶文法总个数的比例；brevity_penalty 是长度惩罚因子，如果译文过短就会被扣分；λ_i 一般设置为 1。

3. 数据来源与描述

训练集文件名为 train.txt，其中每个训练样例包含自左至右 4 个元素：DocID、SenID、EngSen、ChnSen。DocID 表示这个样例出现在哪个文件中；DocID 用来提供训练集中句子出现的场景和上下文情景；SenID 表示这个样例在 DocID 中出现的位置，比如，如果 SenID 为 94，那么这个样例就是 DocID 的第 94 句话，若无上下文信息，则 DocID 和 SenID 均为 NA；EngSen 和 ChnSen 分别对应英文句子和中文句子，二者互译。

测试集和验证集为 .sgm 文件，句子格式和训练集相同。其中测试集没有与英文句子 EngSen 对应的中文句子 ChnSen。

测试集和验证集的上下文文件包含所有语句的上下文信息，其中每行包含自左至右三个元素：DocID、SenID、EngSen。

训练集样例(第一列为 DocID，第二列为 SenID，第三列为 EngSen，第四列为 ChnSen)如图 5.1 所示。

```
NA  NA  We said 6:00!   我们是约6点！
NA  NA  We said 7:00.   我们是约7点。
NA  NA  We said 8:00.   我们约的是8：00。
NA  NA  We said 8:30. No, we said 9:00. 我们约了8:30。不是，是9:00。
1   1   Warrick, why don't you and I take the perimeter and work our way in.    沃瑞克，你跟我进去。
1   2   All right.  好的。
1   3   Greg, you're with us. I'll start the sketch.    葛瑞格，你也来。我来画草图。
1   4   How you doing, Nick? - Above ground, Wilcox.    你好吗，尼克？-至少还活着，维尔科克斯。
1   5   Would you like inside or out?   你到里面去还是留在外围？
```

图 5.1　训练集样例

测试集、验证集样例(第一列为 DocID、第二列为 SenID，第三列为 EngSen)如图 5.2 所示。

```
<seg id="1">13  126 oh, hey, uh, ben, beth. What A...</seg>
<seg id="2">8   356 What do you mean? - You go to haiti, and... I take this job.</seg>
<seg id="3">49  353 with all the talk about the possible Supreme Court appointment and all...</seg>
<seg id="4">7   454 Is for me to tell you what it is.</seg>
<seg id="5">39  543 All right. All right. He's watching us too closely to get the guns.</seg>
<seg id="6">30  517 Knowing what someone wants can tell you a lot about who they are,</seg>
```

图 5.2　测试集和验证集样例

验证集中文样例如图 5.3 所示。

```
<seg id="1">哦，嘿，呃，本·贝丝，真是……</seg>
<seg id="2">你什么意思？-你去海地……我接受我的工作。</seg>
<seg id="3">爸爸要参加最高法院的所有的会谈还要完成所有工作……</seg>
<seg id="4">该我说了算。</seg>
<seg id="5">好了，好了。他盯得太紧了，我们没法拿枪。</seg>
<seg id="6">知晓别人的目标是什么能让你大略知道他们是谁，</seg>
```

图 5.3　验证集中文样例

上下文文本样例(第一列为 DocID、第二列为 SenID、第三列为 EngSen)如图 5.4 所示。

```
1  1   Warrick, why don't you and I take the perimeter and work our way in.
1  2   All right.
1  3   Greg, you're with us. I'll start the sketch.
1  4   How you doing, Nick? - Above ground, Wilcox.
1  5   Would you like inside or out?
1  6   I'll take in.
```

图 5.4　上下文文本样例

■ 参考文献

[1]　https://challenger.ai/competition/ect2018.

[2]　PAPINENI K, ROUKOS S, WARD T, et al. BLEU: a method for automatic evaluation of machine translation. In: Proc. of Annual Meeting of the Association for Computational Linguistics (ACL), 2002, 311-318.

实验 5.2　英中机器同声传译

1. 实验背景与内容

随着深度学习在语音、自然语言处理方面的应用，语音识别的错误率在不断降低，机器翻译的效果也在不断提高。语音处理和机器翻译的进步也推动了机器同声传译的进步。如果任务同时考虑语音识别、机器翻译和语音合成这些问题，则难度会很大。本实验评测重点在于语音识别后的文本处理和机器翻译任务。翻译语言方向为英文到中文。

语音识别后处理模块：语音识别后的文本与书面语有很多不同。识别后文本具有：① 包含有识别错误；② 识别结果没有标点符号；③ 源端为比较长的句子，如对 40~50 s 的语音标注后的文本，没有断句；④ 口语化文本，夹杂语气词等特点。由于没有提供错误和正确对照的文本用于训练纠错模块，本实验提供的测试集合的源端文本是人工对语音标注后的文本，不包含识别错误。针对其特点，可以在以下几个方面考虑优化(但不限于这几个方面)：

(1) 针对无标点的情况：可以利用提供的英文单语句数据训练自动标点模块，用自动标点模块对测试集合文本添加标点。自动标点也属于序列标注任务，实验者可以使用统计模型或是神经网络模型进行建模。

(2) 针对断句：源端文本都是比较长的文本，不利于机器翻译，因此可以设定断句策略。例如，可以依据标点来进行断句，将每个小的分句送入机器翻译系统。

(3) 针对口语化：可以制定一些去除口语词的规则来处理测试集合。

机器翻译模块：将识别后处理的文本翻译成目标语言，需要根据所提供的数据训练机器翻译系统，可以自由地选择机器翻译技术。例如，基于规则的翻译技术、基于实例的翻译技术、统计机器翻译及神经网络机器翻译等，也可以使用系统融合技术。

2. 实验要求与评估

对于文本机器翻译，有多种机器翻译评价指标，包括 BLEU[1]、NIST Score[2] 和 TER[3-4]，其中 BLEU 得分一般作为主要的评价指标。英中机器翻译指标会采用基于字符的评价方式，中文句子会被切分成单个汉字，翻译结果中的数字、英文等则不切分，然后再使用机器测试指标测试效果，所有评测均采用大小写敏感的方式。BLEU 的定义如下：

$$
\begin{cases}
\text{BLEU\_}n = \text{brevity\_penalty} \exp \sum_{i=1}^{n} \lambda_i \log \text{precision}_i \\
\text{brevity\_penalty} = \min\left(1, \dfrac{\text{output\_length}}{\text{reference\_length}}\right)
\end{cases}
$$

其中，precision_i 表示 i 元文法的准确率，即指定阶数 i 的正确文法个数占该阶文法总个数的比例，brevity_penalty 是长度惩罚因子，如果译文过短就会被扣分。通常情况下，n 元文法的最大阶数被设为 4，因此该指标又被称作 BLEU_4。不同文法的权重系数一般设置为 1。

3. 数据来源与描述

机器翻译训练集[5]提供了 1000 万左右英中对照的句子对作为训练集合，训练数据为口语数据，所有双语句对经过人工检查，数据集从规模、相关度、质量上都有保障。一个英中对照的句子对包含一句英文和一句中文文本，中文句子由英文句子人工翻译而成。实验中可以利用所提供的 1000 万文本训练自动标点系统。

验证集和测试集分别选取多个英语演讲的题材的音频，总时长在 3～6 h 之间，然后按照内容切分成 30～50 s 不等长度的音频数据，人工标注出音频对应的英文文本。人工标注的文本不翻译识别错误、无标点、含有语气词等情况。人工标注好的英文文本会由专业译员翻译成中文文本，形成英中对照的句子对。抽取的英中对照的句子对会被分为验证集和测试集。

■ 参考文献

[1] PAPINENI K, ROUKOS S, WARD T, et al. BLEU: a method for automatic evaluation of machine translation. In: Proc. of Annual Meeting of the Association for Computational Linguistics (ACL), 2002, 311-318.

[2] GEORGE D. Automatic Evaluation of Machine Translation Quality Using N-gram Co-Occurrence Statistics. In: Proc. of human language technology conference (HLT), 2002, 138-145.

[3] SNOVER M, DORR B, SCHWARTZ R, et al. A study of translation edit rate with targeted human annotation. In: Proc. of Conference on the Association for Machine Translation in Americas (AMTA), 2006, 223-231.

[4] SNOVER M, MADNANI N, DORR B, et al. Fluency, adequacy, or HTER? Exploring different human judgments with a tunable MT metric. In: Proc. of Workshop on Statistical Machine Translation (WMT), 2009, 259-268.

[5] https://challenger.ai/competition/interpretation.

实验 5.3   英中文本机器翻译 2

1. 实验背景与内容

英中文本机器翻译作为此次实验的任务，目标是评测机器翻译的能力。机器翻译语言方向为英文到中文。测试文本为口语数据，需要根据提供的数据训练机器翻译系统，可以自选机器翻译技术。例如，基于规则的翻译技术、统计机器翻译及神经网络机器翻译等，也可以使用系统融合技术。需要指出的是，神经网络机器翻译是常见的集成(Ensemble)方法，本实验评测不认定为系统融合技术。

2. 实验要求与评估

对于文本机器翻译，采用多种机器翻译自动评价指标，这些指标包括 BLEU[1]、NIST Score[2]和 TER[3-4]，其中 BLEU 得分会作为主要的评价指标。英中机器翻译指标采用基于字符的评价方式，中文句子会被切分成单个汉字，翻译结果中的数字、英文等则不切分，然后再使用测试指标测试效果。所有的评测均采用大小写敏感的方式。

BLEU 的定义如下：

$$\begin{cases} \text{BLEU}\_n = \text{brevity}\_\text{penalty} \exp \sum_{i=1}^{n} \lambda_i \log \text{precision}_i \\ \text{brevity}\_\text{penalty} = \min\left(1, \dfrac{\text{output}\_\text{length}}{\text{reference}\_\text{length}}\right) \end{cases}$$

其中，precision_i 表示 i 元文法的准确率，即指定阶数 i 的正确文法个数占该阶文法总个数的比例，brevity_penalty 是长度惩罚因子，如果译文过短就会被扣分，λ_i 一般设置为 1。

3. 数据来源与描述

将所有数据分割成为训练集、验证集和测试集合[5]，数据集提供了超过 1000 万的英中对照的句子对作为数据集合。其中，训练集合占据绝大部分，验证集合 8000 对，测试集 A 8000 条，测试集 B 8000 条。训练数据主要来源于英语学习网站和电影字幕，主要为口语数据。所有双语句对经过人工检查，数据集从规模、相关度、质量上都有保障。一个英中对照的句子对，包含一句英文和一句中文文本，中文句子由英文句子人工翻译而成。中英文句子分别保存到两个文件中，两个文件中的中英文句子以行号为基准一一对应。

■ 参考文献

[1]   PAPINENI K, ROUKOS S, WARD T, et al. BLEU: a method for automatic evaluation of machine translation. In: Proc. of Annual Meeting of the Association for Computational Linguistics (ACL), 2002, 311-318.

[2]   GEORGE D. Automatic evaluation of machine translation quality using N-gram co-occurrence statistics. In: Proc. of human language technology conference (HLT), 2002, 138-145.

[3]   SNOVER M, DORR B, SCHWARTZ R, et al. A study of translation edit rate with targeted human annotation. In: Proc. of Conference on the Association for Machine Translation in Americas (AMTA), 2006, 223-231.

[4]   SNOVER M, MADNANI N, DORR B, et al. Fluency, adequacy, or HTER? Exploring different human judgments with a tunable MT metric. In: Proc. of Workshop on Statistical Machine Translation (WMT), 2009, 259-268.

[5]   https://challenger.ai/competition/translation.

实验 5.4　图像中文描述

1. 实验背景与内容

　　图像的中文描述问题融合了计算机视觉与自然语言处理两个方向，是用人工智能算法解决多模式、跨领域问题的典型代表。图像中文描述需要对给定的每一张测试图像输出一句话的描述，描述句子要求符合自然语言习惯，点明图像中的重要信息，涵盖主要人物、场景、动作等内容。本实验的图像描述数据集[1]以中文描述语句为主，与同类科研任务常见的英文数据集相比，中文描述通常在句法、词法上灵活度较大，算法实现的挑战也较大。通过客观指标(BLEU[2]，METEOR[3-4]，ROUGE$_L$[5-6]，CIDEr$_D$[7])和主观评价(流畅度、相关性、助盲性)对算法模型进行评价。

2. 实验要求与评估

　　本实验采用客观和主观相结合的评价标准。

1) 客观评价标准

　　客观评价标准包括 BLEU、METEOR、ROUGE$_L$ 和 CIDEr$_D$。根据这四个评价标准得到一个客观评价的得分[8]。

$$S_{m1}(\text{team}) = \frac{1}{4}S(\text{team}@\text{BLEU}@4) + \frac{1}{4}S(\text{team}@\text{METEOR}) +$$
$$\frac{1}{4}S(\text{team}@\text{ROUGE}_L) + \frac{1}{4}S(\text{team}@\text{CIDEr}_D) \tag{5-2}$$

其中，$S(\text{team}@\text{METEOR})$ 表示在 METEOR 标准下进行标准化后的得分，$S_{m1}(\text{team})$表示客观评价分值的加权平均值，然后对分值进行标准化处理后得到的客观评价分值。

2) 主观评价标准

　　主观评价指对每个实验组的候选句子进行主观打分(1～5 分)。分值越高越好。打分遵循三个原则：

　　(1) 流畅度(Coherence)：评价生成语句的逻辑和可读性。

　　(2) 相关性(Relevance)：评价生成语句是否包含对应图像中含有的重要的物体、动作、事件等。

　　(3) 助盲性(Help_for_Blind)：评价生成语句对一个有视力缺陷的人去理解图像有帮助的程度。

主观评价公式如下：

$$S_{m2}(\text{team}) = \frac{1}{3}S(\text{team}@\text{Coherence}) + \frac{1}{3}S(\text{team}@\text{Relevance}) +$$

$$\frac{1}{3}S(\text{team}@\text{Helpful\_for\_Blind}) \tag{5-3}$$

其中，$S(\text{team})$表示在流畅度上进行标准化后的分值。

3) 综合主观和客观评价

总体得分为综合主客观评价得分，公式如下：

$$S_{m1m2}(\text{team}) = S_{m1}(\text{team}) + S_{m2}(\text{team}) \tag{5-4}$$

分值越高越好。

3. 数据来源与描述

数据形式包含图像和对应的 5 句中文描述，例如，对图 5.5 的中文描述示例如下：

(1) 蓝天下一个穿灰色 T 恤的帅小伙以潇洒的姿势上篮。

(2) 蔚蓝的天空下一位英姿飒爽的男孩在上篮。

(3) 蓝天下一个腾空跃起的男人正在奋力地灌篮。

(4) 一个穿着灰色运动装的男生在晴朗的天空下打篮球。

(5) 一个短头发的男孩在篮球场上腾空跃起。

图 5.5　图像描述示例图

■ 参考文献

[1]　https://challenger.ai/competition/caption.

[2]　PAPINENI K, ROUKOS S, WARD T, et al. BLEU: a method for automatic evaluation of machine translation. In: Proc. of Annual Meeting of the Association for Computational

Linguistics (ACL), 2002, 311-318.

[3] DENKOWSKI M, LAVIE A. METEOR universal: language specific translation evaluation for any target language. In: Proc. of EACL Workshop on Statistical Machine Translation, 2014, 376-380.

[4] BANERJEE S, LAVIE A. METEOR: an automatic metric for MT evaluation with improved correlation with human judgments. In: Proc. of ACL Workshop on Intrinsic and Extrinsic Evaluation Measures for Machine Translation and/or Summarization, 2005, 65-72.

[5] LIN C Y. ROUGE: a package for automatic evaluation of summaries. In: Proc. of the Workshop on Text Summarization Branches out, 2004, 74-81.

[6] LIN C, OCH F. Automatic evaluation of machine translation quality using longest common subsequence and skip-bigram statistics. In: Proc. of Annual Meeting of the Association for Computational Linguistics, 2004.

[7] VEDANTAM R, ZITNICK C L, PARIKH D. CIDEr: Consensus-based image description evaluation. In: Proc. of CVPR, 2015, 4566-4575.

[8] CHEN X, FANG H, LIN T Y, et al. Microsoft COCO captions: Data collection and evaluation server. arXiv preprint arXiv: 1504.00325, 2015.

实验 5.5　跨语言短文本匹配

1.　实验背景与内容

　　短文本匹配是聊天机器人设计开发中最常见和最重要的任务之一。随着业务全球化的发展，需要为外语场景提供服务，如英语、西班牙语等。

　　本实验以聊天机器人中最常见的文本匹配算法为目标，通过语言适应技术构建跨语言的短文本匹配模型。在实验中，源语言为英语，目标语言为西班牙语。实验者可以根据本实验文献[1]的数据，设计模型结构，以判断两个问句语义是否相同，最后在目标语言上测试模型的性能。

2.　实验要求与评估

　　在短文本匹配和语言适应的问题上，实验者需要注意以下限制：

　　(1) 模型训练中只能使用提供的数据，包括有标注语料、无标注语料、翻译结果、词向量等，不能使用其他数据或预训练模型。

(2) 如果需要预训练词向量，只能使用 fastText 预训练的词向量模型。

对于测试集中的每一对语句，实验结果提交对应的预测分值，每行一个，分值越高表示语义越匹配，分值在(0, 1)区间内。

需要实验者预测问句对是否具有相同的语义，因此使用 log loss 来评估性能。假设 y_i 是标注答案，p_i 是样本 x_i 的预测概率，可以定义 log loss 为

$$\log\ loss = -\frac{1}{N}\sum_{i=1}^{N}\left[y_i\log p_i + (1-y_i)\log(1-p_i)\right] \tag{5-5}$$

3. 数据来源与描述

在本实验文献[1]的数据集中，训练数据集包含两种语言，提供了 20 000 个标注好的英语问句对作为源数据，同时也提供 1400 个标注好的西班牙语问句对，以及 55 669 个未标注的西班牙语问句对。所有的标注结果都由语言和领域专家人工标注。与此同时，也提供了每种语言的翻译结果。

数据字段：

(1) cikm_english_train：英语问句对、匹配标注以及西班牙语翻译。格式为

英语问句 1，西班牙语翻译 1，英语问句 2，西班牙语翻译 2，匹配标注

标注为 1 表示两个问句语义相同，为 0 表示不同。

(2) cikm_spanish_train：西班牙语问句对、匹配标注以及英语翻译。格式为

西班牙语问句 1，英语翻译 1，西班牙语问句 2，英语翻译 2，匹配标注

标注为 1 表示两个问句语义相同，为 0 表示不同。

(3) cikm_unlabel_spanish_train：无标注西班牙语语料以及英语翻译。

(4) cikm_test_a：测试集，需要预测的西班牙语问句对。

不同字段以 \t 符号分隔。

■ 参考文献

[1] https://tianchi.aliyun.com/competition/entrance/231661/information.

实验 5.6 声 纹 识 别

1. 实验背景与内容

风险管理服务提供商提出了智能分析的风控理念，将人工智能与风险管理深度结合，

为非银行信贷、银行、保险、基金理财、三方支付、航旅、电商、O2O、游戏、社交平台等多个行业客户提供高效智能的风险管理整体解决方案，实现将人工智能技术深度应用到金融和互联网风险管理和反欺诈领域。

本实验基于同盾科技核心业务展开，以一线业务的实战经验为素材，针对声纹识别在风控领域的应用做更深入的探索。要求基于给定的训练数据建立模型，从而可对任意给定的两段语音数据、模型输出这两段语音是由同一个人所说的概率 p，$p \in [0, 1]$。

2. 实验要求与评估

训练/验证：使用所提供的说话人各自的语音音频数据与说话人性别，在 K-Lab[1]中建立模型并验证模型，可对任意给定的两段语音数据、模型输出这两段语音是由同一个人所说的概率 p，$p \in [0, 1]$。

输出结果：根据训练集中所提供的 pair_id.txt，对测试集中的 1200 对语音分别输出是由同一人所说的概率 p，并将结果文件(csv)通过 K-Lab 上传至自动测评系统，得到等错误率(Equal Error Rate，EER)分值。

测试集说明：测试集包含 1200 对语音音频组合，测试集音频组合示例如表 5.1 所示。每一行表示一对音频组合。0001_0002 表示测试集目录 test_set 下的音频 0001.wav 和 0002.wav；0003_0004 表示测试集目录下的音频 0003.wav 和 0004.wav。以此类推。实验结果使用 EER 值来判断分类模型的好坏。

表 5.1　测试集音频组合示例

pairs_id
0001_0002
0003_0004
0004_0005

3. 数据来源与描述

该实验的训练数据来源于本实验文献[2]中的希尔贝壳中文普通话语音数据库，每人抽取 5 分钟左右的数据，共 1000 名来自中国不同口音区域的人参与录制。录制过程在安静的室内环境中，同时使用 3 种不同设备：高保真麦克风(44.1 kHz，16 bit)、Android 系统手机(16 kHz，16 bit)和 iOS 系统手机(16 kHz，16 bit)。录音内容涉及财经、科技、体育、娱乐、时事新闻等 12 个领域。

数据分为训练集和测试集两部分：训练集共包含 1000 个人的语音，每个文件夹名为该录音人的 id，其中包含所有该录音人所说的语音，具体关于训练集中录音人相关信息的内容，可查看文件目录下的 training_set_spk_info.csv；测试集共包含 1200 对语音音频组合。关于该实验数据集的详情可在本实验文献[1]中进行查看。

■ 参考文献

[1]　https://www.kesci.com/home/workspace/help.
[2]　http://www.aishelltech.com/aishell_2.

实验 5.7　金融领域机器阅读理解

1. 实验背景与内容

　　机器阅读理解(Machine Reading Comprehension，MRC)是指让机器阅读文本，然后回答和所阅读内容相关的问题。阅读理解是自然语言处理(Natural Language Processing，NLP)和人工智能领域的重要前沿课题，对于提升机器智能水平和认知能力，使机器具有持续知识获取能力具有重要价值，近年来受到学术界和工业界的广泛关注。本实验的目的是促进机器阅读理解技术发展，并探索其在金融领域的应用。

　　本实验文献[1]提供面向真实应用场景(包括通用场景和金融场景)的大规模中文阅读理解数据集。本实验旨在引导实验者关注人工智能在金融界的应用，激发实验者对人工智能技术和金融产业的热爱，鼓励通过团队协作，综合运用所学知识，围绕金融应用场景，迸发创新智慧。

　　实验任务是对于给定金融问题 q 及其对应的文本形式的候选文档集合 $D = d_1, d_2, \cdots, d_n$，要求实验模型自动对问题及候选文档进行分析，输出能够满足问题的文本答案 a。目标是答案 a 能够正确、完整、简洁地回答问题 q。

2. 实验要求与评估

　　实验基于测试集的人工标注答案，采用 $ROUGE_L$[2]和 BLEU4[3]作为评价指标，以 $ROUGH_L$ 为主评价指标。针对是非及实体类型问题，对 $ROUGE_L$ 和 BLEU4 评价指标进行了微调，适当增加了正确识别是非答案类型及匹配实体的得分奖励，一定程度上弥补传统 $ROUGE_L$ 和 BLEU4 指标对是非和实体类型问题评价不敏感的问题。

3. 数据来源与描述

　　数据集包含两部分：

(1) 百度的 Dureader 数据集[1]，该数据来自搜索引擎真实应用场景，其中的问题为百度用户搜索的真实问题，每个问题对应 5 个候选文档文本及人工整理的优质答案，其中的训练数据集共包含 20 万个问题。

(2) 金融领域 MRC 数据集中小部分数据[4]。金融领域 MRC 数据集来自中国人民银行、中国银行保险业监督管理委员会等监管机构相关的规章制度；中国银行业协会、中国支付清算协会、中国银行间市场交易商协会等行业协会相关的金融业务规则；中国外汇交易中心、金融各要素市场交易所、商业银行等金融机构金融产品的具体产品案例及相应管理办法。其中的问题为金融用户的真实问题，每个问题对应 1 个候选文档文本及人工整理的优质答案。

■ 参考文献

[1]　https://ai.baidu.com/broad/introduction?dataset=dureader.

[2]　LIN C Y. ROUGE: a package for automatic evaluation of summaries. In: Proc. of the Workshop on Text Summarization Branches out, 2004, 74-81.

[3]　PAPINENI K, ROUKOS S, WARD T, et al. BLEU: a method for automatic evaluation of machine translation. In: Proc. of Annual Meeting of the Association for Computational Linguistics (ACL), 2002, 311-318.

[4]　http://bj.bcebos.com/dianshi-static/upload/file/20180727/1532680763861165.txt? authorization = bce-auth-v1%2Fa52f9503f3cf49f682bb51635cadafe8%2F2018-07-27T08%3A39%3A23Z %2F-1%2F%2Fe3d0bd7f7bc1c6ae989b16f879231c7b50189059a56b202edc38efc40c359850.

实验 5.8　观点型问题机器阅读理解

1. 实验背景与内容

机器阅读理解涉及信息检索、文本匹配、语言理解、语义推理等不同层次的技术，对于复杂问题的处理甚至需要结合更为广泛的知识。为了进一步推动机器阅读理解领域的技术发展，为研究者提供学术交流和模型评测的基准，本实验将重点针对阅读理解中较为复杂，并需要利用整篇文章中多个句子的信息进行综合才能得到正确答案的观点型问题开展评测。实验利用准确率进行评分，综合评估实验者的算法模型。

2. 实验要求与评估

采用准确率(Accuracy)指标对预测答案进行评价，计算方式如下：

$$Accuracy = \frac{正确回答的问题数}{测试问题总数}$$

3. 数据来源与描述

每条数据以<问题，篇章，候选答案>三元组的形式组成。每个问题对应一个篇章(500字以内)，三个候选答案中包含正确答案。数据来源见本实验文献[1]。

问题：真实用户自然语言问题，从搜索日志中随机选取并由机器初判后进行人工筛选。

篇章：与问题对应的文本段，从问题相关的网页中人工选取。

候选答案：人工生成的答案，提供若干(三个)选项，并标注正确答案。

数据以 JSON 格式表示，样例如下：

```
{
    "query_id": 1;
    "query": "维生 C 可以长期吃吗?";
    "url": "https://wenwen.sogou.com/z/q748559425.htm";
    "passage": "每天吃的维生素的量没有超过推荐量的话是没有太大问题的";
    "alternatives": "可以|不可以|无法确定";
    "answer": "可以"。
}
```

训练集给出上述全部字段，测试集不给 answer 字段。

■ 参考文献

[1] https://challenger.ai/competition/oqmrc2018.

实验 5.9   文章核心实体的情感辨识

1. 实验背景与内容

自然语言是人类智慧的结晶，自然语言处理是人工智能中最为困难的问题之一，对自然语言处理的研究也是充满魅力和挑战的。本实验为基于自然语言处理技术的内容识别。给定若干文章，目标是判断文章的核心实体以及对核心实体的情感态度。每篇文章识别最多三个核心实体，并分别判断文章对上述核心实体的情感倾向(积极、中立、消极三种)。

2. 实验要求与评估

评估的分值由实体词的 F1-Score 以及实体情绪的 F1-Score 组成，每个样本计算 F1-Score，然后取所有样本分数的平均值：

$$\text{Score} = \frac{F_1(\text{Entities}) + F_1(\text{Emotions})}{2} \tag{5-6}$$

实体词的 F1-Score 计算公式如下：

$$F_1(\text{Entities}) = \frac{1}{n} \sum_{0<i<n} 2\frac{\text{Precision}_i(\text{Entities}) \cdot \text{Recall}_i(\text{Entities})}{\text{Precision}_i(\text{Entities}) + \text{Recall}_i(\text{Entities})}$$

情绪的 F1-Score 由 Entity_Emotion(实体_情绪)的组合标签进行判断，只有实体与情绪都正确才算正确的标签：

$$F_1(\text{Emotions}) = \frac{1}{n} \sum_{0<i<n} 2\frac{\text{Precision}_i(\text{Entity\_Emotion}) \cdot \text{Recall}_i(\text{Entity\_Emotion})}{\text{Precision}_i(\text{Entity\_Emotion}) + \text{Recall}_i(\text{Entity\_Emotion})} \tag{5-7}$$

1) 术语说明

实体：人、物、地区、机构、团体、企业、行业、某一特定事件等固定存在，且可以作为文章主体的实体词。

核心实体：文章主要描述，或担任文章主要角色的实体词。

2) 示例

正确答案如表 5.2 所示。

表 5.2　正 确 答 案

文章 id	实　体	情　绪	实体_情绪组合标签
0	a,b,c	POS, POS, NEG	a_POS, b_POS, c_NEG
1	d,e	NEG, POS	d_NEG, e_POS

预测答案如表 5.3 所示。

表 5.3　预 测 答 案

文章 id	实　体	情　绪	实体_情绪组合标签
0	a,b,c	POS, POS, POS	a_POS, b_POS, c_POS
1	d,e,f	NEG, NEG, NEG	d_NEG, e_NEG, f_NEG

那么判断分数如表 5.4 所示。

表 5.4　判　断　分　数

文章 id	$\text{Precision}_i(\text{Entities})$	$\text{Recall}_i(\text{Entities})$	$F_1(\text{Entities})$
0	1	1	1
1	1	0.667	0.8
平均			0.9
文章 id	$\text{Precision}_i(\text{Entity\_Emotion})$	$\text{Recall}_i(\text{Entity\_Emotion})$	$F_1(\text{Emotions})$
0	0.667	0.667	0.667
1	0.5	0.333	0.4
平均			0.533

$$\text{Score} = \frac{0.9 + 0.533}{2} = 0.717$$

提交文件中，每一行是一篇文章的最终标注数据，分为三列，分别是文章 id、主实体数据和态度数据，三列使用 \t 分隔；主实体数量为 1~3 个不等，主实体数据之间用","分隔；态度数量和主实体数量一致，也是用","分隔。可以参照 coreEntityEmotion_sample_submission_v2.txt。

3. 数据来源与描述

实验数据可通过本实验文献[1]获取。

■ 参考文献

[1]　https://biendata.com/competition/sohu2019/.

人工智能创新实验教程

第6章 三维图像处理类

三维图像是一种特殊的信息表达形式,包含空间中三个维度的数据,三维图像借助第三个维度的信息,实现天然的物体-背景解耦。点云数据是最常见和最基础的三维模型,提取点云中信息的过程为三维图像处理。本部分主要包括三维重建、姿态估计、人脸配准等。

实验 6.1   三维人脸特征点跟踪

1. 实验背景与内容

虽然学术界已经收集了大量高质量的标注数据并用于人脸特征点定位和跟踪基准[1-3]的建立,但仍没有在长时间视频中进行三维人脸特征点跟踪的基准数据集,主要原因在于,在无约束条件下捕捉三维人脸和在图像中可靠地拟合三维模型[4]是十分困难的。本实验希望实现更好的三维人脸特征点定位。

2. 实验要求与评估

评估人脸特征点检测算法的性能时,将同时计算各特征点点对点的欧式距离误差[1-2]和模型空间中的误差(以毫米为单位计算)。计算误差时将考虑所有特征点(包括脸颊、眉毛、眼睛、鼻子和嘴巴),基于此计算测试图像中误差小于某一特定阈值的图像所占百分比,并生成累积曲线图。

3. 数据来源与描述

为了更好地进行三维人脸特征点定位,边界需要更多的特征点,因此标注中多提供了16个特征点的坐标。对于静态图像,数据中提供图像空间中与人脸三维模型投影对应的 *x*、

y 坐标，以及模型空间中特征点的 x、y、z 坐标。本实验中的 84 点标记和相关示例见图 6.1 和 6.2。

图 6.1　84 点标记

图 6.2　人脸特征点举例

　　本实验所用数据是 300 VW 视频数据的三维人脸特征点标注。在这种情况中，特征点坐标是用一种更复杂的方式产生的。简而言之，在 300 VW 的原始二维特征点上，使用了一种运动算法的非刚性结构形式，以获取三维坐标的初步估计，然后使用了本实验文献[4]的改进版本实现同时拟合视频的所有帧。最后，所有特征点都被进行了目测，并在必要时手动纠正。训练数据包含脸部图像与其对应的标注，可由本实验文献[5]获取。

■ 参考文献

[1]　SAGONAS C, TZIMIROPOULOS G, ZAFEIRIOU S, et al. 300 faces in-the-wild challenge: The first facial landmark localization challenge. In: Proc. of ICCV, 2013, 397-403.

[2]　SHEN J, ZAFEIRIOU S, CHRYSOS G G, et al. The first facial landmark tracking in-the-wild challenge: Benchmark and results. In: Proc. of ICCV, 2015, 1003-1011.

[3] ZAFEIRIOU S, TRIGEORGIS G, CHRYSOS G, et al. The menpo facial landmark localisation challenge: A step closer to the solution. In: Proc. of CVPR, 2116 -2125, 2017.

[4] BOOTH, ANTONAKOS E, PLOUMPIS S, et al. 3D Face Morphable Models " In-the-Wild". Proc. of CVPR, 2017, 48-57.

[5]   https://www.dropbox.com/s/yf8a3btsn8fjdbv/Menpo_3d_challenge_trainset_videos%20 %281 %29.zip?dl=1.

实验 6.2　自然环境下的三维人脸配准

1.　实验背景与内容

在计算机视觉和机器学习领域，人们对人脸自动配准越来越感兴趣。人脸配准是在不同的主题、光照和视点之间自动定位详细的面部标记，对于所有的人脸分析应用程序，例如识别、面部表情和动作单元分析，以及许多人机交互和多媒体应用程序，都是至关重要的。

最常见的方法是二维配准，它将人脸视为二维对象，只要脸是正面和平面的，这个假设就成立。然而，当人脸的方向与正面不同时，这一假设就不成立，二维标注的点就失去了对应关系。同时，姿势的变化会导致自遮挡，混淆了标记的标注。

为了实现对头部旋转和深度变化的稳健配准，人们对三维成像和配准进行了深入的研究，图 6.3 为三维人脸配准结果显示。三维配准需要特殊的成像传感器，当成像条件无法满足时(这是常见的情况)，人们提出了二维视频或图像的三维配准解决方案。

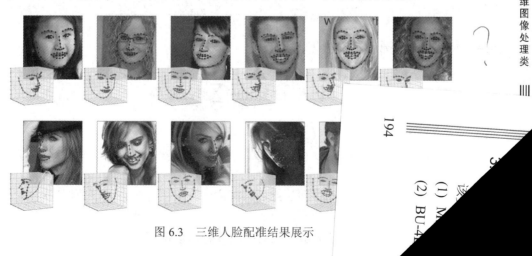

图 6.3　三维人脸配准结果展示

该实验使用三维信息标注的大型多样化多视角面部图像来评估三维面部配准方法，数据集包括从设定条件下和野外条件下获取的图像：

(1) MultiPIE 的多视角图像[1]。

(2) 由 BP4D 自然数据集合成渲染的图像数据[2]。

(3) "野外"图像和视频[3]包括三维电视内容和使用相机阵列捕获的时间片段视频。利用一种新颖的基于稠密模型的运动技术，对深度信息进行了恢复。

所有这三个来源都用相同的方式进行了标注，消除了误差较大的三维网格。该实验数据集包括一个带标注的训练集和一个没有标注的验证集。

2. 实验结果评估

使用以下评估指标评估结果[4]：

(1) 基准误差(Ground Truth Error，GTE)。

(2) 交叉视图基准一致性误差(Cross View Ground Truth Coherence Error，CVGTCE)。

GTE 是广泛应用的 300-W 评估指标，定义为由眼间距离标准化的平均欧式距离误差，以眼睛外角之间的欧式距离进行测量归一化，并计算如下：

$$E(\boldsymbol{X},\boldsymbol{Y}) = \frac{1}{N}\sum_{k=1}^{N}\frac{\|\boldsymbol{x}_k - \boldsymbol{y}_k\|_2}{d_i} \tag{6-1}$$

其中，$\boldsymbol{X}$ 是预测值，$\boldsymbol{Y}$ 是基准值，d_i 是第 i 个图像的双眼距离。

CVGTCE 旨在评估预测标记的交叉视图一致性，是将预测结果与另一个主题视图的基准进行比较，并按以下方式计算：

$$E_{vc}\left(\boldsymbol{X},\boldsymbol{Y},\boldsymbol{P}\right) = \frac{1}{N}\sum_{k=1}^{N}\frac{\|(s\boldsymbol{R}\boldsymbol{x}_k + t) - \boldsymbol{y}_k\|_2}{d_i} \tag{6-2}$$

转换参数 $\boldsymbol{P} = \{s,\boldsymbol{R},t\}$ 以下列方式获得：

$$\{s,\boldsymbol{R},t\} = \underset{s,\boldsymbol{R},t}{\arg\min}\sum_{k=1}^{N}\|\boldsymbol{y}_k - (s\boldsymbol{R}\boldsymbol{x}_k + t)\|_2^2 \tag{6-3}$$

其中，s 为尺度，$\boldsymbol{R}$ 为旋转项，t 为平移量。

数据来源与描述

实验的数据包括二维图像和三维面部标注。二维图像源自以下数据集：

MultiPIE。

DFE：宾厄姆顿大学三维动态面部表情数据库。

(3) BP4D-Spontaneous(Binghamton-Pittsburgh 4D 自发性面部表情数据库)。

(4) TimeSlice3D 包含从网络收集的时间片段视频中提取的带标注的二维图像。

(5) 测试数据：将使用测试数据进行最终评估，因此最终的实验结果应该基于测试数据。

(6) 训练和验证数据：本实验文献[4]提供具有基准的训练数据集和没有基准的验证集，验证数据的组成与测试集相似。可以使用验证数据进行实验，以验证其系统。

标注由 66 个三维基准点组成，这些基准点定义了永久性面部特征的形状。在 MultiPIE 和 TimeSlice3D 数据集的情况下，使用本实验文献[5]中基于模型的运动结构技术来恢复深度信息，并使用相同的技术从 BU-4DFE 和 BP4D-Spontanoues 数据集的三维基准数据中获取相应的标注。

■ 参考文献

[1] GROSS R, MATTHEWS I, COHN J, et al. Multi-pie. Image and Vision Computing, 2010, 28(5): 807-813.

[2] ZHANG X, YIN L, COHN J F, et al. BP4D-Spontaneous: a high-resolution spontaneous 3D dynamic facial expression database. Image and Vision Computing, 32(10): 692-706.

[3] JENI JENI, COHN J F, KANADE T. Dense 3D face alignment from 2D video for real-time use. Image and Vision Computing, 2017, 58: 13-24.

[4] ZHAO R，WANG Y，BENITEZ-QUIROZ C F, et al. Fast and Precise Face Alignment and 3D Shape Reconstruction from a Single 2D Image. In: Proc. of ECCV, 2016, 590-603.

[5] http://www.zface.org/.

实验 6.3　三维手部姿态估计

1. 实验背景与内容

本实验实现三维手姿估计任务的评估，目标是评估所设计算法在解决三维手部姿态估计问题方面的技术水平，并检测所设计算法和评估指标的主要优劣之处。实验主要基于 BigHand2.2M[1]和第一人称(First-Person)手部动作数据集[2]，这些数据集包含多只手、多视角、多手部关节和遮挡等各种因素。

2. 实验要求与评估

实验主要包含以下三个任务：

(1) 三维手部姿态跟踪：该任务主要在含 2700～3300 帧的序列和少数含 150 帧的短序列上执行。给定第一帧的全手位姿标注，算法应该能够在整个序列中跟踪 21 个关节的三维位置。

(2) 三维手部姿态估计：该任务对单个图像进行估计，从序列中随机选取一个图像，并提供手区域的边界框。算法应该能够预测每幅图像的 21 个关节的三维位置。

(3) 手-交互三维手姿态估计：提供 2965 帧完全标注的手与不同交互的序列(如果汁瓶、盐瓶、刀、奶瓶、汽水罐等)所有的图像都是在以自我为中心的背景下拍摄的。算法应该能够预测每幅图像的 21 个关节的三维位置。

手部姿态的分析结果使用不同的误差测度来评估，评估的目的是确定不同方法的优缺点。同时也使用标准误差指标和新提出的指标[3]。具体有：

(1) 标准误差指标。

(a) 每一帧的所有关节的平均误差，以及所有测试帧上的平均误差。

(b) 所估计关节在一定误差阈值范围内所占的比例。

(c) 所有估计关节与所标注基准在一定距离范围内的帧所占的比例。

(2) 新提出的误差指标。

(a) 可见性：手部姿势经常出现遮挡情况，例如自我遮挡和来自物体的遮挡。当遮挡发生时，特别是在以自我为中心的视角和手-物体交互的情境中，只测量可见关节的结果是有意义的。实例如图 6.4 所示。

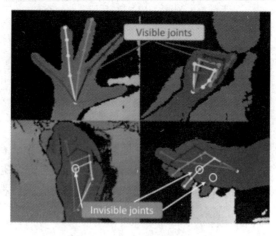

图 6.4　可见关节与不可见关节

(b) 手部姿势频率：某些手部姿态(如摊开手掌)出现的频率高于其他姿态(如伸出无名指，弯曲其他手指)。对应的手部姿态频率采用加权误差度量方法，通过将测试姿态聚类成组，给每只手的姿态赋予一个与它所属的聚类大小成反比的权重。

3. 数据来源与描述

数据集是通过从 BigHand2.2M[1]和 First-Person 手部动作(FHAD)数据集[2]中抽取图像和序列创建的。这两个数据集是使用基于六个 6D 磁传感器和逆运动学的自动标注系统进行标注的。深度图像是用最新的英特尔 RealSense SR300 相机以 640×480 像素分辨率拍摄的。有关数据集构造的详细信息，请参阅本实验文献[4]。

1) 训练数据

训练集是从 BigHand2.2M 数据集中进行抽取获得的，并进行了精心设计，以自我为中心的姿势构建。训练数据被随机打乱以去除时间信息并提供了 21 个节点的基准标注。

2) 测试数据

测试数据由三个部分组成：

(1) 10 个受试者的随机手部姿势(在训练数据中出现过的有 5 个，5 个没有出现)。

(2) 以自我为中心的无手部姿势(在训练数据中出现过的有 5 个，未出现的有 5 个)。

(3) 以自我为中心的含手部姿势(来自 FHAD 数据集)。

三维手部姿态跟踪：将测试数据分割成连续帧的小段，只对初始帧提供 21 个关节的真实标注。在这个任务中，有 99 个 BigHand2.2M 数据集中的片段，每个片段有 2700~3300 个连续帧，还有 FHAD 中的几个短序列，每个序列有 150 帧。

三维手部姿态估计：将测试数据随机打乱，去除运动信息，每帧提供手的边界框。总的来说，在这个任务中大约有 296K 帧的测试数据。

手-物体交互三维手部姿态估计：随机打乱帧的顺序，提供手的边界框。当两只手出现在一个画面中时，只考虑右手。总共有 2965 帧涉及不同场景中的不同的图。

3) 标注和结果的格式

标注文件为文本文件，每一行都是一个帧的注释，格式如下：

(1) 每一行有 64 个项目，第一个项目是帧名。

(2) 其余 63 项是 21 个关节在真实世界坐标下的$[x, y, z]$值(mm)。

关节顺序如下：[腕部、TMCP、IMCP、MMCP、RMCP、PMCP、TPIP、TDIP、TTIP、IPIP、IDIP、ITIP、MPIP、MDIP、MTIP、RPIP、RDIP、RTIP、PPIP、PDIP、PTIP]，其中"T""I""M""R""P"表示"拇指""食指""中指""无名指""小指"。"MCP""PIP""DIP""TIP"如图 6.5 所示。

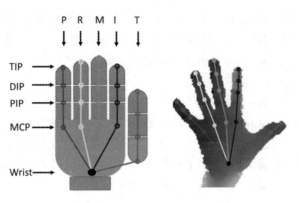

图 6.5　手部 21 个关节

■ 参考文献

[1]　https://arxiv.org/abs/1704.02612.

[2]　https://guiggh.github.io/publications/first-person-hands/.

[3]　https://arxiv.org/abs/1707.02237.

[4]　https://arxiv.org/abs/1707.02237.

实验 6.4　自动驾驶三维点云分割

1. 实验背景与内容

　　自动驾驶离不开对车辆周围环境中的车辆、行人和自行车等物体的三维感知。三维激光点云是实现三维感知不可或缺的数据源，本实验要求对场景三维点云进行分割，这是实现三维感知的非常重要的一个环节。本实验文献[1]提供超过 80000 帧三维点云数据，每帧数据由数量不等(大部分有 5 万多)的带强度信息的三维点(x, y, z, intensity)组成。对于训练数据，每个点有一个对应的标注指定该点的类别信息。数据被标注成了八个类别：自行车、三轮车、小车、大车、行人、人群、未知障碍物(在可行驶区域但难以识别为前面 6 个类别的物体)和背景(除去前面 7 个类别的其他所有点)，训练数据的标注是有噪的。

　　该实验要求给出测试数据中每个点的类别预测，每帧输出一个和测试数据文件同名的.csv 文件，按照顺序每一行对应一个点的类别预测(从 0 到 7)。要求实验结果在 i7 CPU+GTX 1080 GPU 显卡的硬件上达到至少 10 帧每秒的处理速度。

2. 实验要求与评估

每帧输出一个和测试数据文件同名的.csv 文件，文件中保存每个点的对应识别类别(0 到 7 的整型数据，0 表示背景类)。

评分方式是按照评估的结果，评估的方式是评估每一个类别的交并比(Intersection over Union，IoU)，然后计算七个类别的平均 IoU。在平均 IoU 相等情况下，按照子类别的打分进行排序，IoU 计算公式如下：

$$IoU_{category} = \frac{Intersection_{test/gt}}{Union_{test/gt}} \tag{6-4}$$

其中，$IoU_{category}$ 表示每个类的 IoU 值，$Intersection_{test/gt}$ 表示在测试结果中，每一帧提交结果与基准中一致点的个数的交集合，$Union_{test/gt}$ 表示测试结果和基准都为某类的并集合。

类别平均 $IoU_{category}$ 计算公式如下：

$$IoU_{category} = \frac{1}{7} \sum_{i}^{7} IoU_i \tag{6-5}$$

其中，i 表示要评估的类别，7 表示类别总数。

3. 数据来源与描述

数据主要来源于采集车在街道行进过程中收集的数据，然后经过标注其中出现的车辆，行人等障碍物，用于算法训练，最后可能用来进行三维场景的感知，为自动驾驶提供感知层次的信息，请见本实验文献[1]。训练集文件 zip 解压后包含三个文件目录，如表 6.1 所示。

每个文件夹内包含多个文件，每个文件名称为一个唯一 id，可以在 pts、intensity、category 三个文件夹中找到对应的名字。测试集文件 zip 解压后包含两个文件目录，如表 6.2 所示。

表 6.1　训练集文件目录

文件夹名称	说　明
pts	三维坐标，文件每行有三个数值，分别是 x、y、z 坐标
intensity	强度值，与每个三维坐标点一一对应
category	点所标注的类型，值域为[0, 7]。类型定义为：{'DontCare': 0, 'cyclist': 1, 'tricycle': 2, 'sm allMot':3, 'bigMot': 4, 'pedestrian': 5, 'crowds': 6, 'unknown': 7}

表 6.2　测试集文件目录

文件夹名称	说　　明
pts	三维坐标，文件每行有三个数值，分别是 x、y、z 坐标
intensity	强度值与每个三维坐标点一一对应

■ 参考文献

[1]　https://www.datafountain.cn/competitions/314/datasets.

实验 6.5　大规模语义三维重建

1. 实验背景与内容

本实验旨在通过将机器智能和深度学习应用于卫星图像处理，促进语义三维重建和语义立体算法的创新。实验将分为两个阶段：

阶段 1：获取训练数据(包括基准数据)和验证数据(无基准数据)，以训练和验证实验者的算法。

阶段 2：获取测试数据集(没有相应的基准数据)并提交语义三维图，同时提供所用方法的简短描述。

2. 实验要求与评估

实验基于卫星图像、机载激光雷达数据和语义标签，整体目标是为城市场景重建三维几何模型并进行语义类别分割。实验由四个并行且独立的任务组成：

任务一：单视角语义 3D

对于每个地理区块，提供未经校正的单视角图像，目标是预测语义标签和地上高度的标准化数字地表模型(Digital Surface Model，DSM)。使用像素级的平均交并比(mIoU)来评估性能，对于该交集，真正类必须同时具有正确的语义标签和小于 1 m 阈值的高度误差，这个度量称为 mIoU-3。

任务二：成对语义立体

对于每个地理区块，给出一对极线校正图像，目标是预测语义标签和立体差异。使用 mIoU-3 评估性能，差异值阈值为 3 个像素。

任务三：多视角语义立体

给定每个地理区块的多视角图像，目标是预测语义标签和 DSM。未校正的图像提供有已经使用激光雷达调整过的有理多项式系数(Rational Polynomial Coefficient，RPC)元数据，因此在评估中不需要配准，并且解决方案可以集中在图像选择、对应性、语义标记和多视角融合的方法上。由于该任务依赖于可能不是每个人都熟悉的 RPC 元数据，因此所提供的 Baseline 算法包括用简单的 Python 代码来操作 RPC，并进行极线校正和三角测量。使用 mIoU-3 评估性能，DSM Z 值的阈值为 1 m。

任务四：三维点云分类

对于每个地理区块，提供激光雷达点云数据，目标是预测每个三维点的语义标签。使用 mIoU 评估性能。

Baseline 方法：为每个任务提供基线解决方案，以帮助实验者快速入门并更好地理解数据及其预期用途。提供了用于图像语义分割(针对任务一、二和三)、点云语义分割(针对任务四)、单图像高度预测(针对任务一)和成对立体差异估计(针对任务二和三)的深度学习模型。每一个任务都用基于 TensorFlow 的 Keras 实现的，提供了模型、用于训练的 Python 代码和用于推理的 Python 代码。还提供了一个在 Python 中实现的 Baseline 语义多视角立体(Multi-View Stereo，MVS)解决方案(针对任务三)，以清楚地演示 RPC 元数据在诸如极线校正和三角测量等基本任务中的使用。

3. 数据来源与描述

本实验文献[1]提供了城市语义三维(US3D)数据，这是一个大规模公共数据集，包括两个大城市的多视角和多波段卫星图像，以及基准几何和语义标签[2]。US3D 数据集包括卫星图像、机载激光雷达数据和覆盖美国佛罗里达州杰克逊维尔市和内布拉斯加州奥马哈市约100 平方公里的语义标签。数据集提供了训练和测试数据集，包括大约 20%的 US3D 数据。

卫星图像：WorldView-3 全色和 8 波段可见光和近红外(Visible and Near Infrared，VNIR)图像由 DigitalGlobe 提供。源数据包括 2014 年至 2016 年在佛罗里达州杰克逊维尔市收集的 26 张图像，以及 2014 年至 2015 年期间在内布拉斯加州奥马哈市收集的 43 张图像。对于全色波段和 VNIR 图像，地面采样距离(Ground Sampling Distance，GSD)分别约为 35 cm 和 1.3 m，VNIR 图像都是经过全色锐化(图像融合)的。卫星图像以地理上不重叠的方式提供，其中机载激光雷达数据和语义标签投影到同一平面。未经校正的图像和极线校正的图像对以 TIFF 文件形式提供。

机载激光雷达数据：用于提供基准几何图形。总标称脉冲间隔(Aggregate Nominal Pulse Spacing，ANPS)约为 80 cm。ASCII 文本文件中提供点云，格式为{x, y, z，强度，返回数字}。来自激光雷达的训练数据包括地标位(Above Ground Level，AGL)高度图像的基准，成对视差图像和数字表面模型(Digital Surface Models，DSM)均以 TIFF 文件形式提供。

对于任务一～任务三中每个地理区块的语义标签以 TIFF 文件形式提供，任务四以 ASCII 文本文件形式提供。实验中的语义类别包括建筑物、高架道路和桥梁、高植被、地面和水等。

只为训练区域提供上述所有数据集，对于验证和测试区域，任务一～任务三中仅提供卫星图像，任务四中仅提供激光雷达点云，不提供验证和测试集的基准，用于评估实验算法的结果。实验的训练和测试组包括每块 500 m × 500 m 地理区块的几十幅图像，训练组有 111 个区块，验证集有 10 个区块，测试集有 10 个区块。

用于训练区域的差异和语义的 RGB 图像和基准如图 6.6 所示，训练区域的点云和三维语义标签如图 6.7 所示。

图 6.6   具有季节外观差异、基准差异和语义标签的立体对应(从左到右)

(a) 点云数据   (b) 三维语义标签

图 6.7   训练区域的点云和三维语义标签

■ 参考文献

[1]   http://www.grss-ieee.org/community/technical-committees/data-fusion/.

[2]   BOSCH M, FOSTER, G., CHRISTIE G. et al. Semantic Stereo for Incidental Satellite Images. Proc. of Winter Conf. on Applications of Computer Vision, 2019.

实验 6.6　大规模三维重建与分割

1.　实验背景与内容

近年来，日常深度传感器让普通人可以方便地捕捉自己的三维扫描，同时，更好的三维建模工具使设计师能够轻松地构建三维模型，从而扩大了三维 CAD 模型库的规模，这些所生成和存储的三维数据在数量上爆炸式增长。大规模的三维内容需要更好的技术来挖掘，要深入理解三维世界需要设计出更好的算法。在三维数据表示和处理方面存在重大的挑战，仍然存在许多有待研究的问题，其中的两个关键问题是：① 基于单幅图像的三维形状重建；② 形状部件级分割(Shape Part Level Segmentation，SPLS)。

2.　实验要求与评估

尽管现在互联网上有数百万个三维模型可用，但是现有的算法通常在只有几百个模型的小数据集上进行评估。由于 ShapeNet[1]团队的努力，现在可以使用一个更大、更多样的三维模型库来开发和评估计算机视觉和计算机图形学中的新算法。本实验的目标是评估基于单幅图像的三维重建和 SPLS 的性能，数据集为 ShapeNet 数据集的子集。

(1) 在三维重建实验中，任务是给定一个图像作为输入，重建一个三维形状。实验使用两个指标来评估重建的三维像素：(a) 交并比(Intersection over Union，IoU)，即交集与并集之比和；(b) 倒角距离[2]。

(2) 在 SPLS 实验中，任务是给定三维形状点云及其类别标签，预测每点的部件标签。部件分割任务采用平均 IoU 作为评价指标，首先计算每个类别的平均交并比，然后通过对每一类平均交并比进行加权平均以获得总平均交并比。其中，权重是每个类别中形状的数量。

3.　数据来源与描述

1) 三维重建实验数据

实验使用 ShapeNet 的子集 ShapeNetCore[1]，其中包含了超过 55 个常见类别的 48 600 个三维模型。从这个数据集中创建了一个 70%/10%/20%的训练/验证/测试集。选择立体像素(voxel)作为三维的输出表示，每个模型由 256^3 个立体像素表示，每个体素取值为 1 或 0，1 表示占用，0 表示空闲。另外，数据集提供合成图像作为输入，并用一个唯一的模型 id

标记模型的合成图像和体素。在训练阶段，体素的分辨率可以通过向下或向上采样来改变。

2) 部件级分割数据

使用 ShapeNetCore 的一个子集，其中包含来自 16 个形状类别的 17 000 个模型。每个类别通过 2 到 6 个部件进行标注，所标注的部件总共有 50 个。部件注释表示为点标签，范围从 1 到实际部件的数量。从这个数据集中创建了一个 70%/10%/20%的训练/验证/测试集，形状和标签被组织成不同的类别，每个文件夹对应一个类别。

■ 参考文献

[1] https://shapenet.cs.stanford.edu/iccv17/.

[2] ai.stanford.edu/~haosu/papers/SI2PC_arxiv_submit.pdf.

人工智能创新实验教程

第7章 预 测 类

预测即利用已获得的历史数据，找到内在的统计学特性和发展规律，建立能够准确反映数据中变量相互关系的数学模型，进一步推测系统未来的发展趋势。本章主要包括金融预测、天气预测、点击率预测、交通预测等。

实验 7.1 骑行目的地预测

1. 实验背景与内容

摩拜单车自推出以来，深受用户喜爱，在很多城市已经成为除公共交通以外居民首选的出行方式，大大减轻了城市路网压力和拥堵情况。随着绿色出行和环保观念的深入人心，将会有更多的用户选择摩拜单车，进一步实现让自行车回归城市的目标。同时，摩拜致力于应用前沿科技帮助人们更好地出行，利用机器学习去预测用户的出行目的地便是众多应用场景中重要的一个。

目前，摩拜单车在北京的单车投放量已经超过 40 万辆。用户可以直接在人行道上找到停放的单车，用手机解锁，骑到目的地后再把单车停好并锁上。因此，为了更好地调配和管理这 40 万辆单车，需要准确地预测每个用户的骑行目的地。

2. 实验要求与评估

本实验需要根据摩拜提供的数据[1]，预测骑行的目的地所在区域。训练集为北京某一区域的一段时间内的部分数据，测试集为同一区域未来一段时间的数据。标注数据中包含 300 万条出行记录数据，覆盖超过 30 万用户和 40 万辆摩拜单车，数据包括骑行起始时间和地点、车辆 id、车辆类型和用户 id 等信息。实验者需要预测骑行目的地的区域位置。

本实验提供包含 300 万余条骑行数据(每次骑行都有唯一的订单号)，实验者需要在这一数据集上训练模型，并对出行目的地进行预测，最终可以标注 Top 3 的预测地点。预测出的地点标签之间存在顺序，按照预测得分，从大到小排序。

评测标准为精确率(Precision)，结果的准确性通过计算平均精度均值(mean Average Precision，mAP)@ 3 (即 mAP@3)打分，具体公式如下：

$$mAP@3 = \frac{1}{|U|}\sum_{u=1}^{|U|}\sum_{k=1}^{\min(3,n)} P(k) \tag{7-1}$$

其中，|U|是需要预测的 order id 总个数，$P(k)$是在 k 处的精度，n 是地点个数。评测函数代码请参考本实验文献[2]。

3. 数据来源与描述

MOBIKE_CUP_2017.zip (MD5 校验：6c0d98979d00c44c224480b87bce1626)包括了两个文件，分别是训练集(train.csv)和测试集(test.csv)。其中，train.csv 包含了 3 214 096 条出行记录；test.csv 包含了 2 002 996 条出行记录，但是隐去了骑行目的地的数据，需要对其进行预测。数据文件中字段对应的含义如表 7.1 所示，其中，部分数据经过脱敏处理。

表 7.1 数据字段含义

数 据	含 义
order id	订单号
user id	用户 id
bike id	车辆 id
bike type	车辆类型
start time	骑行起始日期时间
geohashed_start_loc	骑行起始区域位置
geohashed_end_loc	骑行目的地区域位置(测试集中需要预测)

■ 参考文献

[1] https://www.biendata.com/competition/mobike/data/.

[2] https://github.com/benhamner/Metrics/blob/master/Python/ml_metrics/average_precision.py.

实验 7.2 交通线路通达时间预测

1. 实验背景与内容

道路导航是人们日常出行的重要工具，交通拥堵则是顺利出行的大敌，于是导航线路的动态调整就显得十分重要。动态调整线路的核心问题在于预测一条线路的通达时间，以及在此时间内到达目的地的可靠性。本实验仅考虑对于一条线路通达时间预测的准确性。

2. 实验要求与评估

对于通达时间的评估，不能仅仅依靠历史同期的数据，还要依靠当前时刻的车流量和司机的驾驶习惯，车辆是否载客可能也会对时间的估算产生影响。为了做出更准确的预测，实验采用成都市上万辆出租车在 2014 年 08 月份的 GPS 记录[1]，用于学习道路交通状况，以期对某时段下某出租车行驶某条线路所需的时间做出预测。

评价指标采用平均绝对百分比误差(mean Absolute Percentage Error，mAPE)计算，误差越小，说明预测越准。计算方法为

$$\text{mAPE} = \frac{1}{n}\sum_{p=1}^{n}\frac{\left|t_p' - t_p\right|}{t_p} \tag{7-2}$$

其中，p 对应一条路径，t_p 是这条路径对应的时长，t_p' 表示预测的时长，n 表示路径的数目。

3. 数据来源与描述

1) 数据总体概述

本实验使用成都市 1.4+ 万辆出租车的超过 14 亿条 GPS 记录，时间从 2014 年 08 月 03 日到 08 月 30 日，其中重复的和异常的记录已被清洗掉，并忽略了 00:00:00—05:59:59 这一时间段的数据，用于实验的数据被划分为三个部分。

2) 数据详细描述

(1) 训练集出租车 GPS 数据：文件名为 201408xx_train.txt。

从 08 月 03 日到 23 日之间的 GPS 记录，用于学习交通流的状况，属于"训练集"，包含 10 亿条记录信息。

数据格式及示例如下：

出租车 id, 纬度, 经度, 载客状态(1 表示载客，0 表示无客), 时间点

1, 30.4996330000, 103.9771760000, 1, 2014/08/03 06:01:22

1, 30.4936580000, 104.0036220000, 1, 2014/08/03 06:02:22

2, 30.6319760000, 104.0384040000, 0, 2014/08/03 06:01:13

2, 30.6318830000, 104.0366790000, 1, 2014/08/03 06:02:53

(2) 用于预测的道路轨迹数据：文件名为 predPaths_test.txt。

从 08 月 24 日到 30 日的记录中，抽取了需要预测的路线信息。为使评价更公平，抽取

测试数据的规则较为复杂，在下文中作详细说明。"待预测路线"大约有 3 万条，其数据格式与训练集类似，但分钟数和秒数被统一设置为 0。为了识别方便，将每一条路径的数据按时间顺序写入文件，并加入路径 id。

数据格式及示例如下：

路径 id, 出租车 id, 纬度, 经度, 载客状态(1 表示载客，0 表示无客), 时间点
1, 300, 30.4996330000, 103.9771760000, 1, 2014/08/03 08:00:00
1, 300, 30.4936580000, 104.0036220000, 1, 2014/08/03 08:00:00
...
1, 300, 30.4936980000, 104.0046220000, 1, 2014/08/03 08:00:00
2, 42, 30.6319760000, 104.0384040000, 0, 2014/08/03 10:00:00
2, 42, 30.6318830000, 104.0366790000, 1, 2014/08/03 10:00:00
...
2, 42, 30.6316830000, 104.0336790000, 1, 2014/08/03 10:00:00

为了避免通过统计"记录之间的时间间隔"来猜测时间，实验采取的抽样规则如下：

① 不选取含有异常车速(如时速极高)的线路。

② 在起点和终点，保证车辆都不会有停留时间。

③ 若有乘客上下车，此行为前后相邻的两条记录都需保留。

④ 在前面 3 个条件下，尽可能地保证某段距离 d 内只有一条 GPS 记录。

⑤ 在前面 4 个条件下，为增加随机性，以概率 p 在距离 d 内增加记录。

⑥ 每条线路的 d 和 p 都是在一定范围内随机选择的。d 的范围为 180～500 m；p 的范围不予告知。

(3) 用于辅助识别轨迹对应的前一小时的 GPS 记录数据：文件名为 201408xx_train.txt。数据格式同(1)，在单位为小时的时间段上与(2)无任何重叠。

4. 附加说明

1) 测试集抽取规则

若日期为单数(如 08 月 25 日、27 日)，选取单数小时对应的行车轨迹，用来做预测，比如 07:00:00—07:59:59 时间段、09:00:00—09:59:59 时间段等，叫作"待预测路线"。而在这些时间段之前的那一个小时的记录，如 06:00:00—06:59:59 时间段、08:00:00—08:59:59 时间段等，则用来分析当日的交通状况，可归为"训练集"。

类似地，对于日期为双数(如 08 月 24 日、26 日)的数据，选双数小时的行车轨迹来做预测，对应的前一个小时的记录，也归为"训练集"。

2) 任务描述举例

实验者需要预测在某天中，一辆车从 A 地经某路线到 B 地需要的时间。在数据描述(2)的例子中，对于轨迹 1：

> 1, 300, 30.4996330000, 103.9771760000, 1, 2014/08/03 08:00:00
>
> 1, 300, 30.4936580000, 104.0036220000, 1, 2014/08/03 08:00:00
>
> ...
>
> 1, 300, 30.4936980000, 104.0046220000, 1, 2014/08/03 08:00:00

实验者需要预测出租车 300 从地点 (30.4996330000, 103.9771760000)经过地点 (30.4936580000, 104.0036220000)等一系列地点，最终到达(30.4936980000, 104.0046220000) 一共需要的时间，以秒计算。

为增加实验的明确性，对于每一条上述路径，起点的坐标与该路径第二条记录的坐标是不一致的，终点处的坐标与倒数第二条记录的坐标是不一致的。换句话说，预测是从起点到终点的行驶时间，不包含在起点或终点时的等待时间(可能是等红绿灯，也可能是等客人上下车)，而在线路中间的这种"坐标相同但时间不同的记录"则不会被删除。此外，起点与终点之间的球面距离不小于 2 km。

■ 参考文献

[1] https://www.dcjingsai.com/common/cmpt/交通线路通达时间预测_赛体与数据.html.

实验 7.3 公交线路准点预测

1. 实验背景与内容

公共交通绿色出行是全世界极力推行的策略。然而由于交通拥堵的原因，公交车经常不能准时到站，要么长久不来，要么两辆一起来。于是，是等公交车呢？还是不等公交车呢？本实验希望可以通过实时的预测来解决这个问题。

2. 实验要求与评估

本实验文献[1]提供了百余条公交线路长达一个月的运营信息，每条线路的每一辆公交车都会定时发送 GPS 信息，实验者需要根据历史信息训练模型，根据 GPS 信息估计每辆公交车的到站时间。具体来讲，对于测试集中给出的每一条"待预测的公交车运行路线"，需要预测该辆公交车到达指定站点的时间。

公交车到站判断标准：通过判断下一站的变化来确定公交车是否到站。对于每一辆公交车，每大约 10 s (或 5 s) 会发送一个 GPS 记录信息，其中有一个字段是 O_NEXTSTATIONNO，当这个字段发生变化时，即判断为"到站"。其优点包括：① 降低了不确定性的影响，使得可预测性提高；② 对预测结果的评价更加公平。

司机连续按键到站提醒的情况会被排除在外。比如，随着时间的推移，站点的连续变化为 4，4，4，5，7，8，8，8，8，这就说明 5，6，7 之前忘记按了，然后连续按，这种情况就不适合预测；类似的情况还有 4，4，4，8，8，8，这样的也是属于"忘记按"的情况，只是 10 s 记录一次 GPS 信息的话，中间连续按的过程侦测不到。评分计算公式为

$$\text{Score} = \frac{\text{RMSE}}{T} = \frac{1}{T \cdot L} \sum_{l=1}^{L} \text{RMSE}_l \tag{7-3}$$

$$\text{RMSE}_l = \sqrt{\frac{1}{n_l} \sum_{i=1}^{n_l} (t_i = t_i')^2} \tag{7-4}$$

其中：RMSE 是均方根误差；T 是常数，表示公交车走完一个站的平均时间(以秒计算)；RMSE_l 表示第 l 条线路的均方根误差；l 表示一条线路，即测试集中的一行数据；L 是所有线路总数，误差越小，说明预测越准确；n_l 表示线路 l 需要预测的公交站点数量，t_i 表示某公交车在线路 l 中到达第 i 站的时间，t_i' 表示实验预测的到达时间。此处的到达时间并非 unix 时间戳，而是从对应整点到当前到达时间的秒数。比如，线路 l 的预测是从整点 XX:00:00 开始，公交车到达第 i 站的时间为 XX:13:05，那么 $t_i = 13 \times 60 + 5 = 785$ s。

3. 数据来源与描述

本实验数据包含了天津市大约 519 条公交线路、5716 辆公交车的超过 4 亿条 GPS 记录，时间从 2017 年 10 月 1 日到 10 月 31 日。每天晚上 23 点到次日早上 6 点之间的数据已被清除。用于实验的数据被划分为三个部分。

1) 训练集的数据字段及样例

本实验训练集包含了 10 月 1 日到 10 月 24 日之间的所有公交车辆的运行信息，包括线路 id、公交车 id、经纬度、记录时间、车辆运行状态。文件名为 201010xx.csv，其中 xx 为 01，02，03，…，24。数据格式及样例如下：

O_LINENO, O_TERMINALNO, O_TIME, O_LONGITUDE, O_LATITUDE, O_SPEED, O_MIDDOOR, O_REARDOOR, O_FRONTDOOR, O_UP, O_RUN, O_NEXTSTATIONNO
  671, 911410, 06:37:05, 117.178, 39.1618, 0, 1, 0, 0, 0, 0, 2
  671, 911410, 06:37:27, 117.178, 39.1618, 0, 1, 0, 0, 0, 0, 2

字段解释如下：

| O_LINENO | 线路 id | O_TERMINALNO | 公交车 id |

O_TIME	记录时间	O_LONGITUDE	经度
O_LATITUDE	纬度	O_SPEED	瞬时速度
O_MIDDOOR	中门状态	O_REARDOOR	后门状态
O_FRONTDOOR	前门状态	O_UP	上行
O_RUN	运行状态	O_NEXTSTATIONNO	下站编号

2) 测试集的数据字段及样例

本实验从 10 月 25 日到 10 月 31 日选取了 6 万条线路。对于每条线路，给出"日期，线路 id，车辆 id，开始预测时间，开始预测站点，结束预测站点上下行标记"。文件名为 toBePredicted_forUser.csv。数据格式及样例如下：

O_DATA, O_LINENO, O_TERMINALNO, predHour, pred_start_stop_ID, pred_end_stop_ID, O_UP

10-25, 1, 902731, 17:00:00, 25, 29, 1

解释后面三个字段：这条线路的 predHour 为 17:00:00，是指在 17:00:00 时刻，车辆 902731 的下一站是 pred_start_stop_ID，即 25，那么需要预测该车辆到达第 25 站、26 站、27 站、28 站、29 站的时间。

3) 用于辅助估计"待预测线路"路况的数据

本实验对应于待预测的线路，提供了每条线路之前一个小时的车辆信息，用于辅助估计路况。数据格式同训练集，但时间上与测试集无重合。

以 2)中的样例进行说明。上例中，待预测的线路是从 17:00:00 开始的，那么，当天(即 10 月 25 日)16:00:00—16:59:59 的所有公交车的信息都会给出，帮助了解当天的道路情况。

4) 数据补充说明

(1) 可使用外部数据，但须满足第 2 条。

(2) 使用的数据不能存在的漏洞，包括时间存在的漏洞。例如，假设被预测线路处于以下时间段：2017 年 10 月 25 日 09:00:00—09:59:59，那么就不能使用 2017 年 10 月 25 日 09:00:00 以后的"任何事实数据"来预测此线路。

事实数据是指真实记录的数据，包括但不限于以下几种数据：

① 交通车辆的 GPS 记录。

② 交通事故的真实记录。

③ 天气情况的真实记录(可采用"预报"的数据)。

■ 参考文献

[1] https://www.dcjingsai.com/common/cmpt/公交线路准点预测_赛体与数据.html.

实验 7.4　航班延误预测

1.　实验背景与内容

随着国内民航的不断发展，航空出行已经成为人们比较普遍的出行方式，但是航班延误却成为旅客们比较头疼的问题。台风、雾霾或飞机故障等因素都有可能导致大面积航班延误的情况。大面积延误给旅客出行带来很多不便，如何在计划起飞前 2 小时预测航班延误情况，让出行旅客更好地规划出行方式，成为一个重大课题。

本实验要求提前 2 小时(航班计划起飞时间前 2 小时)预测航班是否会延误 3 小时以上(给出延误 3 小时以上的概率)。

2.　实验要求与评估

本实验结果采用 PR 曲线的 AUC(baseline：AUC=0.45)进行评估，具体评估指标参见本实验文献[1]。

3.　数据来源与描述

本实验数据来源于文献[2]，由 train 和 testA、testB、testC 四部分组成。数据样本包含历史航班动态起降数据(如表 7.2 所示)、城市历史天气表(如表 7.3 所示)、机场城市对应表(如表 7.4 所示)以及机场历史特情表(如表 7.5 所示)，训练集包含了两年的数据。

表 7.2　航班动态历史数据表

出发机场	到达机场	航班编号	计划起飞时间	计划到达时间	飞机编号
YIW	CGO	CZ6661	1453809600	1453817100	1426
XIY	TNA	CZ6959	1452760800	1452767100	2337

表 7.3　城市历史天气表

城市名	天气	当天最低温度	当天最高温度	日期
西宁	雷阵雨转晴	10	24	2016/7/1
西宁	多云转晴	9	29	2016/7/2

表 7.4 机场城市对应表

机 场 编 码	城 市 名 称
AHJ	阿坝
AYN	安阳

表 7.5 机场历史特情表

特情机场	收集时间	开始时间	结束时间	特 情 内 容
CAN	2017-05-31 19:23:56Z	2017-06-01 08:30:00Z	2017-06-01 20:00:00Z	广州区域部分航路延误黄色预警提示：6月1日广州区域内部分航路受雷雨天气影响，预计 08:30—20:00 通行能力下降 30%左右。[空中交通网]
PEK	2017-06-01 19:22:39Z	2017-06-02 06:00:00Z	2017-06-02 12:00:00Z	北京终端区航班延误黄色预警提示：6月2日北京终端区预计 06:00—12:00 受雷雨天气影响，通行能力下降 30%左右。[空中交通网]

■ 参考文献

[1] http://mark.goadrich.com/articles/davisgoadrichcamera2.pdf.

[2] https://pan.baidu.com/s/1dEPyMGh#list/path=%2F.

实验 7.5 天气预报观测

1. 实验背景与内容

气象要素(如风、温度、湿度等)的变化，深刻影响着人类生活的各个方面。因此，准确预报未来气象要素，可广泛服务于人们日常生活(如穿衣着装)、交通运输(如航班起降)、工业(如风能发电)、农林畜牧业(如水产养殖)、致灾天气避险(如台风预警)、突发事件应急处理(如化工原料泄漏)等领域。

观测仪器可将当前天气状态以数字化形式较准确地记录，但无法预知未来天气状态。将大气变化规律通过一系列数理方程的形式(即通常所说的数值模式)来表示，可用于预测未来天气状态。然而，大气状态复杂多变，受限于人类的认知水平以及观测手段的缺乏，现有的数理方程仅能作为大气变化规律的高度近似，因此，通过数值模式预报未来天气状态，仍存在一定的误差。结合观测仪器和数值预报记录的优点，有希望对未来天气状态做出更加准确的预报。

本实验将观测仪器和数值预报得到的数据集分别称为"观测"和"睿图"数据集。可以结合上述两个数据集，设计天气预报算法与模型，预报当前时刻至第二天 15:00(北京时间 23:00)的逐时天气状态，包括：① 2-m 温度(t2m)；② 2-m 相对湿度(rh2m)；③ 10-m 风速(w10m)。

由于天气预报要求一定的时效性，因此需要在数据发布后的 2 小时内记录预报结果。本实验将通过气象常用预报质量评价标准(RMSE, BIAS)对预报值进行精确率评价。

2. 实验要求与评估

本实验采用均方根误差(Root Mean Square Error，RMSE)和偏差(Bias)作为评价指标，评测样本为北京 10 个观测站整个评测期内每小时产生的数据样本。

$$\begin{cases} \text{RMSE} = \sqrt{\dfrac{\sum\limits_{i=1}^{n}(X_i^{\text{obj}} - X_i^{\text{model}})^2}{n}} \\[4mm] \text{Bias} = \dfrac{\sum\limits_{i=1}^{n}(X_i^{\text{obj}} - X_i^{\text{model}})}{n} \end{cases} \tag{7-5}$$

$$\text{Score} = \frac{\text{RMSE(超算)} - \text{RMSE(实验者)}}{\text{RMSE(超算)}}$$

其中，n 为评测样本总数，X_i^{obj} 为第 i 个样本的实际观测值，X_i^{model} 为第 i 个样本的模型预测值。先计算三个预测指标的得分后求平均值，即为总得分。上述评价标准中，以 RMSE 为首选标准，在相同 RMSE 得分的前提下，进一步参考 Bias 评测预报结果的优势。

3. 数据来源与描述

"观测"和"睿图"数据集均包含北京市 10 个气象观测站点约 3 年多的数据，连续性较好，缺失样本很少。数据集采用 NetCDF4 格式共同存储于单个 nc 文件中。"观测"集逐时记录当前气象观测站点的 9 个地面气象要素，通过气象仪器实时监测得到；"睿图"集包含地面和特征气压层共计 29 个气象要素，由数值预报模式在超级计算机上运算产生，其在每天 03:00(北京时间 11:00)启动区域数值模式，预报至第二天 15:00(北京时间 23:00)，共计 37 个时次(00～36)。两者的区别为：前者仅记录当前气象要素实况；后者可预测未来 36 小时内气象要素估计值，但存在误差，其名称与描述分别列于表 7.6 和表 7.7 中。

表 7.6　"观测"数据集气象要素信息名称

名　称	物理描述(单位)	阈　值
psur_obs	地面气压(百帕，即 hPa)	[850.0, 1100.0]
t2m_obs	地面以上 2 m 高度处温度(摄氏度，即℃)	[-40.0, 55.0]
q2m_obs	地面以上 2 m 高度处比湿(克每千克，即 g/kg)	[0.0, 30.0]
rh2m_obs	地面以上 2 m 高度处相对湿度(百分比，即%)	[0.0, 100.0]
w10m_obs	地面以上 10 m 高度处风速(米每秒，即 m/s)	[0.0, 30.0]
d10m_obs	地面以上 10 m 高度处风向(度，即°)	[0.0, 360.0]
u10m_obs	地面以上 10 m 高度处经向风(米每秒，即 m/s)	[-30.0, 30.0]
v10m_obs	地面以上 10 m 高度处纬向风(米每秒，即 m/s)	[-30.0, 30.0]
RAIN_obs	地面 1 h 累计降水量(毫米，即 mm)	[0.0, 400.0]

表 7.7　"睿图"数据集气象要素信息描述

名　称	物理描述(单位)	阈　值
psfc_M	地面气压(百帕，即 hPa)	[850.0, 1100.0]
t2m_M	地面以上 2 m 高度处温度(摄氏度，即℃)	[-40.0, 55.0]
q2m_M	地面以上 2 m 高度处比湿(克每千克，即 g/kg)	[0.0, 30.0]
rh2m_M	地面以上 2 m 高度处相对湿度(百分比，即%)	[0.0, 100.0]
w10m_M	地面以上 10 m 高度处风速(米每秒，即 m/s)	[0.0, 30.0]
d10m_M	地面以上 10 m 高度处风向(度，即°)	[0.0, 360.0]
u10m_M	地面以上 10 m 高度处经向风(米每秒，即 m/s)	[-30.0, 30.0]
v10m_M	地面以上 10 m 高度处纬向风(米每秒，即 m/s)	[-30.0, 30.0]
SWD_M	地面处下行短波辐射量(瓦特每平方米，即 W/m^2)	[0.0, 1500.0]
GLW_M	地面处下行长波辐射量(瓦特每平方米，即 W/m^2)	[0.0, 800.0]
HFX_M	地面感热扰动(瓦特每平方米，即 W/m^2) [	[-400.0, 1000.0]
LH_M	地面潜热扰动(瓦特每平方米，即 W/m^2)	[-100.0, 1000.0]
RAIN_M	地面 1 h 累计降水量(毫米，即 mm)	[0.0, 400.0]
PBLH_M	边界层高度(米，即 m)	[0.0, 6000.0]
TC975_M	气压层 975 hPa 的温度(摄氏度，即℃)	[-50.0, 45.0]
TC925_M	气压层 925 hPa 的温度(摄氏度，即℃)	[-50.0, 45.0]

名 称	物理描述(单位)	阈 值
TC850_M	气压层 850 hPa 的温度(摄氏度，即℃)	[−55.0, 40.0]
TC700_M	气压层 700 hPa 的温度(摄氏度，即℃)	[−60.0, 35.0]
TC500_M	气压层 500 hPa 的温度(摄氏度，即℃)	[−70.0, 30.0]
wspd975_M	气压层 975 hPa 的风速(米每秒，即 m/s)	[0.0, 60.0]
wspd925_M	气压层 925 hPa 的风速(米每秒，即 m/s)	[0.0, 70.0]
wspd850_M	气压层 850 hPa 的风速(米每秒，即 m/s)	[0.0, 80.0]
wspd700_M	气压层 700 hPa 的风速(米每秒，即 m/s)	[0.0, 90.0]
wspd500_M	气压层 500 hPa 的风速(米每秒，即 m/s)	[0.0, 100.0]
Q975_M	气压层 975 hPa 的比湿(克每千克，即 g/kg)	[0.0, 30.0]
Q925_M	气压层 925 hPa 的比湿(克每千克，即 g/kg)	[0.0, 30.0]
Q850_M	气压层 850 hPa 的比湿(克每千克，即 g/kg)	[0.0, 30.0]
Q700_M	气压层 700 hPa 的比湿(克每千克，即 g/kg)	[0.0, 25.0]
Q500_M	气压层 500 hPa 的比湿(克每千克，即 g/kg)	[0.0, 25.0]

以上表中，每个气象要素由维度(Dimensions)、物理量(Variables)和属性(Attributes)构成三维数组。以表 7.7 中"睿图"集物理量 psfc_M 为例，构成其三维数组的三个维度依次为：

(1) date：数据日期(国际时 UTC)。

(2) foretimes：数据时次(00~36，默认为 37 个时次，时间间隔为 1 小时)。

(3) stations：站点编号。

即 psfc_M(date, foretimes, station)，上述三个维度值在 Dimensions 部分给出。psfc_M 的属性包括单位名称(units)、缺省填充值(fillvalue)、变量的描述信息(description)，它们是对该物理量的补充说明。"观测"集数据格式与"睿图"集类似。

补充说明：

(1) 对于"睿图"集：数值预报模式的运算和数据处理需要花费约 2~3 小时，其预报时效可至第二天 15:00(北京时间 23:00)。对于"观测"集：未来气象要素值无法通过"观测"方式获取，因此与"睿图"集的预报时效相对应的"观测"集数据，需要滞后至第二天的 15:00(北京时间 23:00)才能全部获得(否则设为缺省值 −9999.f)。综上所述，实验者实际需要预测如图 7.1 中虚线时间间隔内的气象要素值，但在提交数据时，需要提交从第一天 03:00 至第二天 15:00 的指定气象要素预报值。

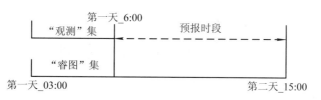

图 7.1 气象要素值预测时间段

(2) 相比训练集和验证集,测试集在"观测"数据集的组成上有所区别。训练集和验证集数据均以历史气象数据为基础,用于气象预报模型的建立,因此在两者发布时,"观测"集可以获得与"睿图"集的数据时间相对应的气象要素观测值。然而,测试集 A 和测试集 B 用于实时天气预报,因此每个测试集的最后一天的"观测"集总会出现补充说明(1)中的情况,即图 7.1 中虚线时间段内观测值被设为缺省值(−9999.f),这段时间即本实验的气象要素预报时段。

(3) 数据的重叠时段。"观测"集和"睿图"集数据以三维数组形式存储于 NetCDF4 文件中,三个维度分别为 date、foretimes、stations。其中,foretimes 预设为 37 个时次(00∼36),因此,相邻两天的"观测"集和"睿图"集会有 12 小时的重叠时段。以训练集为例,两数据集的重叠时段如图 7.2 中两虚线间。不同的是,"观测"集的重叠时段数据值相同,因为单一气象观测仪器对同一地点和同一时间的气象要素观测值是唯一的,而"睿图"集的重叠时段数据值会有差异,因为相邻两天用于数值天气预报模式运行的初始值会有差异。

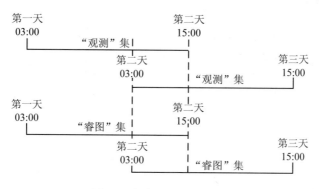

图 7.2 气象要素预报时段

■ 参考文献

[1] https://challenger.ai/competition/wf2018.

实验 7.6　降雨预测

1.　实验背景与内容

实验者可以获得以历史天气雷达数据集为内容的《标准雷达数据集 2018》(Standardized Radar Dataset 2018，SRAD2018)，其中就包含了大量的不同强度和移动轨迹的降雨个例，需要实验者在数据挖掘过程中使用机器学习和人工智能技术来深入挖掘、细致分析降雨雷达图像的移动、增强和减弱的变化规律。

2.　实验要求与评估

预测结果采用客观定量评分方法，该方法基于 Heidke 技巧评分(Heidke Skill Score，HSS)。HSS 方法说明可参考本实验文献[1]，当预报时效越长、强度越大时，所占的评分比重就越高。

预报数据结果的网格点范围、分辨率、数值范围和缺测值必须符合 SRAD2018 格式要求。

3.　数据来源与描述

本实验文献[2]中，标准雷达数据集 2018(SRAD2018)共有 32 万组数据，其中 30 万组数据作为训练数据集，2 万组数据作为测试集，数据示意图如图 7.3 所示。

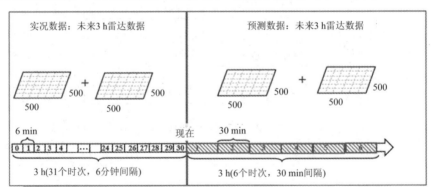

图 7.3　数据示意图

(1) 训练数据集的每组数据为覆盖 6 h 和间隔 6 min 的雷达样本数据。

(2) 测试集的每组数据则仅提供前 3 h 和间隔 6 min 的雷达数据，实验者需要预测每组数据在后 3 h 内以 30 min 为间隔的雷达图像结果。

1) 标准雷达数据集 2018 格式说明

(1) 数据集覆盖时间：本雷达数据集覆盖时间从 2010 年至 2017 年的每年 3 月 15 日 00:00 UTC 至 7 月 15 日 23:54 UTC 共 4 个月时间。

(2) 雷达数据个案样本：每个雷达数据个案样本覆盖时长为 6 h，时间间隔为 6 min，共 61 个时次，如图 7.4 所示。

(3) 垂直层次：共 1 层，海平面高度为 3 km。

(4) 水平网格点范围：雷达数据样本水平分辨率为 0.01 度(约 1 km)、网格数量为 501 × 501(即约 500 km × 500 km 的区域)，如图 7.4 所示。

(5) 数据内容：雷达回波数据经过质量控制，数据范围为 0~80(单位：dBZ)，缺测值为 255，数据存储格式如后续所述。

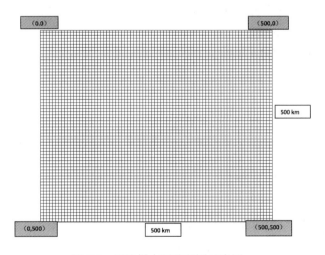

图 7.4　雷达样本覆盖范围示意图

2) 雷达数据存储格式

(1) 档案格式：雷达样本数据以灰度图 PNG 格式存储，每个时次存为一张 PNG 格式的图像，每个样本共有 61 个时次。

(2) 雷达数据集文件命名规则：雷达数据集文件名经过加密处理，以序列号进行命名。基本规则为：RAD[3 字元]_[############### 15 位序列号]_[000~060].png。例如，其中一个数据样本文件名为：

该样本第 1 数据文件为 RAD_000000000001000_000.png；

该样本第 2 数据文件为 RAD_000000000001000_001.png；

……

该样本第 61 数据文件为 RAD_000000000001000_060.png。

3) 标准雷达数据集 2018 读取程序

标准雷达数据集的图像文件读取程序中，R、G、B 同为一个值，即为雷达回波的数值。

(1) C#代码例子：

```
public byte[] ToArray(Bitmap img)
{
    byte[] datas = new byte[501 * 501];
    for (int i = 0; i < 501; i++)
    {
        for (int j = 0; j < 501; j++)
        {
            Color col = img.GetPixel(j, i);
            byte r = col.R;
            datas[i * 501 + j] = r;
        }
    }
    return datas;
}
```

(2) Python 代码例子：

```
from scipy.misc import imread
def image_read(file_path):
image=imread(file_path)
return image
```

4) 注意事项

对于预报数据，实验者以上述的 PNG 格式编码，文件命名规则(包括序列号)、网格点数目、覆盖范围和分辨率须与原来的雷达数据相同，覆盖数值范围和缺测值亦可以符合上述要求。

■ **参考文献**

[1] http://www.cawcr.gov.au/projects/verification/.

[2] https://tianchi.aliyun.com/competition/entrance/231662/information.

实验 7.7　地球物候的深度学习预测

1.　实验背景与内容

经过数十亿年的进化，地球的生物圈适应了这颗行星的春夏秋冬。各地植物的生长节律与季节同步，春华秋实，这被称为植被的物候。然而，每一年的季节变换都不完全一样。有些年份的气温和雨水与其他年份都很不一样。这会给这颗行星的农林牧业带来一些波动，让植被的生长节奏变动，例如，干热带来的山火肆虐，春天提前导致的植物生长季变长，降水增加带来的洪涝等。如果我们能够提前预测各地未来的物候，那么就可以趋利避害。然而，传统的气候/物候学预测能力相当有限。但是在今天，深度学习革命有可能能够改变这一切，突破传统思维，帮助人类解锁地球物候的节律。本实验使用植被指数的过往数据记录来预测未来几期的植被指数(Normalized Difference Vegetation Index，NDVI)。

2.　实验要求与评估

使用地球不同地区的数据时间序列来测试模型泛化能力，需要设计出具备时间-空间上预测能力的深度学习算法。

评测指标为均方根误差(Root Mean Squard Error，RMSE)。

Tiff 图像中 NDVI 数据的标称值是[−3000, 10 000]，计算 RMSE 时只考虑值在(0, 10 000) 范围内的像素点，且将像素值缩放到(0, 1]。

3.　数据来源与描述

植被指数的有效值从 0 到 1，值越高说明植被发育得越好。本实验使用植被指数数据的 Tiff 图像文件[1]，数据文件为 16 位(int16)的 Tiff 文件，实际 NDVI 的数值是标称值的万分之一。每个 Tiff 文件的尺寸是 1200 × 1200 像素，每个像素代表地球上 1 平方公里面积上的植被指数。每个数据文件夹包含地球上某个特定地区数据的时间序列，基础实验部分共包含 4 个地区，在拓展实验部分中会继续增加地区的数量以及时间序列的长度。

基础实验：

(1) 训练集由每个地区期号从 001 开始的 m 期图像组成。

(2) 测试集由每个地区期号从 $m+1$ 到 $m+3$ 的共 3 期图像组成。

拓展实验：

(1) 训练集由每个地区期号从 001 开始的 n 期图像组成，共 24 个不同地区。

(2) 测试集由每个地区期号为 $n+2$ 和 $n+3$ 的 2 期图像组成，即共需要提交 48 张图像。

■ 参考文献

[1] https://www.dcjingsai.com/common/cmpt/地球物候的深度学习预测_赛体与数据.html.

实验 7.8　交易风险识别与黑产监控

1. 实验背景与内容

随着互联网+ 这一概念的不断发展，电商、网约车、外卖等行业近些年也持续发展壮大，越来越多的商家进入这一市场。为了在激烈的竞争中拉取新用户，培养用户的消费习惯，各种类型的营销活动和补贴活动层出不穷。在为正常用户带来福利的同时，也催生了一批专注于从营销活动中套利的"羊毛党"。目前，羊毛党的行为越发专业化、团伙化和地域化，同套利黑产团伙的斗争，是一场永无止境的攻防战。

机器学习模型是风控系统中实时识别和对抗黑产攻击的有效手段。面对黑产攻击手段快速多变和黑样本数据标签缺失等问题，目前除了逻辑回归(Logistic Regression，LR)和随机森林(Random Forest，RF)等耳熟能详的机器学习模型，基于循环神经网络(Recurrent Neural Network，RNN)的深度学习模型、无监督学习模型等技术也被应用到同黑产的对抗中。本实验通过训练来学习用户在消费过程中的关联操作、交易详单信息，从而识别交易风险。

2. 实验要求与评估

在黑产监控中，需要做到尽可能少的误伤和尽可能准确的探测，于是选择"在 FPR 较低时的 TPR 加权平均值"作为平均指标。

给定一个阈值，可根据混淆矩阵计算 TPR(覆盖率)和 FPR(打扰率)：

$$\begin{cases} \text{TPR} = \dfrac{\text{TP}}{\text{TP}+\text{FN}} \\[2mm] \text{FPR} = \dfrac{\text{TP}}{\text{FP}+\text{TN}} \end{cases} \tag{7-6}$$

其中，TP、FN、FP、TN 分别为真正例、假反例、假正例、真反例。通过设定不同的阈值，会有一系列 TPR 和 FPR，就可以绘制出 ROC 曲线。评分指标首先计算 3 个覆盖率 TPR：TPR1 为 FPR = 0.001 时的 TPR；TPR2 为 FPR = 0.005 时的 TPR；TPR3 为 FPR = 0.01 时的 TPR。

$$最终评测指标 = 0.4 \times TPR1 + 0.3 \times TPR2 + 0.3 \times TPR3 \qquad (7\text{-}7)$$

3. 数据来源与描述

数据集[1]共分为训练数据集、基础实验测试数据集和拓展实验测试数据集。训练数据集中的文件包含黑白样本标签、用户交易详单和用户操作详单。测试集数据中则只包含用户交易详单和用户操作详单。

训练集数据：

(1) operation_train_new.csv 为训练集操作详情表单，共 1 460 843 条数据；

(2) transaction_train_new.csv 为训练集交易详情表单，共 264 654 条数据；

(3) tag_train_new.csv 为训练集黑白样本标签，共 31 179 条数据。

基础实验测试数据集：

(1) operation_round1_new.csv 为基础实验测试集操作详情表单，共 1 769 049 条数据；

(2) transaction_round1_new.csv 为基础实验测试集交易详情表单，共 168 981 条数据。

拓展实验测试数据集：

(1) 与基础实验相比，数据集的字段类型没有发生变化；

(2) test_operation_round2.csv 为拓展实验测试集操作详情表单，共 1 140 578 条数据；

(3) test_transaction_round2.csv 为拓展实验测试集交易详情表单，共 128 382 条数据。

■ 参考文献

[1] https://www.dcjingsai.com/common/cmpt/2018 年甜橙金融杯大数据建模大赛_赛体与数据.html.

实验 7.9 A 股上市公司季度营收预测

1. 实验背景与内容

在金融领域，每 24 小时都会产生大约 2.5 亿字节的数据，早已超过人脑处理的极限，面对全球百万亿美元的资产管理规模，行业迫切需要人工智能的加入，提升行业运行效率，让投资变得更加智能。

在价值投资成为股票市场主流的背景下，准确预测公司营业收入成为投资制胜的重要法宝。买入盈利超预期的公司，避开盈利能力差的公司，就能获得超额收益。但基金经理和研究员面临的挑战是：高效跟踪数据和对众多上市公司营收进行准确预测。因此，本实验将尝试借助算法的力量解决这一难题。

2. 实验要求与评估

需要提交指定公司的二季度营收数据，以百万为单位，保留两位小数。该结果将与真实财报发布的数值进行对比。计算各个公司的相对预测误差，并进行对数市值加权，计算公式如下：

$$E_j = \frac{1}{n} \sum_{i=1}^{n} \left[\min\left(\left| \frac{y'_{ij}}{y_i} - 1.0 \right|, 0.8 \right) \cdot \text{lb}^{\max(S_i, 2)} \right] \tag{7-8}$$

其中，n 为截止时间之前发布财报的公司数，y'_{ij} 为第 j 个实验组对第 i 个公司的预测营收，y_i 为第 i 个公司的财报发布的营收数值，S_i 为第 i 个公司 5 月 31 日的收盘市值(精确到亿，最低两亿)。为防止某些不可控的异常事项导致财务数据变化太大，将误差上限设定为 0.8。

3. 数据来源与描述

本实验用到的数据包括历史财务数据、宏观数据、行情数据、行业数据、公司经营数据[1]。

1) 财务数据

财务数据包括三张表，分别为资产负债表 (balance sheet)、利润表(income statement)和现金流量表(cash flow statement)。其中，由于非金融上市公司、证券、银行、保险四大行业的财务报表在结构上存在差异，因此，每个类别又分为 4 个相对应的文档(csv 格式)。这三张表代表了一个公司全部的财务信息，三大财务报表分析是投资的基础，它们之间的关系如图 7.5 所示。

财务报表的相关术语具体解释如下。

(1) 资产负债表：代表一个公司的资产与负债及股东权益，资产负债表是所有表格的基础。

(2) 利润表：代表一个公司的利润来源，而净利润则直接影响资产负债表中股东权益的变化。

(3) 现金流量表：代表一个公司的现金流量，更代表资产负债表的变化。现金流量表是对资产负债表变化的解释，现金的变化最终反映到资产负债表的现金及等价物一项。而现金的变化源泉则是净利润，净利润经过"经营""投资""筹资"三项重要的现金变动转变为最终的现金变化。

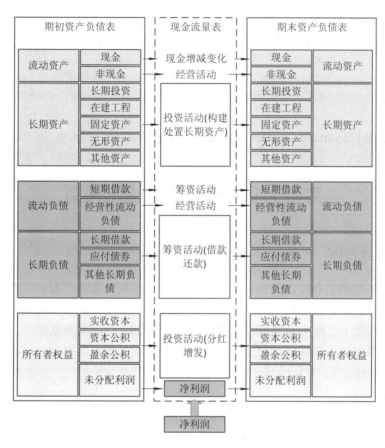

图 7.5　各数据间的关系

2) 宏观数据

宏观数据指一系列宏观经济学的统计指标，包括生产总值(GDP)、国民总收入(GNI)、劳动者报酬、消费水平等。宏观经济周期是影响周期性行业的关键因素之一，对上市公司的经营情况也有直接的影响。

3) 行情数据

行情数据代表上市公司股票月度交易行情，主要包括价格、成交量、成交额、换手率等。

4) 行业数据

行业数据可以指示某个行业的发展态势，上市公司都会有自己所在的行业，分析行业的发展趋势和所处阶段等可对上市公司经营情况做出大体的判断。例如，从汽车行业每月的销量数据中可以看出行业的景气程度等。

5) 公司经营数据

公司经营数据一般为月度数据，代表特定公司主营业务月度的统计值，与公司营收密切相关，每个公司指标不一样。

■ 参考文献

[1] https://tianchi.aliyun.com/dataset/dataDetail?dataId=1074.

实验 7.10 资金流入流出预测

1. 实验背景与内容

蚂蚁金服拥有上亿会员，并且业务场景中每天都涉及大量的资金流入和流出，面对如此庞大的用户群，资金管理的压力非常大。在既要保证资金流动性风险最小，又要满足日常业务运转的情况下，精准地预测资金的流入、流出情况变得尤为重要。

本实验期望实验者能够通过对余额宝用户的申购赎回数据的把握，精准预测未来每日的资金流入、流出情况。对货币基金而言，资金流入意味着申购行为，资金流出为赎回行为。

2. 实验要求与评估

评估指标的设计主要期望实验者对未来 30 天内每一天申购和赎回的总量数据预测得越准越好，同时要考虑到可能存在的多种情况。譬如，有些人在 30 天中有 29 天的预测都是非常精准的，但是某一天预测的结果可能误差很大，而有些人在 30 天中每天的预测都不是很精准，如果采用绝对误差则可能导致前者的成绩比后者差，而在实际业务中可能更倾向于选择前者。所以最终选用积分式的计算方法：每天的误差选用相对误差来计算，然后根据用户预测申购和赎回的相对误差，通过得分函数映射得到每天预测结果的得分，将 30 天内的得分汇总，然后结合实际业务的倾向，对申购赎回总量预测的得分情况进行加权求和，得到最终评分。具体的操作如下：

(1) 计算所有用户在测试集上每天的申购及赎回总额与实际情况总额的误差。

每日申购相对误差(真实值为 z_i，预测值为 $\hat{z}_i$)为

$$Purchase_i = \frac{|z_i - \hat{z}_i|}{z_i} \qquad (7-9)$$

每日赎回相对误差(真实值为 y_i ，预测值为 $\hat{y}_i$)为

$$Redeem_i = \frac{|y_i - \hat{y}_i|}{y_i} \qquad (7-10)$$

(2) 申购预测得分与 $Purchase_i$ 相关，赎回预测得分与 $Redeem_i$ 相关，误差与得分之间的计算公式是单调递减的，即误差越小，得分越高，误差越大，得分越低。当第 i 天的申购误差 $Purchase_i = 0$ 时，这一天的得分为 10 分；当 $Purchase_i > 0.3$ 时，其得分为 0 。

(3) 最后总得分 = 申购预测得分 $\times$ 45% + 赎回预测得分 $\times$ 55%。

3. 数据来源与描述

实验数据如文献[1]所示。实验中使用的数据主要包含四个部分，分别为用户基本信息数据、用户申购赎回数据、收益率表和银行间拆借利率表。

1) 用户信息表

本实验的用户信息表为 user_profile_table。总共随机抽取了约 3 万个用户，其中部分用户在 2014 年 9 月份第一次出现，这部分用户只用在测试数据中。因此用户信息表是约 2.8 万个用户的基本数据，在原始数据的基础上进行处理后，主要包含了用户的性别、城市和星座。具体的字段如下表 7.8 所示。

表 7.8　用 户 信 息 表

列　名	类　型	含　义	示　例
user_id	bigint	用户 id	1234
sex	bigint	用户性别(1：男；0：女)	0
city	bigint	所在城市	6081949
constellation	string	星座	射手座

2) 用户申购赎回数据表

本实验的用户申购赎回数据表为 user_balance_table，其中包括 20130701 至 20140831 用户的申购和赎回信息以及所有的子类目信息，数据经过脱敏处理。脱敏之后的数据基本保持了原数据趋势。数据主要包括用户操作时间和操作记录，其中操作记录包括申购和赎

回两个部分。金额的单位是分，即 0.01 元(人民币)。如果用户今日消费总量为 0，即 consume_amt = 0，则子类目为空，如表 7.9 所示。

表 7.9　用户申购赎回数据

列　名	类　型	含　义	示　例
user_id	bigint	用户 id	1234
report_date	string	日期	20140407
tBalance	bigint	今日余额	109004
yBalance	bigint	昨日余额	97389
total_purchase_amt	bigint	今日总购买量 = 直接购买 + 收益	21876
direct_purchase_amt	bigint	今日直接购买量	21863
purchase_bal_amt	bigint	今日支付宝余额购买量	0
purchase_bank_amt	bigint	今日银行卡购买量	21863
total_redeem_amt	bigint	今日总赎回量 = 消费 + 转出	10261
consume_amt	bigint	今日消费总量	0
transfer_amt	bigint	今日转出总量	10261
tftobal_amt	bigint	今日转出到支付宝余额总量	0
tftocard_amt	bigint	今日转出到银行卡总量	10261
share_amt	bigint	今日收益	13
category1	bigint	今日类目 1 消费总额	0
category2	bigint	今日类目 2 消费总额	0
category3	bigint	今日类目 3 消费总额	0
category4	bigint	今日类目 4 消费总额	0

(1) 上述的数据都是经过脱敏处理的，收益为重新计算得到的，计算方法按照简化后的计算方式处理。

(2) 脱敏后的数据保证了今日余额 = 昨日余额 + 今日申购 − 今日赎回，不会出现负值。

3) 收益率表

本实验收益率表为余额宝在 14 个月内的收益率表：mfd_day_share_interest。具体字段如表 7.10 所示。

表 7.10　收 益 率 表

列　名	类　型	含　义	示　例
mfd_date	string	日期	20140102
mfd_daily_yield	double	万份收益，即 1 万块钱的收益	1.5787
mfd_7daily_yield	double	七日年化收益率(%)	6.307

4) 上海银行间同业拆借利率(shibor)

银行间拆借利率表是 14 个月期间上海银行同业之间的拆借利率(皆为年化利率)：mfd_bank_shibor。具体字段如表 7.11 所示。

表 7.11　银行间拆借利率表

列　名	类　型	含　义	示　例
mfd_date	string	日期	20140102
Interest_O_N	double	隔夜利率(%)	2.8
Interest_1_W	double	1 周利率(%)	4.25
Interest_2_W	double	2 周利率(%)	4.9
Interest_1_M	double	1 个月利率(%)	5.04
Interest_3_M	double	3 个月利率(%)	4.91
Interest_6_M	double	6 个月利率(%)	4.79
Interest_9_M	double	9 个月利率(%)	4.76
Interest_1_Y	double	1 年利率(%)	4.78

5) 收益计算方式

本实验的余额宝收益方式主要基于实际余额宝收益计算方法，但是进行了一定的简化，此处计算简化的情况如下：

(1) 收益计算的时间不再是会计日，而是自然日，以 00:00 点为分隔，如果是 00:00 点之前转入或者转出的金额算作昨天的，如果是 00:00 点以后转入或者转出的金额则算作今天的。

(2) 收益的显示时间(即实际将第一份收益打入用户账户的时间)如表 7.12 所示。以周一转入周三显示为例，如果用户在周一存入 10 000 元，即 1 000 000 分，那么这笔金额是周一确认，周二开始产生收益，此时用户的余额显示还是 10 000 元，在周三，周二产生的收益被打入用户的账户中，这时用户的账户中显示的是 10 001.1 元，即 1 000 110 分。其他收益计算时间按照表格中所列的时间计算得到。

表 7.12　简化后余额宝收益计算表

转入时间	首次显示收益时间	转入时间	首次显示收益时间
周一	周三	周五	下周二
周二	周四	周六	下周三
周三	周五	周天	下周三
周四	周六		

需要提交的结果如表 7.13 所示。

表 7.13　实验者提交的结果表(tc_comp_predict_table)

字　段	类　型	含　义	示　例
report_date	bigint	日期	20140901
purchase	bigint	申购总额	40000000
redeem	bigint	赎回总额	30000000

每一行数据是一天对申购、赎回总额的预测值，2014 年 9 月每天一行数据，共 30 行数据。Purchase 和 Redeem 都是金额数据，精确到分，而不是精确到元。评分数据格式要求与"实验结果数据样例文件"一致，结果表命名为：tc_comp_predict_table。字段之间以逗号为分隔符，格式如下：

20140901, 40000000, 30000000
20140902, 40000000, 30000000
20140903, 40000000, 30000000

■ 参考文献

[1]　https://tianchi.aliyun.com/competition/entrance/3/information.

实验 7.11　高潜用户购买意向预测

1. 实验背景与内容

本实验以京东商城真实的用户、商品和行为数据(脱敏后)为基础，数据详情参见本实验文献[1]。要求通过数据挖掘技术和机器学习算法，构建用户购买商品的预测模型，输出高潜用户和目标商品的匹配结果，为精准营销提供高质量的目标群体。同时，希望能通过本实验，挖掘数据背后潜在的意义，为电商用户提供更简单、快捷、省心的购物体验。

实验要求使用京东多个品类下商品的历史销售数据，构建算法模型，预测用户在未来5天内对某个目标品类下商品的购买意向。对于训练集中出现的每一个用户，模型需要预测该用户在未来5天内是否购买目标品类下的商品以及所购买商品的 sku_id。

2. 实验要求与评估

实验提交的 csv 文件中包含对有购买意向的用户所购买商品的预测结果，字段如下。
user_id：用户 id，保证唯一，请勿在一次提交的结果文件中包含重复的 user_id；
sku_id：商品集合 P 中的商品 id，请勿在同一行中提交多个 sku_id。
对于预测出没有购买意向的用户，在提交的 csv 文件中不要包含该用户的信息。

实验结果文件中包含对所有用户购买意向的预测结果。对每一个用户的预测结果包括如下两方面：

(1) 该用户 2016-04-16 到 2016-04-20 是否下单 P 中的商品，提交的结果文件中仅包含预测为下单的用户，预测为未下单的用户无须在结果中出现。若预测正确，则在评测算法中置 label=1，不正确置 label=0。

(2) 如果下单，下单的 sku_id 只需提交一个，若 sku_id 预测正确，则在评测算法中置 pred=1，不正确置 pred=0。

对于实验结果文件，按如下公式计算得分：

$$Score = 0.4F_{11} + 0.6F_{12}$$

此处的 F_1 值定义为

$$F_{11} = \frac{6Recall \times Precision}{5Recall + Precision}, \quad F_{12} = \frac{5Recall \times Precision}{2Recall + 3Precision}$$

其中，Precision 为精确率，Recall 为召回率。F_{11} 是 label = 1 或 0 的 F_1 值，F_{12} 是 pred = 1 或 0 的 F_1 值。

3. 数据来源与描述

(1) 实验的训练数据部分：提供 2016-02-01 到 2016-04-15 用户集合 U 中的用户对商品集合 S 中部分商品的行为、评价及用户数据；提供部分候选商品的数据 P。实验者从数据中自行组成特征和数据格式，自由组合训练测试数据比例。

(2) 预测数据部分：2016-04-16 到 2016-04-20 用户是否下单 P 中的商品，每个用户只下单一个商品；抽取部分下单用户数据，实验第一阶段使用 50%的测试数据来计算分值；实验第二阶段使用另外 50%的数据计算分值(计算精确率时剔除用户提交结果中 user_id 与第一阶段的交集部分)。

其中，S 表示提供的商品全集；P 表示候选的商品子集(JData_Product.csv)，P 是 S 的子集；U 表示用户集合；A 表示用户对 S 的行为数据集合；C 表示 S 的评价数据。

为保护用户的隐私和数据安全，所有数据均已进行了采样和脱敏。数据中部分列存在空值或 NULL，需要自行处理。

用户数据如表 7.14 所示。

表 7.14　用 户 数 据

user_id	用户 id	脱　敏
age	年龄段	-1 表示未知
sex	性别	0 表示男，1 表示女，2 表示保密
user_lv_cd	用户等级	有顺序的级别枚举，级别越高数字越大
user_reg_tm	用户注册日期	粒度到天

商品数据如表 7.15 所示。

表 7.15　商 品 数 据

sku_id	商品编号	脱　敏
a1	属性 1	枚举，-1 表示未知
a2	属性 2	枚举，-1 表示未知
a3	属性 3	枚举，-1 表示未知
cate	品类 id	脱敏
brand	品牌 id	脱敏

评价数据如表 7.16 所示。

表 7.16　评 价 数 据

dt	截止时间	粒度到天
sku_id	商品编号	脱敏
comment_num	累计评论数分段	0 表示无评论，1 表示有 1 条评论，2 表示有 2～10 条评论，3 表示有 11～50 条评论，4 表示大于 50 条评论
has_bad_comment	是否有差评	0 表示无，1 表示有
bad_comment_rate	差评率	差评数占总评论数的比重

行为数据如表 7.17 所示。

表 7.17　行　为　数　据

user_id	用户编号	脱　敏
sku_id	商品编号	脱敏
time	行为时间	
model_id	点击模块编号，则 type = 6，该项有值	脱敏
type	1. 浏览(指浏览商品详情页)；2. 加入购物车；3. 购物车删除；4. 下单；5. 关注；6. 点击	
cate	品牌 id	脱敏
brand	品牌 id	脱敏

■ 参考文献

[1]　https://www.datafountain.cn/competitions/247/datasets.

实验 7.12　用户贷款风险预测

1. 实验背景与内容

本实验提供了近 7 万贷款用户的基本身份信息、消费行为、银行还款等数据信息[1]，需要实验者以此建立准确的风险控制模型，来预测用户是否会逾期还款。

2. 实验要求与评估

实验采用 Kolmogorov-Smirnov(KS)统计量值来衡量预测结果。KS 是风险评分领域常用的评价指标，KS 越高表明模型对正负样本的区分能力越强。其计算方法如下：

假设 $f(s\,|\,P)$ 为正样本预测值的累积分布函数(Cumulative Distribution Function，CDF)，$f(s\,|\,N)$ 为负样本在预测值上的累积分布函数，则有

$$KS = \max_{s}\{|\,f(s\,|\,P) - f(s\,|\,N)\,|\}\qquad(7\text{-}11)$$

3. 数据来源与描述

1) 数据总体概述

实验者可用的训练数据包括用户的基本属性 user_info.txt、银行流水记录 bank_detail.txt、

用户浏览行为 browse_history.txt、信用卡账单记录 bill_detail.txt、放款时间 loan_time.txt，以及这些顾客是否发生逾期行为的记录 overdue.txt。并非每一位用户都有非常完整的记录，例如，有些用户并没有信用卡账单记录，有些用户却没有银行流水记录。

相应地，还有用于测试的用户的基本属性、银行流水、信用卡账单记录、浏览行为、放款时间等数据信息，以及待预测用户的 id 列表。

脱敏处理：① 隐藏了用户的 id 信息；② 将用户属性信息全部数字化；③ 将时间戳和所有金额的值都做了函数变换。

2) 数据详细描述

(1) 用户的基本属性(user_info.txt)。

用户的基本属性数据共有 6 个字段，其中性别字段为 0 表示性别未知。

用户 id, 性别, 职业, 教育程度, 婚姻状态, 户口类型

6346, 1, 2, 4, 4, 2

2583, 2, 2, 2, 2, 1

9530, 1, 2, 4, 4, 2

6707, 0, 2, 3, 3, 2

(2) 银行流水记录(bank_detail.txt)。

银行流水记录数据共有 5 个字段。其中，第 2 个字段，时间戳为 0 表示时间未知；第 3 个字段，交易类型有两个值，1 表示支出、0 表示收入；第 5 个字段，工资收入标记为 1 时，表示工资收入。

用户 id, 时间戳, 交易类型, 交易金额, 工资收入标记

6951, 5894316387, 0, 13.756664, 0

6951, 5894321388, 1, 13.756664, 0

18418, 5896951231, 1, 11.978812, 0

18418, 5897181971, 1, 12.751543, 0

18418, 5897293906, 0, 14.456463, 1

(3) 用户浏览行为(browse_history.txt)。

用户浏览行为数据共有 4 个字段。其中，第 2 个字段，时间戳为 0 表示时间未知。

用户 id, 时间戳, 浏览行为数据, 浏览子行为编号

34724, 5926003545, 172, 1

34724, 5926003545, 163, 4

34724, 5926003545, 38, 7

67215, 5932800403, 163, 4

67215, 5932800403, 138, 4

67215, 5932800403, 109, 7

(4) 信用卡账单记录(bill_detail.txt)。

此部分数据共有 15 个字段。其中，第 2 个字段，时间戳为 0 表示时间未知。为便于浏览，字段以表格形式给出，如表 7.18 所示。

表 7.18　信用卡账单记录字段

字　　段	注　释	字　　段	注　释
用户 id	整数	消费笔数	整数
账单时间戳	整数 0 表示未知	本期账单金额	浮点数
银行 id	枚举类型	调整金额	浮点数
上期账单金额	浮点数	循环利息	浮点数
上期还款金额	浮点数	可用余额	浮点数
信用卡额度	浮点数	预借现金额度	浮点数
本期账单余额	浮点数	还款状态	枚举值
本期账单最低还款额	浮点数		

示例如下：

用户 id, 账单时间戳, 银行 id, 上期账单金额, 上期还款金额, 信用卡额度,本期账单余额, 本期账单最低还款额, 消费笔数, 本期账单金额, 调整金额, 循环利息, 可用金额, 预借现金额度, 还款状态

3147, 5906744363, 6, 18.626118, 18.661937, 20.664418, 18.905766, 17.847133, 1, 0.000000, 0.000000, 0.000000, 0.000000, 19.971271, 0

22717, 5934018585, 3, 0.000000, 0.000000, 20.233635, 18.574069, 18.396785, 0, 0.000000, 0.000000, 0.000000, 0.000000, 0

(5) 放款时间信息(loan_time.txt)。

这部分数据共有 2 个字段，即用户 id 和放款时间。

用户 id, 放款时间

1, 5914855887

2, 5914855887

3, 5914855887

(6) 顾客是否发生逾期行为的记录(overdue.txt)。

这部分数据共有 2 个字段。样本标签为 1，表示逾期 30 天以上；样本标签为 0，表示逾期 10 天以内。逾期 10～30 天之内的用户，并不在此问题考虑的范围内。用于测试的用户，只提供 id 列表，文件名为 testUsers.csv。

用户 id, 样本标签
1, 1
2, 0
3, 1

■ 参考文献

[1]　https://www.dcjingsai.com/common/cmpt/用户贷款风险预测_赛体与数据.html.

实验 7.13　基金间的相关性预测

1.　实验背景与内容

　　基金是投资理财的一个重要工具，研究基金的特征和性质是形成正确投资规划的一个必要步骤。基金间的相关性是基金的重要特征，根据金融学原理，一个基金组合的整体风险不仅和其中各只基金的风险水平有关，还和这些基金之间的相关性有关。构造一个相关性小、或者说分散程度高的基金组合，能在保持一定收益水平的基础上，降低整体风险。因此，对基金之间的相关性进行预测，有助于构建一个好的基金组合。

　　本实验需要根据给出的基金净值、基金业绩比较基准、对应指数行情、基金间相关性等数据，构建模型、算法进行训练。然后针对提供的测试样本，通过算法或模型预测出之后一段时间内基金间的相关性情况。

2.　实验要求与评估

　　预测结果以准确程度作为主要评估标准，准确程度由平均绝对误差(mean Absolute Error，mAE)和目标平均绝对误差(Targeted Mean Absolute Percentage Error，TMAPE)度量。
　　mAE 的计算公式如下：

$$mAE = \frac{1}{n}\sum_{i=1}^{n}|P_i - C_i| \tag{7-12}$$

其中，P_i 是相关性预测值，C_i 是统计出的相关性真实值。

　　TMAPE 是一个针对本问题有所变化的 mAPE 形式，由于样本基金间的相关性在理论上介于 −1 和 1 之间，且大部分偏向于 1，因此对原始分母稍作调整，有：

$$\text{TMAPE} = \frac{1}{n}\sum_{i=1}^{n}\left|\frac{P_i - C_i}{1.5 - C_i}\right| \tag{7-13}$$

其中，P_i 是相关性预测值，C_i 是统计出的相关性真实值。

最终分值是：

$$\text{Score} = \left(\frac{2}{2 + \text{mAE} + \text{TMAPE}}\right)^2 \tag{7-14}$$

3. 数据来源与描述

实验数据来源于文献[1]，包括一批公募基金的复权净值收益率、各只基金对应的业绩比较基准的收益率、基金间的相关性数据及同时期的重要市场指数收益率等。

收益率数据均为日度市场数据，直接获取于市场上公布的相关数据。基金间的相关性数据基于从对应日期开始向后 61 个交易日的市场数据和运营权重综合统计得出，按日度展示。例如，2015-09-30 对应的相关性数据，实际上是基于从 2015-09-30 到 2015-12-30 的多项数据统计得到的。

实验要求基于这些数据，预测出测试数据期的下一个时间点，即 2018-03-19 对应的基金间的相关性。

(1) 训练数据包括四个 csv 文件。相关性数据的对应日期和收益率数据的对应日期错开一个交易日，便于形成一个预测性的数据划分。

① train_fund_return.csv：基金复权净值收益率。第一行是交易日期序列，从 2015-09-29 到 2017-05-23 共 400 个交易日；第一列是基金序号，共 200 只基金(训练和测试的所有数据中，相同序号的基金都是指同一只基金)。

② train_fund_benchmark_return.csv：基金业绩比较基准收益率。第一行是交易日期序列，从 2015-09-29 到 2017-05-23 共 400 个交易日；第一列是基金序号，共 200 只基金。

③ train_index_return.csv：重要市场指数收益率。第一行是交易日期序列，从 2015-09-29 到 2017-05-23 共 400 个交易日；第一列是各个指数的名称和代码，包括股票指数、债券指数和商品指数三类，共 35 个指数。

④ train_correlation.csv：基金间的相关性。第一行是相关性对应的交易日期序列，较三个收益率数据的日期序列向后推进一个交易日，即从 2015-09-30 到 2017-05-24 共 400 个交易日；第一列是两只不同基金组成的基金对名称，共 19 900 个基金对。

(2) 测试数据同样包括四个 csv 文件，形式与训练数据基本一致，截取的是训练数据后一个交易日起的对应数据。一个较大的区别是相关性数据的日期长度比另外三个收益率数据的日期长度短 61 个交易日，原因在于，某个日期下的相关性需要向之后 61 个交易日的数据进行统计，在拟真情境下存在不能获得全部统计数据的限制。

① test_fund_return.csv：基金复权净值收益率。第一行是交易日期序列，从 2017-05-24 到 2018-03-16 共 200 个交易日；第一列是基金序号，共 200 只基金。

② test_fund_benchmark_return.csv：基金业绩比较基准收益率。第一行是交易日期序列，从 2017-05-24 到 2018-03-16 共 200 个交易日；第一列是基金序号，共 200 只基金。

③ test_index_return.csv：重要市场指数收益率。第一行是交易日期序列，从 2017-05-24 到 2018-03-16 共 200 个交易日；第一列是各个指数的名称和代码，与训练数据中给出的指数相同，共 35 个指数。

④ test_correlation.csv：基金间的相关性。第一行是相关性对应的交易日期序列，从 2017-05-25 到 2017-12-14 共 139 个交易日；第一列是两只不同基金组成的基金对名称，共 19 900 个基金对。

(3) 其他数据，即 trading_date.csv，覆盖训练、测试的交易日期序列，用于对齐等工作。

■ 参考文献

[1] https://www.datafountain.cn/competitions/312/datasets.

实验 7.14 供应链需求预测

1. 实验背景与内容

在电商产业链中，为提升用户物流服务体验，供应链协同将货品提前准备在全球各个市场的本地仓，可有效降低物流时间，极大提升用户体验。不同于国内电商物流情况，出海电商的产品生产和销售地区是全球化的，由于需要进行商品的采购、运输和海关质检等，整个商品准备链路需要更长的时间。在大数据和人工智能技术快速发展的新时代背景下，运用大数据分析和算法技术，精准预测远期的商品销售，为供应链提供数据基础，将为出海企业建立全球化供应链方案提供关键的技术支持。

供应链需求预测需要对原问题做建模问题简化。考虑到不同商品在制造、国际航运、海关清关、商品入仓的供应链过程实际的准备时长不同，这里将问题简化，统一在 45 天内完成，供应链预测目标市场为沙特阿拉伯。本实验文献[1]为运用平台积累最近 1 年多的商品数据预测 45 天后 5 周每周(week1～week5)的销量。

2. 实验要求与评估

根据提供的 sku 顺序，预测 5 月 1 日起 5 周每周的数据，如表 7.19 所示。

表 7.19　基于 sku 顺序的预测

sku_id	week1	week2	week3	week4	week5
a	100	30	20	10	50
b	100	30	20	10	50
c	100	30	20	10	50
d	100	30	20	10	50
e	100	30	20	10	50

评估方式采用均方根误差，即

$$RMSE = \sqrt{\frac{1}{n}\sum_{i=1}^{n}\left(y_i - \hat{y_i}\right)^2} \tag{7-15}$$

$$Score = \frac{1}{1+RMSE} \tag{7-16}$$

3. 数据来源与描述

数据来源于平台沙特阿拉伯市场的历史数据积累，参见本实验文献[1]，数据时间跨度为 2017 年 3 月 1 日至 2018 年 3 月 16 日。预测 2018 年 5 月 1 日至 7 日、5 月 8 日至 14 日、5 月 15 日至 21 日、5 月 22 日至 28 日、5 月 29 日至 6 月 4 日 5 周的销量。

整个需求预测过程可以参考商品属性数据、商品的市场表现数据和营销信息数据。

数据内容包括以下部分：

(1) 商品在用户的表现数据，包含点击、加购、收藏等数据。数据集名称为 ccf_jolly_goodsdaily.csv，如表 7.20 所示。

表 7.20　商品在用户的表现数据

字段名称	字段意义	字段名称	字段意义
data_date	时间 yyyyMMdd	favorites_click	商品收藏次数
goods_id	商品 id	sales_uv	商品购买人数
goods_click	商品点击次数	onsale_days	在售天数
cart_click	商品加购次数		

(2) 商品信息，包含类目层级、季节属性、品牌 id。数据集名称为 ccf_jolly_goodsinfo.csv，如表 7.21 所示。

表 7.21　商 品 信 息

字段名称	字段意义	字段名称	字段意义
goods_id	商品 id	cat_level5_id	五级类目 id
cat_level1_id	一级类目 id	cat_level6_id	六级类目 id
cat_level2_id	二级类目 id	cat_level7_id	七级类目 id
cat_level3_id	三级类目 id	goods_season	商品季节属性
cat_level4_id	四级类目 id	brand_id	品牌 id

(3) 商品销售数据，包含每日商品销量、平均价格、吊牌价格。数据集名称为 ccf_jolly_goodsale.csv，如表 7.22 所示。

表 7.22　商品销售数据

字段名称	字段意义	字段名称	字段意义
data_date	时间 yyyyMMdd	goods_num	sku 销售量
goods_id	商品 id	goods_price	商品平均价格
sku_id	skuid	orginal_shop_price	商品吊牌价格

(4) 商品 sku 映射表，goods_id 对应 sku_id 映射关系。数据集名称为 ccf_jolly_goods_sku_relation.csv，如表 7.23 所示。

表 7.23　商品 sku 映射表

字段名称	字段意义
goods_id	商品 id
sku_id	skuid

(5) 商品促销价格表，包含商品标价、促销价、促销日期。数据集名称为 ccf_jolly_goods_promote_price.csv，如表 7.24 所示。

表 7.24　商品促销价格表

字段名称	字段意义	字段名称	字段意义
data_date	时间 yyyyMMdd	promote_price	商品促销价
goods_id	商品 id	promote_start_time	促销开始时间
shop_price	商品标价	promote_end_time	促销结束时间

(6) 平台活动时间表,包含活动类型、节奏类型。数据集名称为 ccf_jolly_marketing.csv,如表 7.25 所示。

表 7.25　平台活动时间表

字 段 名 称	字 段 意 义
data_date	时间 yyyyMMdd
marketing	活动类型 id
plan	活动节奏 id

■ 参考文献

[1]　https://www.datafountain.cn/competitions/313/datasets.

实验 7.15　需求预测与分仓规划

1. 实验背景与内容

阿里巴巴旗下电商拥有海量的买家和卖家交易场景下的数据。本实验希望利用数据挖掘技术,能对未来的商品需求量进行准确的预测,从而帮助商家实现很多供应链过程中的决策自动化。这些以大数据驱动的供应链能够帮助商家大幅降低运营成本,提升用户的体验,对整个电商行业的效率提升起到重要作用。这是一个很难解决但又非常关键的问题。希望通过这次实验能得到一些对这个问题的新颖解法,朝供应链平台智能化的方向更加迈进一步。

高质量的商品需求预测是供应链管理的基础和核心功能。本实验以一年的海量买家和卖家数据为依据,要求实验者预测某商品在未来两周全国和区域性需求量。实验者们需要用数据挖掘技术和方法精准刻画商品需求的变动规律,对未来的全国和区域性需求量进行预测,同时还要考虑到未来的不确定性对物流成本的影响,做到全局的最优化。更精确的需求预测能够大大优化运营成本,提升收货时效以及整个社会的供应链物流效率。

2. 实验要求与评估

在本实验中,实验者需要提供对于每个商品在未来两周的全国最优目标库存和分仓区域最优目标库存的预测;提供每一个商品的补少成本(A)和补多成本(B),然后根据用户预测的目标库存值跟实际需求的差异来计算总的成本。实验的目标是让总的成本最低。

定义以下变量：

T_i——商品 i 的全国目标库存(实验者提供)；

T_{ia}——商品 i 在分仓区域 a 的目标库存(实验者提供)；

D_i——商品 i 未来的全国实际销量(不提供给实验者)；

D_{ia}——商品 i 未来在分仓区域 a 的实际销量(不提供给实验者)；

A_i——商品 i 的全国补少货的成本；

A_{ia}——商品 i 在分仓区域 a 的补少货的成本；

B_i——商品 i 的全国补多货的成本；

B_{ia}——商品 i 在分仓区域 a 的补多货的成本。

全国范围内的成本计算如下：

$$C_N = \sum_i \left[A_i \cdot MAX(D_i - T_i, 0) + B_i \cdot MAX(T_i - D_i, 0) \right] \tag{7-17}$$

分仓区域内的成本计算如下：

$$C_R = \sum_{ia} \left[A_{ia} \cdot MAX(D_{ia} - T_{ia}, 0) + B_{ia} \cdot MAX(T_{ia} - D_{ia}, 0) \right] \tag{7-18}$$

总的衡量标准是上面二式相加的和，即

$$C = C_N + C_R$$

这里需要预测的是未来两周的"非聚划算"销量，即去掉了商品参加聚划算产生的销量。提供的数据经过了脱敏，和实际商品的销量、浏览量和成本等有一些差距，但是不会影响这个问题的可解性。

实验者需要提供每个商品的全国和分仓区域未来两周(20151228—20160110)目标库存，形式如表 7.26 所示。

表 7.26　实验结果数据格式

字　　段	类　　型	含　　义	示例
item_id	[removed] bigint	商品 id	333442
store_code	string	仓库 code(如果是全国的 target，这列是 all)	1
target	double	未来两周的全国或分仓区域目标库存(如果 store_code 为 all，就是全国的 target，否则就是分仓的 target)	30.0

3. 数据来源与描述

如本实验文献[1]所示，提供商品从 20141010—20151227 的全国和分仓区域数据，实验者需给出后面两周(20151228—20160110)的全国和分仓区域目标库存。商品在全国的特征包括商品本身的一些分类，即类目、品牌等，还有一些历史的用户行为特征，即浏览人数、加购物车人数、购买人数。注意要预测的未来需求是"非聚划算支付件数"(qty_alipay_njhs)。商品粒度相关特征如表 7.27 所示。

表 7.27　商品粒度相关特征(item_feature)

字　段	类　型	含　义	示　例
date	bigint	日期	20150912
item_id	bigint	商品 id	132
cate_id	bigint	叶子类目 id	18
cate_level_id	bigint	大类目 id	12
brand_id	bigint	品牌 id	203
supplier_id	bigint	供应商 id	1976
pv_ipv	bigint	浏览次数	2
pv_uv	bigint	流量 uv	2
cart_ipv	bigint	被加购次数	0
cart_uv	bigint	加购人次	0
collect_uv	bigint	加收藏夹人次	0
num_gmv	bigint	拍下笔数	0
amt_gmv	double	拍下金额	0
qty_gmv	bigint	拍下件数	0
unum_gmv	bigint	拍下 uv	0
amt_alipay	double	成交金额	0
num_alipay	bigint	成交笔数	0
qty_alipay	bigint	成交件数	0
unum_alipay	bigint	成交人次	0
ztc_pv_ipv	bigint	直通车引导浏览次数	0
tbk_pv_ipv	bigint	淘宝客引导浏览次数	0
ss_pv_ipv	bigint	搜索引导浏览次数	0
jhs_pv_ipv	bigint	聚划算引导浏览次数	0
ztc_pv_uv	bigint	直通车引导浏览人次	0

第 7 章　预测类

243

字　　段	类　　型	含　　义	示　　例
tbk_pv_uv	bigint	淘宝客引导浏览人次	0
ss_pv_uv	bigint	搜索引导浏览人次	0
jhs_pv_uv	bigint	聚划算引导浏览人次	0
num_alipay_njhs	bigint	非聚划算支付笔数	0
amt_alipay_njhs	double	非聚划算支付金额	0
qty_alipay_njhs	bigint	非聚划算支付件数	0
unum_alipay_njhs	[removed] bigint	非聚划算支付人次	0

同时本实验文献[1]也提供商品的分仓区域历史数据,这些数据的维度跟全国的数据一样,仅有的差别是这些数据表达的是某个分仓负责的地理区域内的用户行为。如qty_alipay_njhs 在这里表达的是这个分仓负责的区域内的用户的"非聚划算支付件数"。商品和分仓区域粒度相关特征如表 7.28 所示。

表 7.28　商品和分仓区域粒度相关特征(item_store_feature)

字　　段	类　　型	含　　义	示　　例
date	bigint	日期	20150912
item_id	bigint	商品 id	132
store_code	string	仓库 code	1
cate_id	bigint	叶子类目 id	18
cate_level_id	bigint	大类目 id	12
brand_id	bigint	品牌 id	203
supplier_id	bigint	供应商 id	1976
pv_ipv	bigint	浏览次数	2
pv_uv	bigint	流量 uv	2
cart_ipv	bigint	被加购次数	0
cart_uv	bigint	加购人次	0
collect_uv	bigint	收藏夹人次	0
num_gmv	bigint	拍下笔数	0
amt_gmv	double	拍下金额	0
qty_gmv	bigint	拍下件数	0

人工智能创新实验教程

字 段	类 型	含 义	示 例
unum_gmv	bigint	拍下 uv	0
amt_alipay	double	成交金额	0
num_alipay	bigint	成交笔数	0
qty_alipay	bigint	成交件数	0
unum_alipay	bigint	成交人次	0
ztc_pv_ipv	bigint	直通车引导浏览次数	0
tbk_pv_ipv	bigint	淘宝客引导浏览次数	0
ss_pv_ipv	bigint	搜索引导浏览次数	0
jhs_pv_ipv	bigint	聚划算引导浏览次数	0
ztc_pv_uv	bigint	直通车引导浏览人次	0
tbk_pv_uv	bigint	淘宝客引导浏览人次	0
ss_pv_uv	bigint	搜索引导浏览人次	0
jhs_pv_uv	bigint	聚划算引导浏览人次	0
num_alipay_njhs	bigint	非聚划算支付笔数	0
amt_alipay_njhs	double	非聚划算支付金额	0
qty_alipay_njhs	bigint	非聚划算支付件数	0
unum_alipay_njhs	[removed] bigint	非聚划算支付人次	0

本实验文献[1]还提供每个商品在全国和分仓区域的补少、补多的成本,可以用来计算总成本,每个商品在全国和分仓区域的补少、补多的成本如表 7.29 所示。

表 7.29　每个商品在全国和分仓区域的补少、补多的成本(config)

字 段	类 型	含 义	示 例
item_id	[removed] bigint	商品 id	333442
store_code	string	仓库 code(如果是全国成本,这一列是 all)	1
a_b	string	商品补少补多成本,用 "_" 联接起来。前一个数是补少的成本,后一个数是补多的成本	10.44_20.88

■ 参考文献

[1]　https://tianchi.aliyun.com/competition/entrance/231530/information.

第 7 章　预测类

实验 7.16　大学生助学金精准资助预测

1.　实验背景与内容

　　大数据时代的来临，为创新资助工作方式提供了新的理念和技术支持，也为高校利用大数据推进快速、便捷、高效的精准资助工作带来了新的机遇。基于学生每天产生的一卡通实时数据，利用大数据挖掘与分析技术和数学建模理论，可以帮助管理者掌握学生在校期间的真实消费情况、了解学生的经济水平、发现"隐性贫困"与疑似"虚假认定"学生，从而实现精准资助，让每一笔资助经费得到最大价值的发挥与利用，帮助每一个贫困大学生顺利完成学业。因此，基于学生在校期间产生的消费数据，运用大数据挖掘与分析技术实现对贫困学生的精准资助具有重要的实际意义。

2.　实验要求与评估

　　本实验采用某高校 2014、2015 两学年的助学金获取情况作为标签，2013—2014、2014—2015 两学年的学生在校行为数据作为原始数据[1]，包括消费数据、图书借阅数据、寝室门禁数据、图书馆门禁数据和学生成绩排名数据，并以助学金获取金额作为结果数据进行模型优化和评价。

　　实验利用学生在 2013/09—2014/09 的数据，预测学生在 2014 年的助学金获得情况；利用学生在 2014/09—2015/09 的数据，预测学生在 2015 年的助学金获得情况。虽然所有数据在时间上混合在了一起，即训练集和测试集中的数据都有 2013/09—2015/09 的数据，但是学生的行为数据和助学金数据是对应的。

　　实验的分类结果以 macro$F$ 值作为最终的评价指标，F 值的定义如下：

$$F = \frac{2}{\dfrac{1}{\text{Precision}} + \dfrac{1}{\text{Recall}}} \tag{7-19}$$

其中，Precision 为精确率，Recall 为召回率。不考虑助学金为 0 的情况，只考虑助学金为 1000、1500、2000 三种类别，将各类的 F 值加权求和得到 macro F：

$$\text{macro } F = \sum_{i=1}^{3} \frac{N_i}{N} F_i \tag{7-20}$$

其中，N 为学生总数，N_i 为第 i 类学生的数量。

3. 数据来源与描述

1) 数据总体概述

数据分为两组，分别是训练集和测试集，每一组都包含大约 1 万名学生的信息记录：

图书借阅数据为 borrow_train.txt 和 borrow_test.txt；

一卡通数据为 card_train.txt 和 card_test.txt；

寝室门禁数据为 dorm_train.txt 和 dorm_test.txt；

图书馆门禁数据为 library_train.txt 和 library_test.txt；

学生成绩数据为 score_train.txt 和 score_test.txt；

助学金数据为 subsidy_train.txt 和 subsidy_test.txt。

2) 数据详细描述

(1) 图书借阅数据 borrow*.txt(*代表_train 和_test)。

有些图书的编号缺失，字段描述和示例如下(第三条记录缺失图书编号)：

学生 id，借阅日期，图书名称，图书编号

9708, 2014/2/25, "我的英语日记/ (韩)南银英著 (韩)卢炫廷插图", "H315 502"

6956, 2013/10/27, "解读联想思维: 联想教父柳传志", "K825.38=76 547"

9076, 2014/3/28,"公司法 gong si fa == Corporation law / 范健, 王建文著 eng"

(2) 一卡通数据 card*.txt。

字段描述和示例如下：

学生 id，消费类别，消费地点，消费方式，消费时间，消费金额，剩余金额

1006, "POS 消费", "地点 551", "淋浴", "2013/09/01 00:00:32", "0.5", "124.9"

1406, "POS 消费", "地点 78", "其他", "2013/09/01 00:00:40", "0.6", "373.82"

13554, "POS 消费", "地点 6", "淋浴", "2013/09/01 00:00:57", "0.5", "522.37"

(3) 寝室门禁数据 dorm*.txt。

字段描述和示例如下：

学生 id，具体时间，进出方向(0 表示进寝室，1 表示出寝室)

13126, "2014/01/21 03:31:11", "1"

9228, "2014/01/21 10:28:23", "0"

(4) 图书馆门禁数据 library*.txt。

图书馆的开放时间为早上 7 点到晚上 22 点,门禁编号数据在 2014/02/23 之前只有"编号"信息，之后引入了"进门、出门"信息，还有些异常信息为 null，请自行处理。

字段描述和示例如下：

学生 id，门禁编号，具体时间

3684, "5", "2013/09/01 08:42:50"

7434, "5", "2013/09/01 08:50:08"

8000, "进门 2", "2014/03/31 18:20:31"

5332, "小门", "2014/04/03 20:11:06"

7397, "出门 4", "2014/09/04 16:50:51"

(5) 学生成绩数据 score*.txt。

成绩排名的计算方式是将所有成绩按学分加权求和，然后除以学分总和，再按照学生所在学院排序。

字段描述和示例如下：

学生 id, 学院编号, 成绩排名

0, 9, 1

1, 9, 2

8, 6, 1565

9, 6, 1570

(6) 助学金数据 subsidy*.txt (训练集中有金额，测试集中无金额)。

字段描述和示例如下：

学生 id, 助学金金额

10, 0

22, 1000

28, 1000

64, 1500

650, 2000

■ 参考文献

[1]   https://www.dcjingsai.com/common/cmpt /大学生助学金精准资助预测_赛体与数据.html.

实验 7.17   口碑商家客流量预测

1. 实验背景与内容

随着移动定位服务的流行，阿里巴巴和蚂蚁金服逐渐积累了来自用户和商家的海量线上线下交易数据。蚂蚁金服的 O2O 平台"口碑"用这些数据为商家提供了包括交易统计、销售分析和销售建议等定制的后端商业智能服务。举例来说，口碑为每个商家提供销售预测，基于预测结果，商家可以优化运营，降低成本，并改善用户体验。本实验以销售预测为主题。

2. 实验过程

预测客户流量对商家的经营管理至关重要，将客户流量定义为"单位时间内在商家消费的用户人次"。实验数据将提供用户的浏览和支付历史，以及商家相关信息，并希望实验者可以以此预测所有商家在接下来 14 天内每天的客户流量。鼓励使用类似天气等额外的数据。

3. 实验要求与评估

在本实验中，需要预测测试集中所有商家在未来 14 天(2016.11.01—2016.11.14)内各自每天(00:00:00—23:59:59)的客户流量。预测结果为非负整数，其表达式为

$$L = \frac{1}{nT} \sum_{i}^{n} \sum_{t}^{T} \left| \frac{c_{it} - c_{it}^{g}}{c_{it} + c_{it}^{g}} \right| \tag{7-21}$$

其中，c_{it} 为第 t 天商家 i 的客户流量预测值(实验者提供)，c_{it}^{g} 为第 t 天商家 i 的客户流量实际值。

4. 数据来源与描述

本实验文献[1]提供从 2015.07.01 到 2016.10.31(除去 2015.12.12)的商家数据、用户支付行为数据以及用户浏览行为数据。提供的数据类型统一为 string 类型，提交预测的类型为整形。文件统一为 utf-8 编码，没有标题行，并以","分隔的 csv 格式。商家特征数据如表7.30 所示，用户支付行为如表 7.31 所示，用户浏览行为如表 7.32 所示，测试集与提交格式如表 7.33 所示。

表 7.30　商家特征数据(shop_info)

字　段	示　例	描　述
shop_id	000001	商家 id
city_name	北京	市名
location_id	001	所在位置编号,位置接近的商家具有相同的编号
per_pay	3	人均消费(数值越大消费越高)

字　段	示　例	描　述
score	1	评分(数值越大评分越高)
comment_cnt	2	评论数(数值越大评论数越多)
shop_level	1	门店等级(数值越大门店等级越高)
cate_1_name	美食	一级分类名称
cate_2_name	小吃	二级分类名称
cate_3_name	其他小吃	三级分类名称

表 7.31　用户支付行为(user_pay)

字　段	示　例	描　述
user_id	0000000001	用户 id
shop_id	000001	商家 id，与 shop_info 对应
time_stamp	2015-10-10 11:00:00	支付时间

表 7.32　用户浏览行为(user_view)

字　段	示　例	描　述
user_id	0000000001	用户 id
shop_id	000001	商家 id，与 shop_info 对应
time_stamp	2015-10-10 10:00:00	浏览时间

表 7.33　测试集与提交格式(prediction)

字　段	示　例	描　述
shop_id	000001	商家 id
day_1	25	第 1 天的预测值(需要实验者提供)
day_2	3	第 2 天的预测值(需要实验者提供)
...		
day_14	1024	第 14 天的预测值(需要实验者提供)

■ 参考文献

[1]　https://tianchi.aliyun.com/competition/entrance/231591/information.

实验 7.18 精品旅行服务成单预测

1. 实验背景与内容

随着消费者消费能力逐渐增强，旅游信息不透明程度的下降，游客的行为逐渐变得难以预测，传统旅行社的旅游路线模式已经不能满足游客的需求。如何为用户提供更受欢迎、更合适的包车游路线，就需要借助大数据的力量。本实验希望结合用户个人喜好、景点受欢迎程度、天气交通等维度，制定多套旅游信息化解决方案和产品。

2. 实验要求与评估

本实验文献[1]提供了 5 万多名用户在旅游 App 中的浏览行为记录，其中有些用户在浏览之后完成了订单，且享受了精品旅游服务，而有些用户则没有下单。实验者需要分析用户的个人信息和浏览行为，从而预测用户是否会在短期内购买精品旅游服务。

本实验采用曲线下面积(Area Under Curve，AUC)来评价分类器的准确性。AUC 通过计算以 False Positive Rate(FPR)为横轴、True Positive Rate(TPR)为纵轴的观测操作特性(Receiver Operating Characteristics，ROC)曲线围成的线下面积来衡量分类器的性能，其值介于 0 与 1 之间，且越高越好。基于其与 Wilcoxon-Mann-Witney Test 的等价性，本实验采用如下公式计算 AUC 值：

$$\text{AUC} = \frac{\sum_i S_i}{|P| \times |N|} \tag{7-22}$$

其中，$|P|$ 为正样本个数，$|N|$ 为负样本个数，$|P| \times |N|$ 为正负样本对的个数，S_i 为第 i 个正负样本对的得分：

$$S_i = \begin{cases} 1, & \text{Score}_{i-p} > \text{Score}_{i-n} \\ 0.5, & \text{Score}_{i-p} = \text{Score}_{i-n} \\ 0, & \text{Score}_{i-p} < \text{Score}_{i-n} \end{cases} \tag{7-23}$$

其中，Score_{i-p} 为样本对中模型给正样本的评分，Score_{i-n} 为样本对中模型给负样本的评分。

3. 数据来源与描述

1) 数据整体描述

数据包含 5 万多名用户的个人信息,以及他们上百万条的浏览记录和相应的历史订单记录,还包含用户对历史订单的评论信息。这些用户被随机分为两组,80%作为训练集,20%作为测试集。两组数据的处理方式和内容类型是一致的,唯一不同的就是测试集中不提供需要预测的订单类型(即是否购买精品旅游服务)。

2) 数据详细描述

(1) 用户个人信息 userProfile_***.csv (***表示 train 或者 test,下同)。

数据共有四列,分别是用户 id、性别、省份、年龄段。例如:

  user id, gender, province, age

  100000000127, , 上海,

  100000000231, 男, 北京, 70 后

(2) 用户行为信息 action_***.csv。

数据共有三列,分别是用户 id、行为类型、发生时间。例如:

  user id, action Type, action Time

  100000000111, 1, 1490971433

  100000000111, 5, 1490971446

  100000000111, 6, 1490971479

  100000000127, 1, 1490695669

  100000000127, 5, 1490695821

行为类型一共有 9 个,其中 1 是唤醒 App;2~4 是浏览产品,无先后关系;5~9 则是有先后关系的,从填写表单到提交订单再到最后支付。

(3) 用户历史订单数据 orderHistory_***.csv。

该数据描述了用户的历史订单信息。数据共有 7 列,分别是用户 id、订单 id、订单时间、订单类型、旅游城市、国家、大陆。其中 1 表示购买了精品旅游服务,0 表示普通旅游服务。例如:

  user id, order id, order Time, order Type, city, country, continent

  100000000371, 1000709, 1503443585, 0, 东京, 日本, 亚洲

  100000000393, 1000952, 1499440296, 0, 巴黎, 法国, 欧洲

一个用户可能会有多个订单,需要预测的是用户最近一次订单的类型。此文件给出的订单记录都是在"被预测订单"之前的记录信息,同一时刻可能有多个订单,属于父订单和子订单的关系。

(4) 待预测订单的数据 orderFuture_***.csv。

对于 train，数据共有两列，分别是用户 id 和订单类型，供实验者训练模型使用。其中 1 表示购买了精品旅游服务，0 表示未购买精品旅游服务(包括普通旅游服务和未下订单)。例如：

> user id, order Type
>
> 102040050111, 0
>
> 103020010127, 1
>
> 100002030231, 0

对于 test，数据只有一列用户 id，是待预测的用户列表。

(5) 评论数据 userComment_***.csv。

数据共有 5 个字段，分别是用户 id、订单 id、评分、标签、评论内容。其中受数据保密性约束，评论内容仅显示一些关键词。

> user id, order id, rating, tags, comments Key Words
>
> 100000550471, 1001899, 5.0, ,
>
> 10044000637, 1001930, 5.0, 主动热情|提前联系|景点介绍详尽|耐心等候,
>
> 111333446057, 1001960,5.0, 主动热情|耐心等候,['平稳', '很好']

■ 参考文献

[1] https://www.dcjingsai.com/common/cmpt/精品旅行服务成单预测_赛体与数据.html.

实验 7.19　广告点击概率预测

1.　实验背景与内容

讯飞 AI 营销云在高速发展的同时，积累了海量的广告数据和用户数据，如何有效利用这些数据去预测用户的广告点击概率，是大数据应用在精准营销中的关键问题，也是所有智能营销平台必须具备的核心技术。

本实验文献[1]提供了讯飞 AI 营销云的海量广告投放数据，可通过人工智能技术构建预测模型，本实验预估用户的广告点击概率，即在给定广告点击相关的广告、媒体、用户、上下文内容等信息的条件下预测广告点击概率。

2.　实验要求与评估

实验要求对讯飞 AI 营销广告点击率进行预估，即预测广告被点击的概率。评估准则为

交叉熵损失函数。对于 logarithmic loss(log loss)评估模型效果，log loss 越小越好，公式如下：

$$\log loss = -\frac{1}{N}\sum_{i=1}^{N}\Big[y_i \log(p_i) + (1-y_i)\log(1-p_i) \Big] \tag{7-24}$$

其中，N 表示测试集样本数，y_i 表示测试集中第 i 个样本的基准标签，p_i 表示第 i 个样本的预估点击率。

3. 数据来源与描述

本实验数据集[1]包括基础实验数据集和拓展实验数据集两个部分。

基础实验数据集包括以下部分：

(1) round1_iflyad_train.txt 训练集，每一行数据为一个样本，可分为 5 类数据，包含基础广告投放数据、广告素材信息、媒体信息、用户信息和上下文信息，共 1 001 650 条数据。其中"click"字段为要预测的标签，其他 34 个字段为特征字段。

(2) round1_iflyad_test_feature.txt 测试集，共 40 024 条数据，与训练集文件相比，测试集文件无"click"字段，其他字段同训练集。

拓展实验数据集包括以下部分：

(1) round2_iflyad_train.txt 训练集，每一行数据为一个样本，可分为 5 类数据，包含基础广告投放数据、广告素材信息、媒体信息、用户信息和上下文信息，共 1 998 350 条数据。其中'click'字段为要预测的标签，其他 34 个字段为特征字段。

(2) round2_iflyad_test_feature.txt 测试集，共 80 276 条数据，与训练集文件相比，测试集文件无'click'字段，其他字段同训练集。

出于数据安全的考虑，所有数据均为脱敏处理后的数据。数据集提供了若干天的样本，最后一天的数据构成了测试集，其余日期的数据作为训练数据。

■ 参考文献

[1]　https://www.dcjingsai.com/common/cmpt/2018 科大讯飞 AI 营销算法大赛_赛体与数据. html.

实验 7.20　搜索广告转化预测

1. 实验背景与内容

本实验以阿里电商广告为研究对象，本实验文献[1]提供了阿里旗下淘宝平台的海量真实交易数据，实验者通过人工智能技术构建预测模型预估用户的购买意向，即给定广告点击相关的用户(user)、广告商品(ad)、检索词(query)、上下文内容(context)、商店(shop)等信息的条件下预测广告促成购买行为的概率(P_{CVR})，形式化定义为：$P_{CVR} = P(conversion=1 \mid query, user, ad, context, shop)$。结合淘宝平台的业务场景和不同的流量特点，定义日常的转化率预估和特殊日期的转化率预估。

2. 实验要求与评估

通过 logarithmic loss(记为 log loss)评估模型效果(越小越好)，公式如下：

$$\text{log loss} = -\frac{1}{N}\sum_{i=1}^{N}\left[y_i \log(p_i) + (1-y_i)\log(1-p_i)\right] \tag{7-25}$$

其中，N 表示测试集样本数量，y_i 表示测试集中第 i 个样本的真实标签，p_i 表示第 i 个样本的预估转化率。

3. 数据来源与描述

本实验文献[1]提供了 5 类数据(基础数据、广告商品信息、用户信息、上下文信息和店铺信息)。基础数据表提供了搜索广告最基本的信息，以及"是否交易"的标记。广告商品信息、用户信息、上下文信息和店铺信息等 4 类数据，提供了对转化率预估可能有帮助的辅助信息。数据包含了若干天的样本。最后一天的数据用于结果评测；其余日期的数据作为训练数据，提供给实验者。数据表中绝大部分样本包含了完整的字段数据，也有少部分样本缺乏特定字段的数据。如果一条样本的某个字段为"–1"，表示这个样本的对应字段缺乏数据。

样本和字段分隔符的说明：

每条样本单独占一行，使用 \r(回车符)进行分割。同一条样本的各个字段，使用空格进行分割。冒号、逗号和分号都是一个字段内部的分隔符号。各个字段的含义和拼接格式参见表 7.34 至表 7.38。

若使用 Windows 记事本打开实验所需数据时无法正常显示换行格式，可使用 Notepad++或 UltraEdit 等文本编辑器进行浏览。基础数据如表 7.34 所示，广告商品信息如表 7.35 所示，用户信息如表 7.36 所示，上下文信息如表 7.37 所示，店铺信息如表 7.38 所示。

表 7.34 基 础 数 据

字 段	解 释
instance_id	样本编号，long 类型
is_trade	是否交易的标记位，int 类型；取值是 0 或者 1，其中 1 表示这条样本最终产生交易，0 表示没有交易
item_id	广告商品编号，long 类型
user_id	用户的编号，long 类型
context_id	上下文信息的编号，long 类型
shop_id	店铺的编号，long 类型

表 7.35 广告商品信息

字 段	解 释
item_id	广告商品编号，long 类型
item_category_list	广告商品的类目列表，string 类型；从根类目(最粗略的一级类目)向叶子类目(最精细的类目)依次排列，数据拼接格式为" category_0; category_1; category_2"，其中 category_1 是 category_0 的子类目，category_2 是 category_1 的子类目
item_property_list	广告商品的属性列表，string 类型；数据拼接格式为"property_0; property_1; property_2"，各个属性没有从属关系
item_brand_id	广告商品的品牌编号，long 类型
item_city_id	广告商品的城市编号，long 类型
item_price_level	广告商品的价格等级，int 类型；取值从 0 开始，数值越大表示价格越高
item_sales_level	广告商品的销量等级，int 类型；取值从 0 开始，数值越大表示销量越大
item_collected_level	广告商品被收藏次数的等级，int 类型；取值从 0 开始，数值越大表示被收藏次数越多
item_pv_level	广告商品被展示次数的等级，int 类型；取值从 0 开始，数值越大表示被展示次数越多

表 7.36 用 户 信 息

字 段	解 释
user_id	用户的编号，long 类型
user_gender_id	用户的预测性别编号，int 类型；0 表示女性用户，1 表示男性用户，2 表示家庭用户
user_age_level	用户的预测年龄等级，int 类型；数值越大表示年龄越大

字　段	解　释
user_occupation_id	用户的预测职业编号，int 类型
user_star_level	用户的星级编号，int 类型；数值越大表示用户的星级越高

表 7.37　上下文信息

字　段	解　释
context_id	上下文信息的编号，long 类型
context_timestamp	广告商品的展示时间，long 类型；取值是以秒为单位的 Unix 时间戳，以 1 天为单位对时间戳进行了偏移
context_page_id	广告商品的展示页面编号，int 类型；取值从 1 开始，依次增加；在一次搜索的展示结果中第一屏的编号为 1，第二屏的编号为 2
predict_category_property	根据查询词预测的类目属性列表，string 类型；数据拼接格式为 "category_A:property_A_1, property_A_2, property_A_3; category_B:-1; category_C:property_C_1, property_C_2"，其中 category_A、category_B、category_C 是预测的三个类目；property_B 取值为-1，表示预测的第二个类目 category_B 没有对应的预测属性

表 7.38　店铺信息

字　段	解　释
shop_id	店铺的编号，long 类型
shop_review_num_level	店铺的评价数量等级，int 类型；取值从 0 开始，数值越大表示评价数量越多
shop_review_positive_rate	店铺的好评率，double 类型；取值在 0 到 1 之间，数值越大表示好评率越高
shop_star_level	店铺的星级编号，int 类型；取值从 0 开始，数值越大表示店铺的星级越高
shop_score_service	店铺的服务态度评分，double 类型；取值在 0 到 1 之间，数值越大表示评分越高
shop_score_delivery	店铺的物流服务评分，double 类型；取值在 0 到 1 之间，数值越大表示评分越高
shop_score_description	店铺的描述相符评分，double 类型；取值在 0 到 1 之间，数值越大表示评分越高

■ 参考文献

[1]　https://tianchi.aliyun.com/competition/entrance/231647/information.

第 7 章　预测类

实验 7.21   用户点击行为预测

1. 实验背景与内容

用户点击行为预测包含很多指标，点击率(Click-Through-Rate，CTR)是其中一个重要指标。点击率指用户点击某条广告或商品的概率，是搜索排序的一个重要参考指标。点击率预测已广泛应用在各种互联网产品中，如百度网页搜索、百度 App 等。

广告是互联网行业的重要商业模式之一。如何准确预测用户的点击行为是互联网广告行业需要解决的重要问题。一方面，通过准确预测，展示用户最可能点击的广告，能方便用户找到所需，提升用户体验；另一方面，通过准确预测，增加用户点击次数，可以有效提高互联网企业的收入。同时，通过有效预测用户点击后产生的购买行为，也能提升广告主通过广告产生的收入，并进一步增加互联网平台的吸引力，形成正向循环。

2. 实验要求与评估

点击率预测模型和算法需要考虑很多特征，包括通用的用户画像、用户历史点击行为、广告特征、用户使用产品当前上下文等。点击率预测模型的评价包含两部分：一是预测结果的准确性，即预测结果和最后的用户实际点击行为是否匹配；二是预测算法的性能，也就是对于给定用户数和资源，预测所有候选广告所需的时间。如何根据给定数据，综合考虑预测结果的准确性和预测算法的性能设计预测模型和算法是点击率预测需要解决的主要问题，也是互联网企业和学术界关注的重点。

本实验文献[1]提供了资源和数据集，本实验以一个互联网应用 CTR 为切入点，考察实验者搭建和训练网络的能力，以及修改深度学习框架和模型压缩(主要是量化)的能力，最终对所设计模型的质量(AUC)和运行速度(平均用时)进行评测。

3. 数据来源与描述

实验数据包括训练集、开发集和测试集，其中，训练集和开发集带有标注，测试集不带有标注[1]。

■ 参考文献

[1]   https://dianshi.baidu.com/competition/20/rule.

实验 7.22　HaoKan App 用户保留率预测

1. 实验背景与内容

本实验基于用户画像数据的采集(性别、年龄、教育、地理位置、兴趣等)、用户查看行为、应用程序使用时间和安装源码等,评估新用户是否会在第二天使用百度 HaoKan App。

2. 实验要求与评估

模型排序能力可以通过计算测试集上的曲线下面积(Area Under Curve,AUC)来衡量,本实验中的 AUC 是接收操作特性曲线(Receiver Operating Characteristic Curve,ROC)的曲线下面积,是判断两类预测模型优劣的标准。ROC 是反映灵敏度和特定连续变量的常用指标,ROC 曲线上的每一点反映了对同一信号激励的灵敏度。

3. 数据来源与描述

用户画像数据、视频相关数据和用户行为数据[1]如表 7.39 至表 7.41 所示。

表 7.39　用户画像数据

	字段名	描　　　述
用户	用户标识	
	属性	性别、年龄、受教育程度、地域编码
	安装渠道	
	是否继续	

表 7.40　视频相关数据

	字段名	描　　　述
视频	视频 id	
	分类	二级分类
	标签	标记列表
	创作者	作者上传
	上传时间	
	视频时长	

表 7.41　用户行为数据

	字段名	描述
行为	Cuid	脱敏
	行为类别	显示、分发和访问其他页面
	行为 id	视频 id
	建议类型	推荐类型 1、2、3
	视频回放时间	
	是否播放	只有当视频被显示和分发时，"行为"才是有意义的。
	行为的时间戳	
	是否存在交互行为	喜好，转发，评论

■ 参考文献

[1]　https://dianshi.baidu.com/competition/24/question.

实验 7.23　快手 App 活跃人数预测

1. 实验背景与内容

本实验基于脱敏和采样后的数据信息，预测未来一段时间快手 App 的活跃用户，要求设计相应的算法进行数据分析和处理。

2. 实验要求与评估

设最终实验结果中用户集合为 M，实际上未来 7 天内使用过快手的用户集合为 N，且集合 N 是预先给定的注册用户的子集，则实验结果的 F1-Score 定义为

$$\text{Precision} = \frac{\left|(M \cap N)\right|}{|M|} \tag{7-26}$$

$$\text{Recall} = \frac{\left|(M \cap N)\right|}{|N|} \tag{7-27}$$

$$F_1 = \frac{2\,\text{Precision} \cdot \text{Recall}}{\text{Precision} + \text{Recall}} \tag{7-28}$$

最终使用 F1-Score 来评估实验结果的优劣，F1-Score 越大代表结果越优。

3. 数据来源与描述

本实验数据采用脱敏和采样后用户行为数据，对日期信息进行统一编号，第一天编号为 01，第二天为 02，以此类推，所有文件中列使用 \t 分割。实验数据由本实验文献[1]提供。

1) 注册日志(user_register_log.txt)

注册日志如表 7.42 所示，该部分数据的示例文件可参考本实验文献[2]。

表 7.42 注 册 日 志

列　名	类　型	说　明	示　例
user_id	int	用户唯一标识(脱敏后)	666
register_day	string	日期	01, 02,…, 30
register_type	int	来源渠道(脱敏后)	0
device type	int	设备类型(脱敏后)	0

2) App 启动日志(app_launch_log.txt)

App 启动日志如表 7.43 所示，该部分数据的示例文件可参考本实验文献[3]。

表 7.43 App 启动日志

列　名	类　型	说　明	示　例
user_id	int	用户唯一标识(脱敏后)	666
day	string	日期	01, 02, …, 30

3) 拍摄日志(video_create_log.txt)

拍摄日志如表 7.44 所示，该部分数据的示例文件可参考本实验文献[4]。

表 7.44 拍 摄 日 志

列　名	类　型	说　明	示　例
user_id	int	用户唯一标识(脱敏后)	666
day	string	拍摄日期	01, 02, …, 30

4) 行为日志(user_activity_log.txt)

行为日志如表 7.45 所示，该部分数据的示例文件可参考本实验文献[5]。

表 7.45 行 为 日 志

列 名	类 型	说 明	示 例
user_id	int	用户唯一标识(脱敏后)	666
day	string	日期	01, 02, …, 30
page	int	行为发生的页面。每个数字分别对应"关注页""个人主页""发现页""同城页"或"其他页"中的一个	1
video_id	int	video id(脱敏后)	333
author_id	int	作者 id(脱敏后)	999
action_type	int	用户行为类型。每个数字分别对应"播放""关注""点赞""转发""举报"或"减少此类作品"中的一个	1

■ 参考文献

[1] https://www.kesci.com/home/competition/5ab8c36a8643e33f5138cba4/content/4.

[2] https://cdn.kesci.com/admin_upload_files/1524127730984_15038.txt.

[3] https://cdn.kesci.com/admin_upload_files/1524127628310_31802.txt.

[4] https://cdn.kesci.com/admin_upload_files/1524127784961_55316.txt.

[5] https://cdn.kesci.com/admin_upload_files/1524127804915_2302.txt.

实验 7.24 微博热度预测

1. 实验背景与内容

互联网新媒体的诞生极大地促进了信息的广泛传播，尤其是微博的兴起，更是推动了自媒体时代的发展。依赖信息广泛传播的各行业，如广告业、新闻业，乃至个人，无不希望自己发布的信息能够得到广泛的关注。

一些研究表明，一条微博发出以后，只需要观察其在之后一小段时间内的转发情况，它的传播规模便可以被预测。但是不同类型的微博会有不同的传播方式，比如明星晒一张生活照就能得到众多粉丝的热捧，具有较大的传播广度，但是往往在传播深度上稍显不足；

相比之下，一些被广泛讨论的新闻类微博往往具有较深的传播深度。也有统计结果显示，一些谣言往往会得到大规模的传播，辟谣类的消息反而得不到广泛关注。不仅如此，在热门微博中能看到不少正能量的信息，同时也能看到一些话题被持正反两种不同意见的人掀起讨论热潮。简而言之，微博发出初期的传播速度、用户关系、信息类型、内容情感等特征都是影响微博传播规模和深度的重要因素。

为预测微博的传播规模，本实验采用大约 1～3 万条微博及其转发微博，希望实验者能够结合微博用户的关注关系、微博的内容类型和情感分析以及初期的传播模式，来预测微博的传播规模(源微博一共有多少人转发)和传播深度(源微博到其他转发微博的最长距离)。

2. 实验要求与评估

本实验建立模型来模拟微博在社交网络中的传播过程，然后将模型应用于"测试集的微博"，以预测转发量及转发深度的增长。

由于微博转发量的差异性可能很大，因此采用平均绝对误差(mean Absolute Percentage Error，mAPE)来评价预测效果的优劣。给定某一时刻 t，mAPE(t)就定义为此时的模型预测值与实际值之差占实际值的百分比，记作：

$$\text{mAPE}(t) = \frac{1}{M} \sum_{m=1}^{M} \frac{\left| N'_m(t) - N_m(t) \right|}{N_m(t)} \tag{7-29}$$

其中，$N_m(t)$ 是在时刻 t 微博 m 的实际转发量，$N'_m(t)$ 是在时刻 t 算法估计的转发量。随着时间 t 的变化，mAPE(t)会构成一条曲线，用曲线下的面积评估整体预测效果的优劣，记作：

$$\text{mAPE} = \int_{t=T_1}^{T_k} \text{mAPE}(t)dt \tag{7-30}$$

由于实验中时间 t 为离散量，为计算方便，上式简化为

$$\text{mAPE} = \frac{1}{k} \sum_{t=T_1}^{T_k} \text{mAPE}(t) \tag{7-31}$$

同理，可以计算微博传播深度的 mAPE 值。若记传播规模的平均绝对误差为 mAPE_1，记传播深度的平均绝对误差为 mAPE_2，最终误差由二者加权 $0.7 \times \text{mAPE}_1 + 0.3 \times \text{mAPE}_2$ 得到。

3. 数据来源与描述

实验数据可通过文献[1]获取。

1) 总体概述

本实验选择约 3 万条"源微博"数据，这些"源微博"被转发共计超过 1784 万次，涉

及约 800 万位用户，用户之间的关注关系超过 7 亿条。

可供训练学习的数据：一批源微博的转发数据，包括被转发的用户，产生转发行为的用户，微博的内容和发布时间，以及用户与用户之间的关注关系。

测试集的数据：一批刚刚开始传播的微博转发数据及每条微博(包括转发微博)的内容。

实验时先将模型在训练集上训练，然后预测测试集中的微博传播规模和深度。

2) 数据文件解释

(1) 相关用户的关注关系(userRelations.zip)。字段格式为

用户 id1   id1 关注的用户 id 列表

例如，小张关注了小王、小李和小赵，小王关注了小李和小赵，则数据中表示如下：

小张 id 小王 id\001 小李 id\001 小赵 id

小王 id 小李 id\001 小赵 id

每行表示一个用户关注的微博用户列表，id1 和 id2 之间以空格分隔，用以区分用户和关注列表。分隔符为\001，若用 python 处理，可以用\x001。

(2) 微博的转发数据(trainRepost.txt)。字段格式为

微博 id\001 被转发用户 id\001 转发用户 id\001 转发时间与源微博发表时间的间隔\001 微博内容

例如，小赵在早上 7 点 15 分 10 秒发了一条微博"早上好"，假设记 id 为 weibo1；然后按时间先后，过了 10 s，小王转发了此微博；此后又过了 20 s，小李也转发了；再过了 30 s，小张从小王那里转发了此微博。微博上的记录如下：

小赵：早上好

小王：早//@小赵：早上好

小李：早安//@小赵：早上好

小张：转发微博//@小王：早//@小赵：早上好

那么微博转发数据中的记录如下：

weibo1\001 小赵 id\001 小王 id\00110\001 早

weibo1\001 小赵 id\001 小李 id\00130\001 早安

weibo1\001 小王 id\001 小张 id\00160\001

每行用回车符分隔，一行内各字段用"\001"分隔。若转发内容为"转发微博"，则省略显示此字段。

(3) 源微博内容(含微博 id 与内容的对应关系)(WeiboProfile.train)。

在上面的例子中，微博的内容就会记录如下：

微博 id\001 微博作者 id\001 微博发布时刻\001 微博内容

weibo1\001 小赵 id\001 07:15:10\001 早上好

微博发布时刻为当日的时间点，隐藏了日期，并使用 24 小时计时法。

(4) 测试集中实验者训练的源微博内容(WeiboProfile.test)。有 3000 条源微博需要实验者预测，格式同(3)。

(5) 测试集用于实验者训练的转发数据(testRepostBeforeFirstHour.txt)。此部分数据为 3000 条源微博在最初 1 个小时内的被转发情况，格式同(2)。

在数据采集过程中，由于一些原因可能会出现少量数据遗失的情形，比如：

① 用户关注关系遗失，新产生的关系不能更新。

② 对于微博转发过程中的用户，有小部分不在用户关注关系数据中。

③ 转发链可能断裂，比如源微博用户为 a，转发链为 b 转发了 a，c 转发了 b，d 转发了 c，信息走向就为 a→b→c→d，此时深度应为 a 到 d 的距离 3，但在采集过程中，可能会漏掉 b→c 这一段，从而导致转发链断裂。此时若计算传播深度，会将转发链视为 a→b 和 a→c→d，深度计算取节点 a 与其他节点的最长距离，即从 a 到 d，深度为 2。

微博传播深度计算说明：

以源微博的用户为起点，计算转发链上其他节点到源节点的距离，最长距离就是此微博的传播深度。

例如：假如源微博用户是 a，用户 b 从 a 处转发了微博，用户 c 从 b 处转发了微博，用户 d 又从 c 处转发了微博，那么此微博传播链就是 a→b→c→d，深度就为 3。

实验中需要注意的问题：

① 一个用户可能从多个源都进行转发，比如在之后的时间里，c 从 d 处进行了转发，或者 a 又从 c 处做了转发，在这种情况下，深度并不增加；同样地，若源微博用户 a 再次转发了自己的微博，深度也不增加。

② 若在转发链为 a→b→c→d 中，出现了新的用户 e，从 a 处转发了微博，然后又从 d 处转发了一次。对于这种情况，认为转发链的深度并没有增加，因为 e 已经被认定为距离 a 只有 1 步，此时再从 d 处转发，并没有实际深度的增加。但需注意，若 e 先从 d 处转发，此时传播深度便需要加 1，之后 e 再从 a 处转发，深度不会降低。

③ 在数据采集过程中，由于各种原因(如新浪自动截断、用户手动删除、采集遗漏等)，转发链可能出现中断，继续采用上面的例子，假如用户 e 可能从 a、b、c 或 d 中进行转发，但是训练集中没有这一记录，反倒有用户 f 从 e 处转发了此微博，也就是说无法得知用户 e 的父节点，导致深度计算出现问题。为解决这一问题，在计算深度时，默认添加从 a 到 e 的转发关系，于是从 a 到 e 的距离就为 1，到 f 的距离为 2。

■ 参考文献

[1] https://www.dcjingsai.com/common/cmpt/微博热度预测_赛体与数据.html.

第 7 章 预测类

实验 7.25　微博互动预测

1.　实验背景与内容

对于一条原创博文而言，转发、评论、赞等互动行为能够体现出用户对于博文内容的感兴趣程度，也是对博文进行分发控制的重要参考指标。本实验的任务就是根据抽样用户的原创博文在发表一天后转发、评论、赞的总数，建立博文的互动模型，并预测用户后续博文在发表一天后的互动情况。

2.　实验要求与评估

将每条博文的互动数一共划分为 5 档，0～5 为 1 档，6～10 为 2 档，11～50 为 3 档，51～100 为 4 档，100+ 为 5 档。每个档位对应的权重值如表 7.46 所示。

表 7.46　各档位对应的权重值

档　位	互动数	权重值
1	0～5	1
2	6～10	10
3	11～50	50
4	51～100	100
5	100+	200

希望实验者对于每一条博文预测出发表一天后的互动数(转发数+评论数+赞的数目)位于第几档，精确率的计算公式如下：

$$\text{Precision} = \frac{\sum_{i=1}^{5}\left(\text{Weight}_i \cdot \text{Count\_}r_i\right)}{\sum_{i=1}^{5}\left(\text{Weight}_i \cdot \text{Count}_i\right)} \tag{7-32}$$

其中，Count_i 为第 i 个档位的博文数量，Weight_i 为第 i 个档位的权重，$\text{Count\_}r_i$ 为第 i 个档位预测正确的博文数量。

人工智能创新实验教程

3. 数据来源与描述

数据来源于本实验文献[1]。

第一阶段实验数据如下:

(1) 训练数据(weibo_train_data (new)),抽样时间为 2015-02-01 至 2015-07-31。

博文的全部信息都映射为一行数据。其中,对用户做了一定的抽样,获取了抽样用户半年的原创博文,对用户标记和博文标记做了加密,发博时间精确到天级别,训练数据字段如表 7.47 所示。

表 7.47　训练数据字段格式

字　段	字段说明	提取说明
uid	用户标记	抽样&字段加密
mid	博文标记	抽样&字段加密
time	发博时间	精确到天
forward_count	博文发表一周后的转发数	
comment_count	博文发表一周后的评论数	
like_count	博文发表一周后的赞数	
content	博文内容	

(2) 预测数据(weibo_predict_data(new)),抽样时间为 2015-08-01 至 2015-08-31。
预测数据字段如表 7.48 所示。

表 7.48　预测数据字段格式

字　段	字段说明	提取说明
uid	用户标记	抽样&字段加密
mid	博文标记	抽样&字段加密
time	发博时间	精确到天
content	博文内容	

第一阶段实验数据结果形式:

提交的数据(weibo_result_data)中,实验者对预测数据(weibo_predict_data)中每条博文一周后转发、评论、赞的数目进行预测,数据字段如表 7.49 所示。

表 7.49 第一阶段实验数据结果字段格式

字　段	字段说明	提取说明
uid	用户标记	抽样&字段加密
mid	博文标记	抽样&字段加密
forward_count	博文发表一周后的转发数	
comment_count	博文发表一周后的评论数	
like_count	博文发表一周后的赞数	

实验者提交的结果文件的转发、评论、赞数值必须为整数，不接受浮点数。

第二阶段实验数据如下：

(1) 博文数据(weibo_blog_data_train)，数据字段如表 7.50 所示。

表 7.50 第二阶段实验数据结果字段格式

字　段	类　型	说　　明
uid	string	用户 id
mid	string	博文 id
blog_time	string	发微博时间
blog	string	博文内容

(2) 粉丝数据如表 7.51 所示。

表 7.51 粉丝数据(weibo_fans_data_train)

字　段	类　型	说　　明
uid	string	用户 id
fans_id	string	粉丝 id

(3) 用户行为数据如表 7.52 所示。

表 7.52 用户行为数据(weibo_action_data_train)

字　段	类　型	说　　明
action_uid	string	行为用户 id
action_time	string	行为发生时间
uid	string	被转发、评论、赞用户 id
mid	string	被转发、评论、赞微博 id
blog_time	string	被转发、评论、赞博文发布时间
action_type	string	行为标记(转发：1；评论：2；赞：3)

(4) 需预测的博文数据如表 7.53 所示。

表 7.53　需预测的博文数据(weibo_blog_data_test)

字　段	类　型	说　明
uid	string	用户 id
mid	string	博文 id
blog_time	string	发微博时间
blog	string	博文内容

实验结果按照以下数据结构来产出结果表，命名为"weibo_rd_2_submit"，如表 7.54 所示。

表 7.54　实验结果数据格式

数据属性名	类　型	定　义
uid	string	用户 id
mid	string	博文 id
action_sum	bigint	转发、评论、赞互动数之和

■ 参考文献

[1]　https://tianchi.aliyun.com/competition/entrance/5/information.

实验 7.26　糖尿病遗传风险预测

1. 实验背景与内容

中国是世界上糖尿病患者最多的国家，病人达到 1.1 亿，每年有 130 万人死于糖尿病及其相关疾病。我国每年用于糖尿病的医疗费用占公共医疗卫生总支出的比例超过 13%，达 3000 亿元以上。

本实验旨在通过糖尿病人的临床数据和体检指标来预测人群的糖尿病程度，以血糖浓度为指标。实验者需要设计高精度、高效且解释性强的算法来挑战糖尿病精准预测这一科学难题。

2. 实验要求与评估

第一阶段实验：

实验者需要提交对每个人的糖尿病血糖预测结果，以小数形式表示，保留小数点后三位。该结果将与个体实际检测到的血糖结果进行对比，以均方误差为评价指标进行评价，结果越小越好，均方误差计算公式如下：

$$f = \frac{1}{2m} \sum_{i=1}^{m} \left[y'(i) - y(i) \right]^2 \tag{7-33}$$

其中，m 为总人数，$y'(i)$ 为实验预测的第 i 个人的血糖值，$y(i)$ 为第 i 个人的实际血糖检测值。

第二阶段实验：

实验结果包含对每个人是否患妊娠糖尿病的预测结果，以整数形式表示类别，取值为 0 或者 1。该结果将与个体实际检测到的是否患有妊娠糖尿病情况进行对比，以 F_1 为评价指标进行评价，结果越大越好，F_1 计算公式如下：

$$F_1 = \frac{2 \cdot \text{Precision} \cdot \text{Recall}}{\text{Precision} + \text{Recall}} \tag{7-34}$$

其中，Precision 为精确率，计算公式如下：

$$\text{Precision} = \frac{\text{预测正确的正样本数}}{\text{预测的正样本数}} \tag{7-35}$$

Recall 为召回率，计算公式如下：

$$\text{Recall} = \frac{\text{预测正确的正样本数}}{\text{总正样本数}} \tag{7-36}$$

其中正样本数定义为数值为 1 的样本数。

第二阶段实验每次评测时，60%(共 120 个)的结果值会被抽取，每个实验者抽到的样本序号相同。不同次评测时(如同一天的中午和晚上，或者不同天)，随机的样本序号不一样。

3. 数据来源与描述

如本实验文献[1]所示，第一阶段实验数据共包含两个文件，即训练文件 d_train.csv 和测试文件 d_test.csv，每个文件第一行是字段名，之后每一行代表一个个体。文件共包含 42 个字段，包含数值型、字符型、日期型等众多数据类型，部分字段内容在部分人群中有缺失，其中第一列为个体 id 号。训练文件的最后一列为标签列，即需要预测的目标血糖值。

第二阶段实验数据共包含两个文件，即训练文件 f_train.csv 和测试文件 f_test.csv，每个文件第一行是字段名，之后每一行代表一个个体，部分字段名已经做了脱敏处理。文件共包含 85 个字段，部分字段内容在部分人群中有缺失，其中第一列为个体 id 号。训练文件的最后一列为标签列，是否患妊娠糖尿病，取值为 0 或者 1。

4. 辅助信息

相关医学专业资料信息见本实验文献[2-9]。

■ 参考文献

[1] https://tianchi.aliyun.com/competition/entrance/231638/information.

[2] MAO H, LI Q, GAO S. Meta-analysis of the relationship between common type 2 diabetes risk gene variants with gestational diabetes mellitus. PLoS One, 2012, 7(9): e45882.

[3] WATANABE R M. Inherited destiny? Genetics and gestational diabetes mellitus. Genome Med, 2011, 3(3): 18.

[4] HAYES M G, URBANEK M, HIVERT M F, et al. Identification of HKDC1 and BACE2 as genes influencing glycemic traits during pregnancy through genome-wide association studies. Diabetes, 2013, 62(9): 3282–3291.

[5] LOWE W L, KARBAN L. Genetics, genomics and metabolomics: new insights into maternal metabolism during pregnancy. Diabetic medicine: a journal of the British Diabetic Association, 2014, 31(3):254-262.

[6] LOWE W L, SCHOLTENS D M, SANDLER V, et al. Genetics of gestational diabetes mellitus and maternal metabolism. Current Diabetes Reports, 2016, 16(2): 15.

[7] ZHANG G, BAO W, RONG Y, et al. Genetic variants and the risk of gestational diabetes mellitus: a systematic review. Human Reproduction Update, 2013, 19(4): 376-90.

[8] KWAK S H, JANG H C, PARK K S. Finding genetic riskfactors of gestational diabetes. Genomics & Informatics, 2012, 10(4): 239-243.

[9] KWAK S H, KIM S H, CHO Y M, et al. A genome-wide association study of gestational diabetes mellitus in Korean women. Diabetes, 2012, 61(2): 531-541.

实验 7.27　双高疾病风险预测

1. 实验背景与内容

心脑血管疾病是危害我国人民生命健康的主要疾病，其致死致残率已经超过恶性肿瘤，给社会和家庭带来了沉重负担和巨大的经济损失。双高疾病风险预测，要求实验者通过双高人群的体检数据来预测人群的高血压和高血脂程度，以血压、血脂的具体数值为指标，设计高精度、高效且解释性强的算法来挑战心脑血管双高疾病精准预测这一科学难题。

2. 实验要求与评估

实验者需要提交对每个个体的收缩压、舒张压、甘油三酯、高密度脂蛋白胆固醇和低密度脂蛋白胆固醇五项指标的预测结果，以小数形式表示，保留小数点后三位，该结果将与个体实际的检测数值进行对比。对于第 j 项指标，计算公式如下：

$$e_j = \frac{1}{m}\sum_{i=1}^{m}\left[\log\left(y_i'+1\right)-\log\left(y_i+1\right)\right]^2 \tag{7-37}$$

其中，m 为总人数，y_i' 为实验者预测的第 i 个人的指标 j 的数值，y_i 为第 i 个人的指标 j 的实际检测值。最后的评价指标是五个预测指标评估结果之和：

$$E = \frac{1}{5}\sum_{n=1}^{5}e_n \tag{7-38}$$

3. 数据来源与描述

在本实验文献[1]中，有两个特征文件 data_part1 和 data_part2，每个文件第一行是字段名，之后每一行代表某个指标的检查结果(指标含义已脱敏)。每个文件各包含 3 个字段，分别表示病人 id、体检项目 id 和体检结果，部分字段在部分人群中有缺失。其中，体检项目 id 字段数值相同表示体检的项目相同，体检结果字段有数值型和字符型，部分结果以非结构化文本形式提供，如表 7.55、表 7.56 和表 7.57 所示。

标签文件 train.csv 是训练数据的答案，包含 6 个字段，第一个字段为病人 id，与上述特征文件的病人 id 有对应关系，之后 5 个字段依次为收缩压、舒张压、甘油三酯、高密度脂蛋白胆固醇和低密度脂蛋白胆固醇，如表 7.58 所示。

表 7.55　体检数据集一(meinian_round2_data_part1)

字段名	类型	说　　明
Vid	string	体检人 id
Table_id	string	检查项目 id
Results	string	检查结果

表 7.56　体检数据集二(meinian_round2_data_part2)

字段名	类型	说　　明
Vid	string	体检人 id
Test_id	string	检验项目 id
Results	string	检验结果

表 7.57　基因数据(meinian_round2_SNP)

字段名	类型	说　　明
Vid	string	体检人 id
SNP1	string	SNP 位点 1
SNP2	string	SNP 位点 2
...	...	...
SNP384	string	SNP 位点 384

表 7.58　训练集(meinian_round2_train)

字段名	类型	说　　明
Vid	string	体检人 id
Sys	bigint	收缩压
Dia	bigint	舒张压
Tl	double	甘油三酯
Hdl	double	高密度脂蛋白胆固醇
Ldl	double	低密度脂蛋白胆固醇

测试集 a：meinian_round2_submit_a (结果表需要将该表的 2~6 列重写，在各自空间生成即可)。

测试集 b：meinian_round2_submit_b，注意检查结果条数及是否有负值情况，如表 7.59所示。

表 7.59　测试集数据格式

字段名	类型	说　　明
Vid	string	体检人 id
Sys	bigint	收缩压
Dia	bigint	舒张压

续表

字段名	类型	说　明
Tl	double	甘油三酯
Hdl	double	高密度脂蛋白胆固醇
Ldl	double	低密度脂蛋白胆固醇

■ 参考文献

[1]　https://tianchi.aliyun.com/competition/entrance/231654/information.

实验 7.28　智能制造质量预测

1. 实验背景与内容

半导体产业是一个信息化程度较高的产业，高度的信息化给数据分析创造了可能性。基于数据的分析可以帮助半导体产业更好地利用生产信息，提高产品质量。

现有的方案是，生产机器在生产完成后，对产品质量做非全面的抽测，进行产品质量检核。这种方案存在一些弊端：一是不能即时知道产品质量的好坏，当发现质量不佳的产品时，要修正通常都为时已晚，二是在没有办法全面抽测的状况下，存在很大的漏检风险。

在机器学习、人工智能快速发展的今天，希望通过机器生产参数去预测产品的质量，达到对生产结果掌握的即时性以及全面性。基于预测到的结果，及时做出对应的决策调整，从而对客户负责，也给产品质量提升提供保障。

本实验文献[1]提供了生产线上的数据，包括反应机台的温度、气体、液体流量、功率、制成时间等因子。通过这些因子，需要设计出模型，准确地预测与之相对应的特性数值。这是一个典型的回归预测问题。因为数据中可能存在异常等现象，所以鼓励实验者发挥想象力去设计出智能的算法。

2. 实验要求与评估

(1) TFT-LCD(薄膜晶体管液晶显示器)的生产过程较为复杂，包含几百道以上的工序。每道工序都有可能对产品的品质产生影响，故算法模型需要考虑的过程变量较多。

(2) 变量的取值可能存在异常(如测点仪表的波动、设备工况漂移等现象)，模型需要有足够的稳定性和鲁棒性。

(3) 生产线每天加工的玻璃基板数以万计，模型需要在满足较高精准度的前提下尽可能实时得到预测结果，这样才能在实际生产中进行使用。

评测指标中：$\hat{Y}$ 是实验者预测的值，Y 是真实的值。MSE 的值越小，代表预测结果和真实值越接近，效果越好。

$$\text{MSE} = \frac{1}{n}\sum_{i=1}^{n}\left(\hat{Y}_i - Y_i\right)^2 \tag{7-39}$$

实验者需要提交的答案格式为 csv，共两列，第一列为 id 号码，顺序一定要保持和给定的测试数据一样。第二列为预测的 Y 值。提交的 csv 文件中不含 header(列名)，如表 7.60 所示。

表 7.60　实验结果形式

id790	2.916614
id792	2.937837
id793	2.687872
id797	2.050846

3. 数据来源与描述

本实验文献[1]中每条数据包含 8029 列字段。第一个字段为 id 号码，最后一列为要预测的值 Y，其余的数据为用于预测 Y 的变量 X。这些变量一共由多道工序组成，字段的名字可以区分不同的工序，如 210X1、210X2、300X1、300X2。字段中的 TOOL_ID 或者 Tool 为每道工序使用的机台，如果是 string 类型，需要自行进行数字化转换，数据中存在缺失值。总计提供 500 条数据。

实验模块分为 A 和 B：A 模块数据有 100 条，B 模块数据有 121 条。

数据文件说明如下：

(1) 训练数据.xlsx。

这部分是用于训练模型的数据，包括列名。第一列为 id 号码，不用做建模；最后一列为 Y 值；中间的变量为用于预测 Y 的 X 值。

(2) A 模块测试数据.xlsx。

A 模块测试数据和训练数据.xlsx 类似，除了最后一列的 Y 值被抹去。

(3) B 模块测试数据.xlsx。

B 模块测试数据和训练数据.xlsx 类似，除了最后一列的 Y 值被抹去。

第 7 章　预测类

275

(4) 测试 A-答案模板.csv (此文件不包含列名)。

供实验者填写测试 A 的预测答案 Y，Y 应该填写在第二列，用逗号分隔。

(5) 测试 B-答案模板.csv (此文件不包含列名)。

供实验者填写测试 B 的预测答案 Y，Y 应该填写在第二列，用逗号分隔。

■ 参考文献

[1]   https://tianchi.aliyun.com/competition/entrance/231633/information.

实验 7.29 逆合成反应预测

1. 实验背景与内容

近年来，AI 技术不断应用于化学和制药领域，但主要是被用来预测反应物。然而逆合成分析作为有机化学的基石，在新药研发中也占有十分重要的地位。传统化学研究中，化学家们完成逆合成反应预测耗时耗力：需先从目标产物的分子式开始分析，再利用 Scifinder 搜索相似的结构和文献报道过的合成路径，确认需要哪些试剂及怎样的反应序列，甚至要依据直觉制定几十个化学反应，通过这些反应逐步生成目标产物，才能开始实验。这个过程往往会耗费化学家几天甚至更长时间。

本实验将海量的化学反应方程式交给计算机去学习，让计算机进行逆合成反应预测。计算机逆合成反应预测不仅可以降低预测的复杂程度，也奠定了它在新药研发中的意义。而在未来，AI 将成为科学家的定制化工具，对于提高药物研发的速度和效率、降低成本等，都有着巨大的益处。具体来说，本实验要求基于给定的化学反应数据建立模型，从而可对任意给定的反应试剂和反应产物数据，输出该化学反应的反应物。

2. 实验要求与评估

(1) 训练/验证：实验使用所提供的化学反应数据，在 K-Lab[1] 中建立模型、验证模型，可对任意给定的反应试剂和反应产物输出该化学反应的反应物。

(2) 输出结果：根据数据集中所提供的 test_data.txt，对测试集中给定的反应试剂和反应产物输出该化学反应的反应物，不同反应物用"."间隔，并将结果文件(json)通过 K-Lab 上传。

(3) 本实验结果评估选用 "F1-score(F_1)" 和 "Exact_Match_score(EM)" 两个指标的加权，作为最后的评估指标，加权得分越高说明实验结果越优。加权比重是 $0.75 \times F_1 + 0.25 \times EM$。

F1-Score 表示如下：

$$F_1 = \frac{2\,\text{Prescision} \cdot \text{Recall}}{\text{Prescision} + \text{Recall}} \qquad (7\text{-}40)$$

F1-Score 是 F-Measure 的参数 $\alpha=1$ 时的公式,即精确率与召回率的权重是相等的。并且在计算精确率与召回率时会考虑权重,即:$w=$ 预测正确的反应物数量/真实答案中反应物总数,此次评估所用的 F1-Score 计算公式如下:

$$F_1 = \frac{2\,\text{Prescision} \cdot w \cdot \text{Recall} \cdot w}{\text{Prescision} \cdot w + \text{Recall} \cdot w} = \frac{2\,\text{Prescision} \cdot \text{Recall} \cdot w}{\text{Prescision} + \text{Recall}} \qquad (7\text{-}41)$$

Exact_Match_score 表示计算预测正确的个数占所有真实答案个数的百分比。

3. 数据来源与描述

本实验数据集为文献[2]中所提供的 smiles 格式的数据集,该数据集包含 USPTO 从 1976 年至 2016 年的专利,是由 Daniel Lowe 博士通过文献[3]所述的 Text Mining 方法从 USPTO 上的公开数据处理得到的。其中 smiles 格式可参考文献[2],Text Mining 方法可参考本实验文献[3]。该实验数据集分为训练集和测试集两部分。

1) 实验训练集

本实验训练集格式为

{id,反应物 1.反应物 2.反应物 3.···>反应试剂 1.反应试剂 2.···>反应产物 1.反应产物 2.反应产物 3.···}

训练集中共包含 609 946 个化学反应,每个化学反应以字符串形式呈现,且每个化学反应包含反应物(reactants)、反应试剂(reagents)和反应产物(production)。其中化学反应物、反应试剂和反应产物由 ">" 间隔,不同的分子以 "." 间隔。

2) 实验测试集

本实验测试集格式为

{id,反应试剂 1.反应试剂 2.···>反应产物 1.反应产物 2.反应产物 3.···}

测试集中共包含 238 282 个 "反应试剂>反应产物" 组合,test_data.txt 预置在了数据集中。

■ 参考文献

[1] https://www.kesci.com/home/workspace/help.

[2] https://baike.baidu.com/item/SMILES/6655640?fr=aladdin.

[3] https://www.nextmovesoftware.com/leadmine.html.

实验 7.30　电力 AI 实验

1.　实验背景与内容

　　电量预测是电力系统发电计划的重要组成部分，是对购电、发电、输电和电能分配等合理安排的必要前提，是电力系统经济运行的基础。因此，提高电量预测精确率具有重要意义。本实验期望实验者基于给定的扬中市高新区 1000 多家企业的历史用电量数据精准预测下一个月的每日总用电量；探索用人工智能解决电力行业问题，鼓励实验者尝试融合更多的数据构造特征，利用机器学习和深度学习等人工智能模型来创新性地解决电力预测这一难题。

　　希望实验者基于所提供的数据，在预测用电量之外，做一些开放性的探索分析，挖掘用电规律，找出异常，并给出一些建议。

2.　实验要求与评估

　　总得分为相对误差的函数，根据每日用电量预测值与真实值的相对误差，通过得分函数映射得到每天预测结果的得分，将一个月内的得分进行汇总，得到最终评分。误差与得分之间为单调递减的，即误差越小，得分越高，误差越大，得分越低。

$$\text{Score} = \sum_{i=1}^{n} f\left(\frac{y_i - \hat{y}_i}{y_i}\right) \tag{7-42}$$

其中，y_i 为第 i 天的用电量真实值，$\hat{y}_i$ 为第 i 天的用电量预测值。

3.　数据来源与描述

　　如本实验文献[1]所示，本实验主要数据源为企业用电量表 tianchi_power2，抽取了扬中市高新区的 1000 多家企业的用电量(数据进行了脱敏)，包括企业 id(匿名化处理)、日期和用电量，如表 7.61 所示。气象数据表请使用 tianchi_weather_data。

表 7.61　企业用电量(tianchi_power2)

列 名	类 型	含 义	示 例
record_date	string	日期	20150101
user_id	bigint	企业 id	1
power_consumption	bigint	用电量	1031
...	...	...	...

■ 参考文献

[1]　https://tianchi.aliyun.com/competition/entrance/231602/information.

实验 7.31　音乐流行趋势预测

1. 实验背景与内容

经过 7 年的发展与沉淀,目前阿里音乐拥有数百万的曲库资源,每天有千万用户活跃在平台上,拥有数亿人次的用户试听、收藏等行为。在原创艺人和作品方面,更是拥有数万的独立音乐人,每月上万个原创作品的上传量,形成了超过几十万首曲目的原创作品库,如此庞大的数据资源库对于音乐流行趋势的把握有着极为重要的指引作用。

本实验以阿里音乐用户的历史播放数据为基础,期望实验者可以通过对阿里音乐平台上每个阶段艺人歌曲的试听量的预测,挖掘出未来较受欢迎的艺人,从而实现对一个时间段内音乐流行趋势的准确把控。

2. 实验要求与评估

设艺人 j 的歌曲在第 k 天的实际播放量为 $T_{j,k}$,实验组集合为 U,艺人集合为 W,实验者 i 的程序计算得到艺人 j 的歌曲在第 k 天的播放量为 $S_{i,j,k}$,则实验者 i 对艺人 j 的播放预测和实际值的方差归一化方差 $\sigma_{i,j}$ 为

$$\sigma_{i,j} = \sqrt{\frac{1}{N}\sum_{k=1}^{N}\left(\frac{S_{i,j,k}-T_{j,k}}{T_{j,k}}\right)^2} \tag{7-43}$$

而艺人 j 的权重根据艺人歌曲播放量的平方根确定:

$$\phi_j = \sqrt{\sum_{k=1}^{N} T_{j,k}}$$ (7-44)

实验者 i 的预测为 F_i :

$$F_i = \sum_{j \in W} (1 - \sigma_{i,j}) \cdot \phi_j$$ (7-45)

F_i 值越大，代表结果越优。

3. 数据来源与描述

实验开放抽样的艺人歌曲数据以及和这些艺人相关的 6 个月内(20150301—20150830) 的用户行为历史记录[1]，如表 7.62 和表 7.63 所示。

表 7.62 艺人歌曲数据表(mars_tianchi_songs)

列名	类型	说　明	示　　例
song_id	string	歌曲唯一标识	c81f89cf7edd24930641afa2e411b09c
artist_id	string	歌曲所属的艺人 id	03c6699ea836decbc5c8fc2dbae7bd3b
publish_time	string	歌曲发行时间，精确到天	20150325
song_init_plays	string	歌曲的初始播放数，表明该歌曲的初始热度	0
Language	string	数字表示 1, 2, 3, …	100
Gender	string	1, 2, 3	1

表 7.63 用户行为表(mars_tianchi_user_actions)

列名	类型	说　明	示　　例
user_id	string	用户唯一标识	7063b3d0c075a4d276c5f06f4327cf4a
song_id	string	歌曲唯一标识	effb071415be51f11e845884e67c0f8c
gmt_create	string	用户播放时间(unix 时间戳表示)精确到小时	1426406400
action_type	string	行为类型：1，播放；2，下载；3，收藏	1
Ds	string	记录收集日(分区)	20150315

注：用户对歌曲的任意行为为一行数据。

结果集：需要预测艺人随后两个月，即 60 天(20150901—20151030)的播放数据。格式

280

如表 7.64 所示。

表 7.64　预测艺人歌曲的播放数据格式

列名	类型	说　明	示　　例
artist_id	string	歌曲所属的艺人 id	023406156015ef87f99521f3b343f71f
Plays	string	艺人当天的播放数据	5000
Ds	string	日期	20150901

■ 参考文献

[1]　https://tianchi.aliyun.com/competition/entrance/231531/information.

推荐类

面对海量的商品如何选择适合自己的商品成为困扰网购者的难题，推荐系统是向目标用户推荐其可能关注的商品的系统，它用于降低用户在海量信息中甄别有用信息的代价。本部分主要包括新闻推荐、商品推荐等。

实验 8.1 问 题 推 送

1. 实验背景与内容

头条问答是一个新兴的移动社交问答平台，基于头条 5 亿+ 用户及精准分发技术优势，在移动端以问答形式进行碎片化创作及互动。头条问答将信息和人精准匹配，为问题找到合适的回答者，为回答找到合适的阅读者，从而实现"让所有人问所有人，所有人答所有人"。

目前，头条问答每天有数万用户参与答题，带来的优质回答每天有数千万的阅读量。因此产生了一个重要问题：如何为每个热门问题找到愿意回答的专家用户，并将问题推送给他们。如果问题推送策略准确度不高，为了保证问题有足够的高质量回答数，只能尽量扩大推送覆盖面，这可能给部分不适合回答问题的专家用户带来打扰。为了更好地解决这个问题，本实验希望能激发起该问题的兴趣。

2. 实验要求与评估

本实验的任务是为头条问答的问题在今日头条专家用户中寻找潜在的答案贡献者。利用给定的头条问答数据[1](包括专家标签、问题数据以及问题分发数据，详见数据来源与描述部分)，进行针对问题的专家挖掘。

给定若干问题，实验者需要预测哪些专家更有可能回答这些问题。针对每个问题和每一位候选专家，实验者需要计算该专家回答问题的概率。在实际运行中，系统会优先向回答概率高的候选专家发送这个问题的回答邀请，直到收到的回答数量达到指定阈值。实验结果通过归一化折损累计增益(Normalized Discounted Cumulative Gain，NDCG)进行评价[2]。NDCG@K 表示前 K 个相关度最高的 NDCG 值。给定一个问题，按照预测概率把候选专家排序，分别评估排序结果的 NDCG@5 和 NDCG@10。最后评估公式为 NDCG@5 × 0.5 + NDCG@10 × 0.5，测试总分等于所有测试问题评估分值的平均值。

3. 数据来源与描述

实验使用的数据集中一共包含三类信息：

(1) 专家标签数据：包括所有专家用户的 id、专家兴趣标签、处理过的专家描述；

(2) 问题数据：包括所有问题的 id，处理过的问题描述、问题分类、总回答数、精品回答数和总点赞次数；

(3) 问题分发数据：29 万条问题推送记录，一条推送记录包括一个问题 id、一个专家用户 id，以及该专家是否回答了该问题的标注。实验将这 29 万条问题推送记录划分为训练集、验证集和测试集。

全局数据包含两个文件，格式如下：

(1) user_info.txt：用户标签文件。

每一行代表一个专家用户，包括四个属性，以/tab 分隔符分隔。包含的属性依次如下：

① 加密的专家用户 id：专家用户唯一标识。

② 专家用户标签：标签包含多个。例如，18/19/20 表示"育儿""孕产""亲子成长"。

③ 词 id 化序列：将专家描述文本删除语气词和标点并且分词，再将分词后的每个词用一个 id 替换。例如，一段描述文本"开发孩子创造力，打造亲子创意生活。"可转化为序列 7034/21/4977/2752/3027/1500/501，其中 7034 代表词"开发"，21 代表"孩子"；

④ 字符 id 化序列：将专家描述文本删除语气词和标点并且分词，再将分词后的每个字用一个 id 替换。例如，一段描述文本"开发孩子创造力，打造亲子创意生活。"可转化为序列 296/ 291/ 33/ 34/ 1198/ 453/ 60/ 36/ 453/ 638/ 34/ 1198/ 134/ 128/ 587，其中 296 代表汉字"开"，291 代表"发"。

描述文本可能为空，此时词 id 化和字符 id 化序列都没有，当某序列缺少时，则会用一个占位符"/"来表示，如用户 id 兴趣标签 / /。

(2) question_info.txt：问题数据文件。

每一行代表一个问题，包含七个属性，以/tab 分隔符分隔。包含的属性依次如下：

① 加密的问题 id：问题唯一标识。

② 问题标签：标签包含单个，如 2 表示"健康"。

③ 词 id 化序列：将问题描述文本删除语气词和标点并且分词，再将分词后的每个词用一个 id 替换。例如，问题描述"川菜到底有什么魅力，为什么那么多人爱吃川菜？"可

转化为序列：36/37/38/39/16/36，其中 36 代表词"川菜"，37 代表"魅力"，而"到底"则作为语气词被过滤掉了。

④ 字符 id 化序列：将问题描述文本删除语气词和标点并且分词，再将分词后的每个字用一个 id 替换。例如，问题描述"川菜到底有什么魅力，为什么那么多人爱吃川菜？"可转化为序列 57/58/59/60/61/49/62/23/57/58，其中 57 代表汉字"川"，58 代表"菜"。

⑤ 点赞数：问题所有答案的点赞总数，可以表明问题的热门程度。

⑥ 回答数：问题最终有多少个回答，可以表明问题的热门程度。

⑦ 精品回答数：问题最终有多少个精品回答，可以表明问题的热门程度。

当某序列缺少时，则会用一个占位符"/"来表示。

示例如下：

85f22d70bd58c56708e9c3b2769ff6ff　news_food　川菜到底有什么魅力，为什么那么多人爱吃川菜？你会做川菜吗？　213　6　5

(3) invited_info_train.txt：问题分发数据。

每一行代表一条问题推送记录，由一条加密的问题 id、一条加密的专家 id 和专家是否回答的标记(0 表示忽略，1 表示回答)组成，以/tab 分隔符分隔。

验证集和测试集都只包含一个文件，格式和 invited_info_train 相同，分别为 invited_info_validate.txt 和 invited_info_test.txt，各自包含一部分问题分发数据。

■ 参考文献

[1]　https://www.biendata.com/competition/bytecup2016/data.

[2]　WANG Y，WANG L，LI Y，et al. A Theoretical Analysis of NDCG Ranking Measures. In: Proc. of Conference on Learning Theory (COLT), 2013：1-26.

实验 8.2　个性化新闻推荐

1．实验背景与内容

随着近年来互联网的飞速发展，个性化推荐已成为各大主流网站的一项必不可少的服务。提供各类新闻的门户网站是互联网上的传统服务，但是与当今蓬勃发展的电子商务网站相比，新闻的个性化推荐服务水平仍存在较大差距。一个互联网用户可能不会在线购物，但是绝大部分互联网用户会在线阅读新闻。因此资讯类网站的用户覆盖面更广，如果能够更好地挖掘用户的潜在兴趣并进行相应的新闻推荐，则能够产生更大的社会和经济价值。

初步研究发现，同一个用户浏览的不同新闻的内容之间会存在一定的相似性和关联，物理世界完全不相关的用户也有可能拥有类似的新闻浏览兴趣。此外，用户浏览新闻的兴趣也会随着时间发生变化，这给推荐系统带来了新的机会和挑战。因此，希望通过对带有时间标记的用户浏览行为和新闻文本内容进行分析，挖掘用户的新闻浏览模式和变化规律，设计及时准确的推荐系统，预测用户未来可能感兴趣的新闻。

2. 实验要求与评估

需要根据训练集中的浏览记录以及新闻的详细内容，尽可能多地预测出测试集中的数据，即预测每一个用户最后一次浏览的新闻编号。预测的准确程度将成为量化的评价指标。

实验后提交的所有用户推荐列表的 F 值作为最终的评价指标。F 值的定义如下：

$$F = \frac{2}{\frac{1}{\text{Precision}} + \frac{1}{\text{Recall}}} \tag{8-1}$$

其中，Precision 和 Recall 的定义如下：

$$\text{Precision} = \frac{\sum_{u_i \in U} \text{hit}(u_i)}{\sum_{u_i \in U} L(u_i)} \tag{8-2}$$

$$\text{Recall} = \frac{\sum_{u_i \in U} \text{hit}(u_i)}{\sum_{u_i \in U} T(u_i)} \tag{8-3}$$

其中，U 为数据集中所有用户的集合；hit(u_i)表示推荐给用户 u_i 的新闻中，确实在测试集中被用户浏览的个数。本实验中每个用户在测试集中仅有一条记录，因此 hit(u_i)为 0 或 1。hit(u_i)表示提供给用户 u_i 的新闻推荐列表的长度；$T(u_i)$表示测试集中用户 u_i 真正浏览的新闻的数目，本实验中 $T(u_i)$为 1。

3. 数据来源与描述

数据来源为从国内某著名财经新闻网站——财新网随机选取的 10 000 名用户[1]，抽取了这 10 000 名用户在 2014 年 3 月的所有新闻浏览记录，每条记录包括用户编号、新闻编号、浏览时间(精确到秒)以及新闻文本内容，其中用户编号已做匿名化处理，防止暴露用户隐私。

实验目的是尽可能准确地预测每个用户浏览的最后一条新闻(这条新闻之前曾被其他

用户浏览过)，该结果用于最后评估。实验提供每个用户最后一条浏览记录之前的所有新闻浏览记录和新闻文本数据，作为训练集以供分析和建模使用。

训练集数据每一行为一个浏览记录，该行浏览记录包含 6 个字段，分别记录以下信息：用户编号、新闻编号、浏览时间、新闻标题、新闻详细内容、新闻发表时间。字段之间用 Tab 符即"\t"隔开，文本编码为 utf8 编码格式。

■ 参考文献

[1] https://www.dcjingsai.com/common/cmpt/CCF 大数据竞赛_赛体与数据.html.

实验 8.3　文章标题自动生成

1. 实验背景与内容

自从互联网诞生以来，人类产生和获取的文字信息量增加了很多。移动互联网更是能让每个人随时随地接收到最新的信息，并且可以随时随地创作内容。内容信息的过载让机器创作变得十分重要。首先，机器创作标题和摘要可以快速总结文章内容，方便迅速浏览。其次，根据今日头条等产品的数据，内容创造和内容的阅读量符合幂律：大量内容只有很少的人阅读。如果这部分内容可以由机器自动创作，则可以极大地降低成本。此外，自动摘要和自动标题生成也是自然语言处理领域的重要研究课题。

Topbuzz 是字节跳动为北美和巴西的用户创造的一站式内容消费平台，它利用机器学习算法为用户提供个性化视频、GIF 图、本地新闻及重大新闻。目前，Topbuzz 每天都会发布大量的文章，但如何为创作者提供更好的标题选择是 Topbuzz 目前面临的一个问题。本实验任务是为 Topbuzz 提供的英文文章自动生成标题。

2. 实验要求与评估

实验者可以使用提供的训练数据搭建模型，为文章生成标题，还可以在验证集上自由提交并检验结果。训练集、验证集和测试集的数据来自字节跳动旗下产品 TopBuzz 和开放版权的文章。每条测试集和验证集的数据经由人工编辑手工标注多个可能的标题，作为答案备选。

本实验使用 Rouge[1,2]作为模型评估度量。Rouge 是评估自动文摘以及机器翻译的常见指标，它通过将自动生成的文本与人工生成的文本(即参考文本)进行比较，根据相似度得出分值。Rouge-L 是 Rouge 多种表示形式中的一种方式，L 指最长公共子序列(Longest Common Subsequence, LCS)。Rouge-L 的计算使用了模型生成结果(机器生成的自动文摘或翻译)和参考文本的最长公共子序列，计算方法如下：

$$\text{Recall}_{\text{lcs}} = \frac{\text{LCS}(X,Y)}{\text{len}(Y)} \tag{8-4}$$

$$\text{Precision}_{\text{lcs}} = \frac{\text{LCS}(X,Y)}{\text{len}(X)} \tag{8-5}$$

$$\text{Rouge\_}l = \frac{(1+\beta^2) \cdot \text{Recall}_{\text{lcs}} \cdot \text{Precision}_{\text{lcs}}}{\text{Recall}_{\text{lcs}} + \beta^2 \cdot \text{Precision}_{\text{lcs}}} \tag{8-6}$$

$$\beta = \frac{\text{Precision}_{\text{lcs}}}{\text{Recall}_{\text{lcs}} + e^{-12}} \tag{8-7}$$

式中，X 表示模型生成的结果；Y 表示运营编辑的结果，即参考文本(Reference)对于多参考文本的情况，取每个参考文本中最大的 Rouge_l 值作为单个测试数据的结果；LCS(X, Y)表示 X 和 Y 的最长公共子序列的长度；len(*)表示 * 的长度。

3. 数据来源与描述

实验数据可由本实验参考文献[3]获取。本实验使用的训练集包括了约 130 万篇文本信息，每篇文本都是一个类似 json 格式的行。例如：

{"content": "Being the daughter of Hollywood superstar Tom Cruise and America's sweetheart Katie Holmes...",

"id": 1198440,

"title": "Suri Cruise 2018: Katie Holmes Bonds With Daughter During Dinner Date While Tom Cruise Still MIA"}

文档一共包含三类信息：

(1) 文章 id(id)：每篇文本对应一个 unique id；

(2) 文章内容(content)：即文章的内容字符串；

(3) 文章标题(title)：文章的标题，实验者需要自己生成验证集和测试集的标题。

■ 参考文献

[1] LIN C Y. ROUGE: a package for automatic evaluation of summaries. In: Proc. of the Workshop on Text Summarization Branches out, 2004: 74-81.

[2] LIN C, OCH F. Automatic evaluation of machine translation quality using longest common subsequence and skip-bigram statistics. In: Proc. of Annual Meeting of the Association for Computational Linguistics, 2004.

[3] https://www.biendata.com/competition/bytecup2018/data.

实验 8.4 移动电商商品推荐

1. 实验背景与内容

2014 年是阿里巴巴集团移动电商业务快速发展的一年。例如，2014 年双十一大促中，移动端成交占比达到 42.6%，超过 240 亿元。相比 PC 时代，移动端网络的访问是随时随地的，具有更丰富的场景数据，比如用户的位置信息、用户访问的时间规律等。

本实验以阿里巴巴移动电商平台的真实用户——商品行为数据为基础，同时提供移动时代特有的位置信息，实验者则需要通过大数据和算法构建面向移动电子商务的商品推荐模型。希望实验者能够挖掘数据背后丰富的内涵，为移动用户在合适的时间、合适的地点精准推荐合适的内容。

在真实的业务场景下，往往需要对所有商品的一个子集构建个性化推荐模型。在完成这个任务的过程中，不仅需要利用用户在这个商品子集上的行为数据，往往还需要利用更丰富的用户行为数据。定义如下符号：

U——用户集合；

I——商品全集；

P——商品子集，$P \subseteq I$；

D——用户对商品全集的行为数据集合。

目标是利用 D 来构造 U 中用户对 P 中商品的推荐模型。

2. 实验要求与评估

实验采用经典的精确率(Precision)、召回率(Recall)和 F_1 值作为评估指标，具体计算公式如下：

$$\text{Precision} = \frac{\left| \bigcap(\text{PredictionSet}, \text{ReferenceSet}) \right|}{\left| \text{PredictionSet} \right|} \tag{8-8}$$

$$Recall = \frac{\left| \bigcap (PredictionSet, ReferenceSet) \right|}{\left| ReferenceSet \right|} \tag{8-9}$$

$$F_1 = \frac{2 \cdot Precision \cdot Recall}{Precision + Recall} \tag{8-10}$$

其中，PredictionSet 为算法预测的购买数据集合，ReferenceSet 为真实的答案购买数据集合，以 F_1 值作为最终的唯一评测标准。

3. 数据来源与描述

本实验参考文献[1]中提出，数据包含两个部分：第一部分是用户在商品全集上的移动端行为数据(D)，表名为 tianchi_mobile_recommend_train_user，包含如表 8.1 所示的字段。

表 8.1 tianchi_mobile_recommend_train_user 字段

字　段	字　段　说　明	提　取　说　明
user_id	用户标识	抽样&字段脱敏
item_id	商品标识	字段脱敏
behavior_type	用户对商品的行为类型	包括浏览、收藏、加购物车、购买，对应取值分别是 1、2、3、4
user_geohash	用户位置的空间标识，可以为空	由经纬度通过保密算法生成
item_category	商品分类标识	字段脱敏
time	行为时间	精确到小时级别

第二个部分是商品子集(P)，表名为 tianchi_mobile_recommend_train_item，包含如表 8.2 所示的字段。

表 8.2 tianchi_mobile_recommend_train_item 字段

字　段	字　段　说　明	提　取　说　明
item_id	商品标识	抽样&字段脱敏
item_geohash	商品位置的空间标识，可以为空	由经纬度通过保密算法生成
item_category	商品分类标识	字段脱敏

训练数据包含了抽样出来的一定量用户在一个月时间(11 月 18 日至 12 月 18 日)之内的移动端行为数据(D)，评分数据是这些用户在这一个月之后的一天(12 月 19 日)对商品子集(P)的购买数据。实验者要使用训练数据建立推荐模型，并输出用户在接下来一天对商品子集购买行为的预测结果。

■ 参考文献

[1] https://tianchi.aliyun.com/competition/entrance/1/information.

实验 8.5 面向电信行业存量用户的套餐个性化匹配

1. 实验背景与内容

电信产业作为国家基础产业之一，覆盖广，用户多，在支撑国家建设和发展方面尤为重要。随着互联网技术的快速发展和普及，用户消耗的流量也成井喷态势。近年来，电信运营商推出大量的电信套餐用以满足用户的差异化需求，面对种类繁多的套餐，如何选择最合适的一款对于运营商和用户来说都至关重要，尤其是在电信市场增速放缓、存量用户争夺愈发激烈的大背景下。针对电信套餐的个性化推荐问题，通过数据挖掘技术构建了基于用户消费行为的电信套餐个性化推荐模型，根据用户业务行为画像结果，分析出用户消费习惯及偏好，为用户匹配最合适的套餐，提升用户感知，带动用户需求，从而实现用户价值提升的目标。

套餐的个性化推荐，能够在信息过载的环境中帮助用户发现合适套餐，也能将合适套餐信息推送给用户。可解决两个问题：信息过载问题和用户无目的搜索问题。各种套餐满足了用户有明确目的时的主动查找需求，而个性化推荐能够在用户没有明确目的的时候帮助他们发现感兴趣的新内容。

本实验利用已有的用户属性(如个人基本信息、用户画像信息等)、终端属性(如终端品牌等)、业务属性、消费习惯及偏好匹配用户最合适的套餐，对用户进行推送，完成后续个性化服务。

2. 实验要求与评估

提交 csv 文件，sample_submission.csv 为提交的结果文件，有 2 列，分别为"用户编号"和"预测的用户套餐类型"。

本实验依据提交的结果文件，采用宏平均 F1-Score 进行评价。

(1) 针对每个用户套餐类别，分别统计 TP(预测答案正确)、FP(错将其他类预测为本类)、FN(将本类预测为其他类)。

(2) 通过(1)的统计值计算每个类别下的 Precision 和 Recall，计算公式如下：

$$Precision_k = \frac{TP}{TP + FP} \tag{8-11}$$

$$Recall_k = \frac{TP}{TP + FN} \tag{8-12}$$

(3) 通过(2)的计算结果计算每个类别下的 F1-Score，计算方式如下：

$$f1_k = \frac{2 \cdot Precision_k \times Recall_k}{Precision_k + Recall_k} \tag{8-13}$$

(4) 通过(3)求得的各个类别下的 F1-Score 求均值，得到最后的评测结果，计算方式如下：

$$Score = \left(\frac{1}{n} \sum_{k=0}^{n} f1_k \right)^2 \tag{8-14}$$

3. 数据来源与描述

参见本实验文献[1]，训练数据 trainData-V1.json 如表 8.3 所示。

表 8.3　trainData-V1.json 字段

字段	中文名	数据类型	说　明
USERID	用户 ID	VARCHAR2(50)	用户编码，标识用户的唯一字段
current_type	套餐	VARCHAR2(500)	—
service_type	套餐类型	VARCHAR2(10)	0 表示 23G 融合，1 表示 2I2C，2 表示 2G，3 表示 3G，4 表示 4G
is_mix_service	是否固移融合套餐	VARCHAR2(10)	1 表示是，0 表示否
online_time	在网时长	VARCHAR2(50)	—
1_total_fee	当月总出账金额_月	NUMBER	单位：元
2_total_fee	当月前 1 月总出账金额_月	NUMBER	单位：元
3_total_fee	当月前 2 月总出账金额_月	NUMBER	单位：元
4_total_fee	当月前 3 月总出账金额_月	NUMBER	单位：元
month_traffic	当月累计-流量	NUMBER	单位：MB
many_over_bill	连续超出套餐	VARCHAR2(500)	1 表示是，0 表示否

字段	中文名	数据类型	说　明
contract_type	合约类型	VARCHAR2(500)	ZBG_DIM.DIM_CBSS_ACTIVITY_TYPE
contract_time	合约时长	VARCHAR2(500)	—
is_promise_low_consume	是否承诺低消用户	VARCHAR2(500)	1 表示是，0 表示否
net_service	网络口径用户	VARCHAR2(500)	20AAAAAA-2G
pay_times	交费次数	NUMBER	单位：次
pay_num	交费金额	NUMBER	单位：元
last_month_traffic	上月结转流量	NUMBER	单位：MB
local_trafffic_month	月累计-本地数据流量	NUMBER	单位：MB
local_caller_time	本地语音主叫通话时长	NUMBER	单位：分钟
service1_caller_time	套外主叫通话时长	NUMBER	单位：分钟
service2_caller_time	Service2_caller_time	NUMBER	单位：分钟
gender	性别	varchar2(100)	01 表示男，02 表示女
age	年龄	varchar2(100)	—
complaint_level	投诉重要性	VARCHAR2(1000)	1 表示普通，2 表示重要，3 表示重大
former_complaint_num	交费金历史投诉总量	NUMBER	单位：次
former_complaint_fee	历史执行补救费用交费金额	NUMBER	单位：分

■ 参考文献

[1]　https://www.datafountain.cn/competitions/311/datasets.

实验 8.6　针对用户兴趣的个性化推荐

1. 实验背景与内容

在当前信息爆炸的时代，只有在有限的屏幕内展示用户最感兴趣的内容才能留住用户，这就要求个性化推荐算法的精准度必须达到尖端水平。该实验提供了一批用户的资讯阅读行为数据，要求根据之前用户的阅读行为来动手编写程序，预测接下来推荐什么内容才是用户最喜欢的。

2. 实验要求与评估

该实验采用的是第 5 位平均精度均值(mean Average Precision @ 5，mAP@5)。假设对于某一个 ID 为"userid"的用户，算法推荐了 5 个资讯(即实验结果中的 itemid1、itemid2、itemid3、itemid4、itemid5)，实际该用户点击了 m 个资讯，则该用户第 5 位的精度均值定义为

$$\mathrm{ap}@5 = \frac{\sum_{k=1}^{5} P(k)}{\min(m,5)} \tag{8-15}$$

其中，$P(k)$ 表示第 k 位的精度，即在算法推荐的资讯列表的前 k 位中，用户真正有点击的资讯的占比，如果第 k 个结果用户没有点击，则 $P(k)=0$；m 是用户实际点击的资讯数量，$m>0$。

下面举例说明 $P(k)$ 的计算。

假设对于 id 为"userid"的用户，算法推荐了 itemid1、itemid2、itemid3、itemid4、itemid5 等 5 个资讯，而用户实际点击了 itemid1、itemid3、itemid6 等 3 个资讯，则

$$\mathrm{ap}@5 = \frac{1/1 + 2/3}{3} \approx 0.56$$

全部 N 个用户的平均精度均值是每个用户的精度均值的平均值，即

$$\mathrm{mAP}@5 = \frac{\sum_{i=1}^{N} \mathrm{ap}@5_i}{N} \tag{8-16}$$

3. 数据来源与描述

该实验数据提供一批用户(candidate.txt)，并推荐给用户一批候选资讯内容数据(news_info.csv)，同时提供了这批用户在某 3 天(记为第 $N-2$ 天、第 $N-1$ 天和第 N 天)对资讯内容的多种行为数据，包括点击、完整阅读、评论、收藏、分享等，作为训练数据，详细的实验数据参见本实验文献[1]。

实验目标是针对这批用户(candidate.txt)和候选资讯内容数据(news_info.csv)，预测每个用户在第 4 天(记为第 $N+1$ 天)会产生行为(任何行为类型都算)的资讯列表。必须为每个用户推荐 5 个最可能有行为的资讯且不可重复，否则推荐结果视为无效。

另外，在候选资讯内容数据中，有一部分是第 $N+1$ 天才新增的资讯，因而不会出现在训练数据中，但用户在第 $N+1$ 天有可能对其产生行为，因此需要能处理这类新增资讯内容。数据集包含如表 8.4 所示数据文件。

表 8.4　数据集包含的数据文件

文件名	文件内容	详　细　说　明
train.csv	训练集	某 3 天内用户行为数据
candidate.txt	待推荐用户 id	每行一个用户 id，实验者需为每个用户 id 生成最多 5 个推荐资讯，且推荐资讯不得重复
news_info.csv	候选资讯内容	给用户推荐的资讯必须从该文件中选出
all_news_info.csv	全量资讯内容	从第 N−2 天到第 N+1 天用户有过行为的所有资讯，其中有些资讯不包含在 news_info.csv 文件中，生成推荐结果的时候不要使用
test.txt	测试集	数据量约为总测试集的 5%
sample_submission.txt	提交结果样例	

1) 数据字典

(1) train.csv 数据大小：153 MB，如表 8.5 所示。

表 8.5　train.csv 数据格式

列　名	描　　　述	数据类型
user_id	用户唯一 id	string
item_id	资讯唯一 id	string
cate_id	资讯类别 id	string
action_type	用户行为类型，包括 view、deep_view、share、comment、collect 等	string
action_time	行为发生时间，秒级时间戳	int

(2) news_info.csv 和 all_news_info.csv 数据大小：3.26 MB，如表 8.6 所示。

表 8.6　news_info.csv 和 all_news_info.csv 数据格式

列　名	描　　　述	数据类型
item_id	资讯唯一 id	string
cate_id	资讯类别 id	string
timestamp	资讯创建时间戳(秒级)	int

(3) sample_submission.txt：每行是一个用户的推荐结果，格式为"userid, itemid1 itemid2 itemid3 itemid4 itemid5"。

注意：提交结果务必按照 sample_submission.txt 的格式，每个用户最多推荐 5 个最可能有行为的资讯 id 且不可重复，否则推荐结果视为无效。

资讯 id 之间用空格分隔。

2) 数据预览

train.csv 数据格式如表 8.7 所示。

表 8.7   train.csv 数据格式

user_id	item_id	cate_id	action_type	action_time
11482147	492681	1_11	view	1487174400
12070750	457406	1_14	deep_view	1487174400
12431632	527476	1_1	view	1487174400
13397746	531771	1_6	deep_view	1487174400
13794253	510089	1_27	deep_view	1487174400
14378544	535335	1_6	deep_view	1487174400
1705634	535202	1_10	view	1487174400
6943823	478183	1_3	deep_view	1487174400
5902475	524378	1_6	view	1487174401
12646404	529724	1_3	view	1487174402

news_info.csv 和 all_news_info.csv 数据格式如表 8.8 所示。

表 8.8   news_info.csv 和 all_news_info.csv 数据格式

item_id	cate_id	timestamp
493659	1_1	1486744638
481181	1_17	1486598042
486720	1_11	1486684315
559008	1_11	1487372097
523054	1_23	1486972971
523057	1_7	1486972979
523056	1_6	1486972977
523051	1_17	1486972961
523053	1_6	1486972963
494920	1_18	1486771984

■ 参考文献

[1]   https://www.kesci.com/home/dataset/590a9b28812ede32b73ee412.

第 8 章　推荐类

实验 8.7　预算约束的推荐算法

1.　实验背景与内容

移动设备在日常生活中无处不在，基于位置的服务(LBS)变得越来越重要。通过各种基于位置的服务，例如导航、乘车、餐馆/酒店预订等，人们可以更加舒适地分享实时位置，这累积了大量的用户数据，激发了人们通过机器学习和数据挖掘去探究这些大数据的内在关联性，其中涉及数据处理中高维数据的时空复杂性。

阿里巴巴集团拥有淘宝网和中国最大的在线零售平台天猫网，为超过上千万商户和数亿客户提供服务。同时，蚂蚁金融的支付宝为众多客户提供餐饮和零售店推荐和支付服务，享受这两个群组提供的服务的用户通常具有统一的在线账户。虽然淘宝和天猫已经运行多年并积累了大量消费者的行为数据，但支付宝提供的附近推荐/支付服务相对较新，因此数据较少。本实验将关注当用户进入过去很少访问的一些新区域时，附近商铺的自动推荐情况。

2.　实验要求与评估

本实验的目标是基于用户的线上和实体店行为(2015 年 7 月 1 日—2015 年 11 月 30 日)，见表 8.9 和表 8.10，预测用户偏好(2015 年 12 月)，见表 8.11。此外，通过模拟可用的有限折扣或优惠券，对每个商家施加预算约束，见表 8.12。

表 8.9　2015 年 12 月之前的在线用户行为

列　名	描　述
User_id	唯一用户 id
Seller_id	唯一线上卖家 id
Item_id	唯一商品 id
Category_id	唯一类别 id
Online_Action_id	"0"表示点击，"1"表示购买
Time_Stamp	日期格式"yyyymmdd"

表 8.10 用户在 2015 年 12 月之前在实体店的购物记录

列 名	描 述
User_id	唯一用户 id
Merchant_id	唯一的商家 id
Location_id	唯一的位置 id
Time_Stamp	日期格式 "yyyymmdd"

表 8.11 预 测 结 果

列 名	描 述
User_id	唯一的用户 id
Location_id	唯一的位置 id
Merchant_id_list	可以最多推荐 10 个商家，以 ":" 隔开，例如，1:5:69

表 8.12 商 家 信 息

列 名	描 述
Merchant_id	唯一的商家 id
Budget	施加在商家的预算约束
Location_id_list	可用的位置列表，例如，1:356:89

精确率和召回率分别为

$$\begin{cases} \text{Precision} \approx \dfrac{\sum\limits_{i} \min\left(\left|S_i \cap \hat{S}_i\right|, b_i\right)}{\sum\limits_{i} \left|\hat{S}_i\right|} \\[4mm] \text{Recall} \approx \dfrac{\sum\limits_{i} \min\left(\left|S_i \cap \hat{S}_i\right|, b_i\right)}{\sum\limits_{i} \min\left(\left|\hat{S}_i\right|, b_i\right)} \end{cases} \tag{8-17}$$

其中，b_i 为预算，$S_i\left(\hat{S}_i\right)$ 是与第 i 个商家关联的所有真值(预测值)元组(user_id, location_id, merchant$_i$)集合，$|\cdot|$ 为集合大小。

实验结果通过 F_1 进行评价：

$$F_1 = \frac{2\text{Precision} \cdot \text{Recall}}{\text{Precision} + \text{Recall}} \tag{8-18}$$

3. 数据来源与描述

实验数据请参考本实验文献[1]，此实验涉及淘宝和支付宝积累的数据。

(1) 由于商业中的一些干扰因素，删除了促销期间的数据，即表 8.9 中 11 月 1 日至 11 月 20 日的信息，以及表 8.11 中 12 月的信息。

(2) 数据从日常日志中进行有偏采样，因此其分布将与整个业务的分布不同。尽管如此，但认为不会对用户的偏好预测产生太大影响。

(3) 表 8.12 中的"预算约束"表示商家在 12 月提供的优惠券数量，这是通过相关专业知识估算的。

(4) 为了防止过拟合，与一半商家数据集合相关的预测结果被评估，同时使用了 5 月 24 日之后的所有商家数据。也就是说，在更新前，有些商家会直接从推荐列表和实际情况中删除，而无须进行评估。

■ 参考文献

[1] https://tianchi.aliyun.com/dataset/dataDetail?dataId=42.

实验 8.8　穿衣搭配算法

1. 实验背景与内容

本实验的任务是：实验者根据提供的搭配专家和达人生成的搭配套餐数据、商品文本和图像数据、用户行为数据，预测给定商品的搭配商品集合。

2. 实验要求与评估

本实验期望实验者能为给定的商品列表产生更准确的预测结果，对于每个商品采用平滑后的平均精度均值(mAP@200)作为评测指标。对应于每个商品，其 $ap_i@200$ 可表示为

$$ap_i@200 = \frac{\sum_{k=1}^{200} \frac{1}{1 - \ln \text{Precision}(k)} \cdot \Delta(k)}{n} \tag{8-19}$$

其中，n 表示答案集合中商品的数量；$\text{Precision}(k)$ 表示在 k 截断之前的预测精确率；若第 k 个商品在答案集合中，则 $\Delta(k)$ 为 1，否则 $\Delta(k)$ 为 0。对每个商品的 $ap_i@200$ 在待预测商品集

合下求平均值得到最终评测的 mAP@200：

$$mAP@200 = \frac{\sum_i ap_i@200}{I}$$ (8-20)

其中，I 表示待预测商品集中的商品个数。最后评价指标 mAP@200，其值为 0～1，1 为最理想情况。

3. 数据来源与描述

本实验文献[1]的数据包含三部分，分别为商品基本信息数据(文本、图像)、用户历史行为数据和搭配套餐数据，如表 8.13～8.15 所示。

表 8.13　搭配套餐数据(dim_fashion_match_sets)

列名	类型	描　　述	示　　例
coll_id	bigint	搭配套餐 id	1000
item_list	string	搭配套餐中的商品 id 列表(分号分隔，每个分号下可能会有不止一个商品，后面为可替换商品，逗号分隔)	1002, 1003, 1004; 439201; 1569773, 234303; 19836

表 8.14　商品信息表(dim_items)

列名	类型	描　　述	示　　例
item_id	bigint	商品 id	439201
cat_id	bigint	商品所属类目 id	16
terms	string	商品标题分词后的结果，顺序被打乱	5263, 2541, 2876263
img_data	string	商品图像(注:实验图像直接以文件形式提供，图像文件命名为 item_id.jpg，表中无该字段)	

表 8.15　用户历史行为表(user_bought_history)

列名	类型	描　　述	示　　例
user_id	bigint	用户 id	62378843278
item_id	bigint	商品 id	439201
create_at	string	行为日期(购买)	20140911

注：上述表格中的用户 id、商品 id、类目 id 均经过脱敏处理；不得使用提供数据之外的外部数据。

除上述表格外，还提供了一张待预测的商品列表，需要预测每个商品对应的搭配商品列表，如表 8.16 所示。

表 8.16　待预测的商品列表(test_items)

列名	类型	描　　述	示　　例
item_id	bigint	商品 id	90832747

实验结果数据格式如表 8.17 所示。

表 8.17　实验结果数据格式(fm_submissions)

列名	类型	描　　述	示　　例
item_id	bigint	商品 id	90832747
item_list	string	预测的与该商品相搭配的商品 id 列表(每个商品提交 200 个商品，超过 200 个取前 200 个商品，商品之间用逗号分隔)	1002, 439201, 364576, 1569773, 19836, 437474, …

■ 参考文献

[1]　https://tianchi.aliyun.com/competition/entrance/231506/information.

第9章 优 化 类

最优化是按照决策的目标，从多个可能的方案中选出最好的方案的过程。最优化的主要研究对象是各种人类组织的管理问题和生产经营活动，目的在于求得一个合理运用人力、物力和财力的方案，使资源的使用效益得到充分的发挥，最终达到最优目标。本部分主要包括路径优化、配送优化、航班优化等。

实验 9.1　无人机路径优化

1. 实验背景与内容

推进式无人运输飞行器未来将进行大规模的量产，并在运输货物领域得到极大的推广。但是在恶劣的天气条件下，无人运输飞行器很容易在空中损毁，造成巨大的经济损失。因此，为了推动无人运输飞行器在未来的应用，英国气象局希望通过他们提供的气象预测数据，为无人运输飞行器运输货物保驾护航。

本实验的目标是为无人运输飞行器寻找一个可以避开危险气象区域的有效航行算法。在飞行器飞行之前，实验者需要根据英国气象局预测的天气数据，计划无人机的航行路线。英国气象局每天会运行 10 个不同的预测模型，得出稍有不同但基本准确的预测结果。然而，天气预测的精确率通常为 90%～95%。优胜的算法需要基于每日提供的天气预测数据，确保无人运输飞行器航线安全且最短。

为简化挑战，根据天气预报所覆盖的最小范围，对覆盖区域进行了区域块的划分，每一个区域块都可以用(x, y)唯一表示，x 表示 x 轴方向的坐标值，y 表示 y 轴方向的坐标值。同时假设无人运输飞行器在所有天气条件下的飞行速度均保持不变，在每个区域块的飞行时长固定，限定 2 min 飞越一个区域块，且只能从当前区域块上下左右地飞越到下一个区域块，或者停留在当前区域块。

每天凌晨 3 点，10 架推进式无人运输飞行器将从伦敦海德公园飞往英国其他 10 个目的地城市，限定任意两架无人飞行器的起飞时间必须间隔大于等于 10 min，且最大飞行时长为 18 h (3:00—21:00)，最晚 21:00 之前必须到达目的地城市。实验者需要基于本实验文献[1]的天气预报数据，预测每个区域块(x, y)的天气情况，规划无人机的飞行轨迹。

同时，暂且只考虑影响无人飞行器坠毁的两个天气因素：风速和降雨量。当风速值≥15，或者降雨量≥4时，无人机坠毁。

2. 实验要求与评估

根据一天中每小时的实际天气状况评估实验者提交内容中所描述的飞行器路线。如果有任何一时刻飞行器进入极恶劣的天气环境后损毁，那么将导致24 h的延时处罚。实验最终得分和目标函数值的计算式为

实验最终得分 = 飞行器成功航行时间总时长(分钟) + 处罚(分钟)总数

目标函数值 = 24 × 60 × 飞行器坠毁数 + 顺利到达的飞行器总飞行时长(分钟)

需要根据5天的测试数据提交一个汇总的航行路线文件(csv文件，逗号分隔)。该航行路线文件应包含以下5列数据：目的地编号、日期编号、时间(格式为hh:mm)、x轴坐标、y轴坐标。航行路线文件应包含航行过程中每两分钟的详细航行路线。文件格式如表9.1所示(提交时统一规定不包含表头)。

表9.1 结果数据格式

目的地编号	日期编号	时间	x轴坐标	y轴坐标
3	6	03:50	2	5
8	9	08:28	4	6
10	10	15:32	8	3
...	...	...	...	...

3. 数据来源与描述

本实验参考文献[1]为实验者提供4类数据文件：城市数据、天气预测数据、天气真值数据、线上测试数据。其中，部分数据进行了一些脱敏操作。天气预测数据和天气真值数据总共提供5天的数据，线上测试数据也提供5天的数据。

城市数据为CityData.csv，包含城市编号和区域块坐标信息。伦敦为起点城市，城市编号为0，其他城市为目的地城市，编号依次为1，2，3，…，10。数据格式如表9.2所示。

表9.2 城市数据格式

城市编号	x轴坐标	y轴坐标
0	142	328
...	...	...

英国气象局发布的气象数据经过脱敏后，天气预测数据为 ForecastDataforTraining.csv，天气真值数据为 In-situMeasurementforTraining.csv。天气预测数据中包含了 7 列数据，数据格式如表 9.3 所示。天气真值数据中包含了 6 列数据，数据格式如表 9.4 所示。

表 9.3　天气预测数据格式

x 轴坐标	y 轴坐标	日期编号	预报时间(小时)	模型编号	风速	降雨量
22	201	2	14	1	4.91	0.2
45	32	1	21	2	1.28	1.6
…	…	…	…	…	…	…

表 9.4　天气真值数据格式

x 轴坐标	y 轴坐标	日期编号	预报时间(小时)	风速	降雨量
120	25	3	14	6.35	1.1
82	19	5	21	3.56	2.3
…	…	…	…	…	…

线上测试数据为 ForecastDataforTesting.csv，数据格式与天气预测数据的格式一致，如表 9.3 所示。

注：天气预报数据的间隔时间为 1 h，但无人机 2 min 飞越一个区域块，因此，假定从预报时刻点开始，一个小时内的天气保持不变。

■ 参考文献

[1]　https://tianchi.aliyun.com/competition/entrance/231622/information.

实验 9.2　极速配送规划

1.　实验背景与内容

本实验主要针对两类包裹提供最优的快递员配送方案。第一类是电商包裹，快递员需要从网点提取并配送至消费者，第二类是同城 O2O 包裹，快递员需要在指定时间内去商户提取包裹，并在指定时间内配送至消费者。

上海市有 124 个网点，这些网点负责上海全部电商包裹的配送，大概每天 229 000 件。

每个网点的配送范围两两不重合并完全覆盖了整个上海。每天早晨 8 点前，所有上海的电商包裹都抵达网点。快递员在早晨 8 点开始从网点进行派送，快递员需要在晚上 8 点前将所有的电商包裹送至消费者手中。在配送电商包裹的同时，快递员还要配送同城 O2O 包裹(如外卖订单等)。对于这类包裹，快递员需要在指定时间之前到达商户并领取包裹，在指定时间之前送达消费者手中。实验者需要提供所有快递员的调度计划，即快递员在网点、配送点和商户的到达时间、离开时间和取/送订单及包裹量。

为了简化模型，做了如下假设：

(1) 将上海所有要派送的包裹(含电商包裹和同城 O2O 包裹)地址汇聚到 9214 个配送点，每个配送点都有若干个包裹。快递员把包裹送至消费者手中可抽象为快递员把包裹送到离消费者最近的配送点，并在配送点处理完成。因此，不会提供消费者的地址信息，只提供这 9214 个配送点的经纬度。

(2) 由于每个网点的配送范围两两不重合，所以每个配送点仅会被一个网点服务到。

(3) 每个快递员任何时刻携带的包裹量不得大于 140 件。

(4) 每个配送点的电商包裹只能一次配送完毕，不能分多次配送。

(5) 选取上海较大的 O2O 商户(含外卖等)598 家。这些同城 O2O 包裹将由快递员到商户取走并送到配送点给消费者。每笔同城 O2O 订单可能包含若干包裹，从消费者体验考虑，只可在满足总包裹量不大于 140 件的情况下一次取走，不可分批取走。

(6) 每笔同城 O2O 订单都有商户的领取时间限制，快递员不得晚于该时间到达商户。如果快递员早于该时间到达，则快递员需要等待至领取时间。同时，每笔订单还有消费者的最晚收货时间，即快递员不得晚于该时间送达配送点。如果快递员早于该时间送达配送点，则快递员不需等待，可直接进行配送。

(7) 提供所有地点的经纬度信息并假定快递员的平均时速是 15 m / h，两辆之间的距离符合计算公式：

$$S = 2 \cdot R \cdot \arcsin \sqrt{\sin^2\left(\frac{\pi}{180}\Delta\text{lat}\right) + \cos\left(\frac{\pi}{180}\text{lat}_1\right)\cos\left(\frac{\pi}{180}\text{lat}_2\right)\sin^2\left(\frac{\pi}{180}\Delta\text{lng}\right)} \quad (9\text{-}1)$$

式中，$\Delta\text{lat} = \dfrac{\text{lat}_1 - \text{lat}_2}{2}$，$\Delta\text{lng} = \dfrac{\text{lng}_1 - \text{lng}_2}{2}$。$(\text{lat}_1, \text{lng}_1)$、$(\text{lat}_2, \text{lng}_2)$ 分别为两点的经纬度。其中，lat 为维度；lng 为经度；R 为地球半径，约为 6 378 137 m。配送点停留(处理)时间 T(单位为分钟)$= 3\sqrt{x} + 5$，x 为配送点该次所要配送的包裹量。

(8) 快递员在配送点的停留(处理)时间和配送地点该次所要配送的包裹量相关。

所有快递员的总耗时包括所有快递员的行驶时间和所有配送点的停留处理时间，即

$$\text{Total time} = \sum_{i=1}^{1000}(T_i + P_i) \qquad (9\text{-}2)$$

其中，T_i 为快递员 i 的所有行驶时间，P_i 为快递员 i 在他所经过的所有配送点的停留处理时间。

(9) 快递员数量上限为 1000 个，有配送任务的快递员数量可以少于 1000，快递员可以服务多个网点，编号为 D0001~D1000。

(10) 作为起始条件，实验者可以指定快递员在早晨 8 点从任何一个网点出发，快递员如果完成当天的任务，则在最后一个配送点结束。

实验者需要提供所有快递员的配送计划，含快递员 id，每个地点(网点、递送点或者商户)的到达时间和离开时间，每个地点的取/送订单 id 及包裹量。

2. 实验要求与评估

需提交所有快递员的调度计划，如表 9.5 所示。

表9.5 调 度 计 划 表

字 段	说 明
Courier_id	快递员 id
Addr	网点、配送点或商户 id
Arrival_time	到达时长(距离 08:00 时长分钟数，例如，到达时刻为 11:00，则到达时间为 180)
Departure	离开时长(距离 08:00 时长分钟数，例如，离开时刻为 15:00，则离开时间为 420)
Amount	取/送货量(取为 +，送为 –)
Order_id	订单 id

(1) 请按 arrival_time 排序，注意同一个配送地点的到达时间和离开时间需满足假设(8)，前一个地点的离开时间和下一个地点的到达时间需满足假设(7)的行驶时间。如果同一个配送地点的到达时间和离开时间不满足假设(8)或前一个地点的离开时间和下一个地点的到达时间不满足假设(7)的行驶时间，则产生偏差的时间部分的 10 倍计入总耗时。

示例 1 假定快递员在一个配送点要处理 36 个包裹，如果他在 9 点到达，则根据假设(8)，他的处理时间是 23 min，因此他在 9:23 离开。如果实验者提供的时间不为 9:23(比如9:25)，那么就产生了误差时间(| 9:25 – 9:23| = 2 min)，10 × 2 = 20 min 将计入总耗时。

示例 2 假定快递员从配送点 A 至配送点 B，如果两点距离为 10 km，根据假设(7)，行驶时间为 40 min。如果快递员 9:00 离开 A，则他到达 B 的时间为 9:40。如果实验者提供的到达时间不为 9:40(比如 9:35)，那么就产生了误差时间(| 9:40 – 9:35| = 5 min)，10 × 5 = 50

分钟将计入总耗时。

(2) 如果 O2O 到达商户的时间超过商户要求的领取时间，或送达用户的时间超过用户要求的送达时间，则超出的时间的 5 倍计入总耗时。

(3) 所有时间精确到 min。

实例列表如表 9.6 所示。

表 9.6　实 例 列 表

D0545	A083	0	0	34	F6344
D0545	A083	0	0	11	F6360
D0545	A083	0	0	19	F6358
D0545	A083	0	0	12	F6353
D0545	A083	0	0	63	F6354
D0545	B5800	7	29	−34	F6344
D0545	B7555	30	59	−63	F6354
D0545	B7182	62	77	−12	F6353
D0545	B8307	79	97	−19	F6358
D0545	B8461	102	117	−11	F6360
D0545	A083	124	124	46	F6349
D0545	A083	124	124	53	F6325
D0545	A083	124	124	39	F6314
D0545	B6528	132	157	−46	F6349
D0545	S245	160	257	1	E0895
D0545	B3266	259	267	−1	E0895
D0545	B3266	267	294	−53	F6325
D0545	B2337	296	320	−39	F6314
D0545	A083	324	324	36	F6366
D0545	A083	324	324	27	F6345
D0545	A083	324	324	36	F6346
D0545	A083	324	324	33	F6308
D0545	S294	340	508	1	E1088
D0545	B1940	525	547	−33	F6308
D0545	B6104	550	573	−36	F6346
D0545	B8926	577	585	−1	E1088
D0545	B9072	587	610	−36	F6366
D0545	B6103	612	633	−27	F6345

第 545 号快递员的调度计划如下：该快递员 08:00(到达时长 = 08:00 − 08:00 = 0，服务时长 = 0，离开时长 = 到达时长 + 服务时长 = 0 + 0 = 0)从网点 A083 开始取货，分别取订单编号为 F6344，F6360，F6358，F6353，F6354 的包裹(此时快递员携带包裹量为 139 < 140)，然后分别去订单编号为 F6344，F6354，F6353，F6358，F6360 的配送点 B5800，B7555，B7182，B8307，B8461 送货，服务时长(满足公式(9-2))分别为 22(3sqrt(34) + 5)，29 (3sqrt(63) + 5)，15，18，15，到达时长 = 上一地点的离开时长 + 上一地点与该地点的距离/速度，分别为 7(08:07 − 08:00)，30(08:30 − 08:00)，62，79，102，由于配送点配送的都是电商订单，所以，离开时长 = 到达时长 + 服务时长，分别为 29(7 + 22)，59(29 + 30)，77，97，117(目前，快递员携带包裹量为 0)。同样，快递员去网点 A083 取订单编号为 F6349，F6325，F6314 的包裹(快递员携带包裹量 138 < 140，服务时长 = 0)，然后去配送点 B6528 配送订单编号为 F6349 的包裹，到达时间与离开时间的计算方式同上。而后，快递员去店铺 S245 取 O2O 订单编号为 E0895 的包裹，到达时长 = 上一地点离开时长 + 上一地点与该地点的距离/速度 = 157 + 3 = 160，离开时长 = max(到达时长，到商户的领取时长 = 到商户的领取时间 − 08:00) = max(160，257 = 12:17 − 08:00) = 257。接着快递员去配送点 B3266 配送 O2O 订单 E0895，到达时长 = 257 + 2 = 259，离开时长 = 到达时长 + 服务时长 = 259 + 8 = 267。后续配送计划的计算逻辑如上，不做详述。

3. 数据来源与描述

本实验参考文献[1]给出的实验数据集说明如表 9.7～表 9.12 所示。

表 9.7　网点 id 及经纬度，供 124 个网点

字　段	说　明
Site_id	网点 id(如 A001)
Lng	网点经度
Lat	网点纬度

表 9.8　配送点 id 及经纬度，共 9214 个配送点

字　段	说　明
Spot_id	配送点 id (如 B0001)
Lng	配送点经度
Lat	配送点纬度

表 9.9　商户 id 及经纬度，共 598 个商户

字　段	说　明
Shop_id	商户 id (如 S001)
Lng	商户经度
Lat	商户纬度

表 9.10　电商订单，共 9214 笔电商订单，总包裹量为 229 780

字　段	说　明
Order_id	订单 id(如 F0001)
Spot_id	配送点 id
Site_id	网点 id
Num	网点需要送至改配送点的电商包裹量

表 9.11　同城 O2O 订单，共 3273 笔 O2O 订单，总包裹量为 8856

字　段	说　明
Order_id	订单 id(如 E0001)
Spot_id	配送点 id
Shop_id	商户 id
Pickup_time	到商户的领取时间(如 11:00)
Delivery_time	送达至消费者的最晚时间(如 20:00)
Num	订单所含包裹量

表 9.12　快递员 id 列表，最多 1000 位小件员

字　段	说　明
Courier_id	快递员 id(如 D0001)

4. 注意事项

实验者提交的结果需要校验的所有逻辑如下，只要满足任一条件，即被判定为无效解：

(1) 解文件读写异常(正常保存为 csv 文件即可)。

(2) 每个节点的到达时间早于上一节点的离开时间。

(3) 每个节点的离开时间早于该节点的到达时间。

(4) 同一笔订单，被取/送货多次(必须一次性取/送完)。

(5) 任一笔订单取/送货数量、地点与给定数据集不一致。

(6) 快递员从取/送货点的离开时间早于订单要求的最早取货时间。

(7) 取货订单数量和订单编号与送货订单数量和订单编号不匹配(有取必有送，有送必有取)。

(8) 若配送的订单集合与给定数据集中要配送的订单不完全匹配，则会遗漏订单。

(9) 作弊次数超过 10 次。作弊的判定是：服务时间(排除 O2O 订单的取货节点，因为需要等待至最早取货时间)和行驶时间不满足假设(7)、(8)。

(10) 快递员任意时刻携带的包裹量 > 140。

(11) 任何一笔订单的取货时间晚于送货时间。

对于首单为 O2O 订单的快递员，其到达首单店铺时间≥距离该店铺最近的网点距离/快递员速度，否则，差异时间会计入 10 倍惩罚。

■ 参考文献

[1] https://tianchi.aliyun.com/competition/entrance/231581/information.

实验 9.3　航班调整的智能决策

1. 实验背景与内容

本实验的目的是为系统实现一个核心算法，自动识别潜在延误的后续航班，并推荐一种优化方案。例如，当极端天气或飞机故障导致多个飞机场飞行出现大规模延误时，该算法可帮助系统自动识别潜在延误和及时起飞的后续航班，在满足各种实际约束条件下推荐最优飞行替代方案。希望该算法能够快速恢复航班时刻表，减少航班延误，提高航班正常率，为乘客提供更好的旅行体验，同时最大限度地提高公司的效益。

假设双流机场(57 号机场)在某一天上午 8:00 至上午 10:00 有雾，计划中的所有航班都不能正常起飞或降落，因此所有出港航班都会延误 2 h，然后双流机场在上午 10 点重新开放。由于控制来自机场的飞机流量，因此所有航班都将按顺序推迟，以后的航班可能会延误。如果给定四川航空公司未来四天的所有航班计划，则需要在满足各种约束的前提下调整或重新调度飞行计划，以减轻后续航班的延误，最大限度地减小对飞行作业的影响(使目标函数的值最小化)。

由源代码构建的数据模型必须评估目标函数的每个变量,并考虑该项目涉及的所有约束,以实现项目中描述的所有调整方法。

2. 实验要求与评估

1) 调整方法

通过以下调整方法,可以调整原飞行计划,提高航班正常率,减少航班延误,提升旅客体验。这些方法有助于使新的飞行计划更加合理,从而实现公司的整体运营目标。

(1) 识别闲置飞机。

当飞行延误时,可以搜索作业基地的闲置飞机(没有执勤任务的飞机)来执行随后的飞行,以使随后的飞行不受上一次飞行延误的影响。

(2) 调整飞机。

目前,A 型飞机和 B 型飞机到达机场的时间是一样的,但由于天气不好或其他原因,A 型飞机未能在预定到达时间(PTA)到达目的地机场,因此 A 型飞机飞行的实际到达时间(ATA) 与下一次飞行的计划起飞时间 (PTD) 之间的间隔没有达到周转时间的标准,这意味着间隔小于周转时间 (在某些情况下),上一航班的实际到达时间甚至比下一航班的计划起飞时间晚。如果不进行航线调整,A 型飞机随后的飞行将依次延误。而 B 型飞机没有延误,B 型飞机飞行的实际到达时间等于计划抵达时间。因此,这是一个可行的计划,即 B 型飞机被指派在原飞行计划中执行 A 型飞机随后的飞行,同时,A 型飞机在到达目的地后,被指派执行原始飞行计划,这意味着 A 型飞机和 B 型飞机都能达到周转时间的标准,降低了 A 型飞机随后飞行延误的风险,如图 9.1 所示。

(3) 延误航班。

如果调整飞机的方式没有产生效果,可以推迟一些飞行 (不允许提前起飞),以确保随后航班的正常运行和整体飞行时间安排更加合理。但如果航班延误时间超过最长延误时间,则航班将被取消,这意味着航班延误时间不能超过最长延误时间。

(4) 取消航班。

如果航班无法调整,或者预期的延误时间超过最大延误时间,则航班可以取消,但目标函数会有一些惩罚。

(5) 转移乘客。

在航班取消或改变飞机类型等情况下,为了减少损失,改善乘客体验,可以将乘客转移到其他航班上。注:飞机的航班必须有足够的座位,携带这些被转移的乘客的航班不能再将他们转移到其他航班(避免多次为乘客分配)。

人工智能创新实验教程

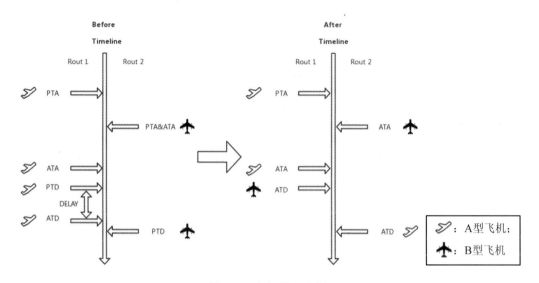

图 9.1 飞机调整示意图

2) 制约因素

调整后的飞行计划必须满足表 9.13 中的约束条件。

表 9.13 调整后的飞行计划满足的约束条件

约 束 条 件	类 型
终端连接	硬约束
座位数量	软约束
周转时间	软约束
机场(飞机类型)	硬约束
航线(飞机类型)	硬约束
路线(飞机类型)	硬约束
车站(最后抵达机场)	软约束
机场开放时间	硬约束
取消航班	硬约束

注：硬约束是必须满足的约束，而软约束不是强制性约束，但应尽可能满足，否则目标函数将受到一些惩罚。

约束 1：终端连接。

就每一次航班而言，调整后的飞行计划必须满足。飞机下一航班的出发机场要与上一航班的抵达机场相同。

约束 2：座位数量。

更换飞机的座位数量应大于原飞机的座位数量。如果更换飞机的座位数量不足，多余的乘客可能会被转移到另一个航班或退款，但客观功能将受到一些处罚。

约束 3：周转时间。

周转时间的计算方法是：计划的周转时间等于下一次航班的计划起飞时间与上一次航班的计划到达时间之间的间隔，即

计划周转时间 = 下一航班的计划出发时间 – 上一次航班的计划到达时间

约束 4：机场 (飞机类型)。

某些机场对从机场起飞或在机场降落的飞机有特殊的限制。

约束 5：航线 (飞机类型)。

某些航线对飞机类型有特殊的限制。

约束 6：路线 (飞机类型)。

某些飞机类型不能执行路线，包括不能执行渡海任务。

约束 7：车站 (最后抵达机场)。

调整后的飞行计划不应改变原飞行计划中每架飞机的最后到达机场，否则将对目标函数进行一些惩罚。

约束 8：机场开放时间。

航班的起飞和降落必须在机场开放时间内完成。

约束 9：取消航班。

在调整后的飞行计划中取消航班的次数不得超过当天航班总数的 1/10。

3) 目标函数

目标函数是飞行调整的优化目标，它代表着飞行调整的方向。目标函数的计算公式如下：

$$目标函数 = P_1 \times (取消航班的数量) + P_2 \times (延迟航班的数量) +$$
$$P_3 \times (最后到达机场的变更航班数量) + P_4 \times (飞机类型变更的航班数量) +$$
$$P_5 \times (总延迟时间) + P_6 \times (取消航班的乘客数量) +$$
$$P_7 \times (延误航班的乘客数量) + P_8 \times (转机乘客人数) +$$
$$P_9 \times (减少的转机总时间)$$

参数 $P_1 \sim P_9$ 为目标函数中各影响因素的权重。参数设置如下：

P_1(被取消航班参数) = 1800。

P_2(延迟航班参数) = 1200。

P_3(最后到达机场的变更航班参数) = 2000。

P_4(飞机类型变更的航班参数，初始值为 300)。

对于飞机类型来说，飞机类型的不同转换对应不同的参数。最后一个参数＝初值×系数。例如，原始航班的飞机类型为 A 型，调整后的飞机类型为 C 型，因此，最终参数＝初值×系数＝300×2＝600。系数列表如表 9.14 所示。

表 9.14　系 数 列 表

调整后的飞机类型	原始航班飞机类型			
	A 型	B 型	C 型	D 型
A 型	0	1	2	3
B 型	1	0	1.5	2.5
C 型	2	1.5	0	2
D 型	3	2.5	2	0

P_5(总延迟时间参数)＝30。

P_6(取消航班的乘客人数参数)＝6。

P_7(延误航班的乘客人数参数)：该参数是分段的，其大小取决于飞行延迟时间的长短，如表 9.15 所示。

表 9.15　飞行延迟与参数分段

延迟时间/h	P_7	延迟时间/h	P_7
(0,1]	1	(4, 12]	3
(1,2]	1.5	(12, 24]	5
(2,4]	2	> 24	Cancellation

P_8(中转旅客人数参数)：这个参数取决于乘客换乘延误时间的长短，如表 9.16 所示。

表 9.16　中转乘客人数参数与旅客换乘延误时间

延迟时间/h	P_8	延迟时间/h	P_8
[0, 3)	延迟时间/60	[12, 24)	延迟时间/24
[3, 6)	延迟时间/48	[24, 48)	延迟时间 12
[6, 12)	延迟时间/36	≥48	取消航班

P_9(总周转时间减少的参数)＝1200。

由于各航班的重要性不同，因此在计算目标函数值时，将根据不同航班的重要度系数对目标函数进行修正。

实验者应提供目标函数的值和相应的调整结果。为了满足实际需要，程序的最大计算时间不能超过 30 min。

3. 数据来源与描述

数据来源于本实验文献[1]。

(1) 航班信息。

表 9.17 描述了航班的基本信息。以第一条数据为例,机场 id 和航班号分别为 102319657 和 3U8531,于 2018 年 2 月 28 日 08:00 离开机场(AIRPORT_57),于 10:05 到达机场(AIRPORT_268),航班的重要系数为 2,共有 184 名乘客。这架飞机的识别号和类型分别是 AC_91 和 C 型,共有 194 个座位。

表 9.17 航 班 信 息

机场 id	起飞日期	航班号	离开机场	到达机场	起飞时间	降落时间	识别号	类型	乘客数量	座位数量	重要系数
102319657	2018-02-28 00:00:00	3U8531	AIRPORT_57	AIRPORT_268	2018-02-28 08:00:00	2018-02-28 10:05:00	AC_91	C 型	184	194	2
102328827	2018-02-28 00:00:00	3U8633	AIRPORT_50	AIRPORT_171	2018-02-28 08:00:00	2018-02-28 11:00:00	AC_77	A 型	125	132	1

(2) 机场闲置飞机信息。

表 9.18 描述了机场闲置飞机的信息。以第一条数据为例,这架飞机于 2018 年 2 月 28 日停在机场(AIRPORT_57),其识别号和类型分别为 AC_71 和 B 型。该飞机闲置,有 164 个座位。

表 9.18 机场闲置飞机信息

日期	识别号	类型	机场	座位数量
2018-02-28	AC_71	B 型	AIRPORT_57	164
2018-02-28	AC_110	B 型	AIRPORT_57	164

(3) 周转时间。

表 9.19 描述了不同类型飞机在不同机场周转时间的限制。以第一条数据为例,A 型、B 型或 C 型飞机在机场(AIRPORT_297)的周转时间应至少为 60 min,而 D 型飞机在机场(AIRPORT_297)的周转时间应至少为 120 min。

表 9.19 周 转 时 间

机场	A 型	B 型	C 型	D 型
AIRPORT_297	60	60	60	120
AIRPORT_308	60	60	60	120

(4) 机场(飞机类型)。

表 9.20 描述了不同类型飞机在不同机场的限制条件。"1"表示允许这种类型的飞机在机场起飞和降落,而"0"表示不允许这种类型的飞机在机场起飞和降落。D 型飞机可以在机场(AIRPORT_308)起飞和降落。A 型、B 型或 C 型飞机不得在机场(AIRPORT_308)起飞和降落。

表 9.20　不同类型飞机在不同机场的限制条件

机场	A 型	B 型	C 型	D 型
AIRPORT_308	0	0	0	1
AIRPORT_34	0	0	0	1

(5) 航线(飞机类型)。

表 9.21 描述了不同类型飞机在不同航线上的约束条件。以第一条数据为例,允许 B 型或 C 型飞机执行从 AIRPORT_50 到 AIRPORT_41 的路线,但是不允许 A 型或 D 型飞机执行此航线。

表 9.21　不同类型飞机在不同航线上的约束条件

离开机场	到达机场	A 型	B 型	C 型	D 型
AIRPORT_50	AIRPORT_41	0	1	1	0
AIRPORT_41	AIRPORT_50	0	1	1	0

(6) 包括执行渡海任务的路线(飞机类型)。

① 不能执行包括渡海任务在内的航线的飞机。

表 9.22 描述了不能执行渡海航线的飞机。以第一条数据为例,B 型 AC_37 飞机不能执行包括渡海任务在内的航线。

表 9.22　不能执行渡海任务航线的飞机

识别号	类型
AC_37	B 型
AC_29	A 型

② 路线(包括渡海任务)。

表 9.23 描述了包括执行渡海任务在内的路线。以第一条数据为例,从 AIRPORT_107 到 AIRPORT_68 的路线包括执行渡海任务。

表 9.23　执行渡海任务在内的路线

离开机场	到达机场
AIRPORT_107	AIRPORT_68
AIRPORT_68	AIRPORT_107

(7) 机场的开放时间。

表 9.24 描述了机场对飞机起飞和着陆时间的限制。以第一条数据为例，在 AIRPORT_314，航班只能在 6:00—23:30 之间起飞或降落，其余时间禁止起飞或降落。

表 9.24 机场的开放时间

机场	开放时间
AIRPORT_314	06:00 — 23:30
AIRPORT_235	04:00 — 20:00

■ 参考文献

[1] https://dianshi.baidu.com/competition/25/question.

实验 9.4 上下文感知的多模式交通推荐

1. 实验背景与内容

上下文感知的多模式交通推荐的目标是推荐一个旅行计划。该计划考虑了各种单一的交通模式，如步行、骑车、驾驶、公共交通，以及如何在不同的上下文中连接这些模式。多模式交通推荐的成功开发可以带来很多好处，如减少运输时间，平衡交通流量，减少交通拥堵，最终促进智能交通系统的发展。

尽管交通推荐在导航应用上得到了普及并频繁使用(如百度地图和谷歌地图)，但现有的交通推荐解决方案只考虑一种交通模式下的路线。在上下文感知的多模式交通推荐问题中，不同的用户和时空上下文对交通模式的偏好是不同的。例如，对大多数城市居民来说，地铁比出租车更划算。对于交通工具不充足且经济状况较差的人来说，可能更喜欢骑自行车和步行，而不是与其他人进行本地旅行。假设出发地和目的地(Origin-Destination，OD)的距离比较大，且旅行目的不紧急。在这种情况下，一个包含多种交通方式的经济实惠的交通建议也许更有吸引力。

本实验任务是解决上下文感知的多模式交通推荐问题，推荐最合适的交通方式。给定用户 u 的一个 OD 对和情景上下文，推荐用户 u 在 OD 对之间旅行的最合适的交通方式。

2. 实验要求与评估

采用加权 F_1 作为评价指标，每个类别的 F_1 分值定义为

$$F_{1,\text{class}_i} = \frac{2 \cdot \text{Precision} \cdot \text{Recall}}{\text{Precision} + \text{Recall}} \tag{9-3}$$

其中，精确率(Precision)和召回率(Recall)是通过计算总的真正类、假负类和假正类来获得的。加权 F_1 是通过考虑每个类的权重来计算的，即

$$F_{1,\text{weighted}} = w_1 F_{1,\text{class}_1} + w_2 F_{1,\text{class}_2} + \cdots + w_k F_{1,\text{class}_k} \tag{9-4}$$

权重是根据每个类的实例比率来计算的。对于一小部分查询，一个查询可能会有多种结果，选择第一个结果作为用户最合适的交通模式。最后的评分是模型 F_1 评分和效率评分的组合。

3. 数据来源与描述

要求实验者使用从百度地图收集的历史用户行为数据和一组用户属性数据来推荐合适的交通模式。用户行为数据捕获用户与导航应用程序的交互，根据用户交互循环，可以将用户行为数据进一步分类为查询记录、显示记录和单击记录。每个记录都与会话 id 和时间戳相关联。

(1) 查询记录。

查询记录表示用户在百度地图上的一条路由搜索。每个查询记录由会话 id、概要 id、时间戳、原始点坐标、目标点坐标组成。例如，[387056,234590,"2018-11-01 15:15:36"，(116.30,40.05)，(116.35,39.99)]表示用户在 2018 年 11 月 1 日下午从(116.30,40.05)到(116.35,39.99)的行程中进行查询，所有坐标为 WGS84。

(2) 显示记录。

显示记录是由显示给用户的百度地图生成的可行路径。每个显示记录由会话 id、时间戳和路由计划列表组成。每个展示方案由交通方式、预计路线距离(以米为单位)、预计到达时间(ETA)(以秒为单位)、预计价格(以元为单位)和隐含在展示列表中的显示等级组成。为了避免混淆，在显示列表中最多有一个特定交通模式的计划，共有 11 种交通方式。一种交通模式可以是单模态的(例如自驾、公共汽车、自行车)或多模态的(例如出租车、公共汽车、自行车)，把这些交通模式编码成数字标签，范围为 1～11。例如，[387056，"2018-11-01 15:15:40"，[{" mode ":1," distance ": 3220," ETA ": 2134," price ": 12}，{" mode ":3," distance ": 3520，" ETA ": 2841，" price ": 2}]]是两个交通模式方案的显示记录。

(3) 生成记录。

生成记录显示用户对不同建议的反馈，即用户可点击以显示推荐给他/她的特定路线。在每个记录中，click data 包含一个会话 id、一个时间戳和显示列表中生成的交通模式，且只保留首次点击所查询的数据。

(4) 用户属性。

用户配置文件属性反映了对交通模式的个人偏好。每个会话的用户都通过配置文件 id 与一组用户属性关联。注意，对于隐私问题，不直接提供物理上的单个用户 id。相反，将每个用户表示为一组用户属性，然后将具有相同属性的用户合并到相同的用户概要 id 中。例如，在考虑性别和年龄属性的情况下，在数据集中将两个年龄为 35 岁的男性标识为相同的用户。

■ 参考文献

[1] https://dianshi.baidu.com/competition/29/question.

第10章　数据挖掘类

数据挖掘是从大量的数据中提取人们所感兴趣的、事先不知道的、隐含在数据中的有用信息和知识的过程，并且把这些知识用概念、规则、规律和模式等展示给用户，从而解决信息时代数据丰富而知识不足的矛盾。本部分主要包括用户画像、关系分割等。

实验 10.1　微博用户画像

1. 实验背景与内容

用户画像(User Profiling)是指对用户的人口统计学特征、行为模式、偏好、观点和目标等进行标签化，是互联网时代实现精准化服务、营销和推荐的必经之路，在网络安全、管理和营运等领域具有重要意义。

微博用户画像是指利用微博用户的内容信息(如发表的微博和评论)、行为记录(如浏览、转发、点赞、收藏等)和链接结构(如用户之间的粉丝关系)等，对用户的不同维度进行画像，在完善及扩充微博用户信息、分析微博生态以及支撑微博业务等方面具有非常重要的意义。

2. 实验要求与评估

利用给定的新浪微博数据[1](包括用户个人信息、用户微博文本以及用户粉丝列表，详见数据来源与描述部分)，进行微博用户画像。具体包括以下三个任务：

(1) 推断用户的年龄(共 3 个标签，即 –1979、1980—1989、1990+)；

(2) 推断用户的性别(共 2 个标签，即男、女)；

(3) 推断用户的地域(共 8 个标签，即东北、华北、华中、华东、西北、西南、华南、境外)。

对给出的预测结果，首先分别计算出三个任务的预测准确率(Accuracy)A_1、A_2 和 A_3。根据任务难度的不同，分别对 3 个任务设置权重为 0.3、0.2 和 0.5，最终的加权平均准确率

$A = 0.3 \times A_1 + 0.2 \times A_2 + 0.5 \times A_3$。加权平均准确率 A 作为评估的依据。

3. 数据来源与描述

实验使用的数据集[1]中一共包含三类信息：

(1) 社交关系信息：包含一个约 256.7 万微博用户构成的社交网络，其中的社交关系可能是单向的(即单向关注，也就是粉丝关系)或双向的(即互相关注，也就是好友关系)。

(2) 用户微博信息：包含约 4.6 万用户的微博文本，这些用户都属于上述社交关系信息。

(3) 用户标签信息：包含约 5 千用户的年龄、性别及地域标签，这些用户都属于上述 4.6 万带微博文本数据的用户。将基于这 5 千带标签的用户划分为训练集、验证集和测试集。

微博数据统计信息(大致数据)如表 10.1 所示。

表 10.1　微博数据统计

数据集	社交网络规模	带微博文本用户数/万	带标签信息用户数/万
训练集	256.5 万用户，5.5 亿关注关系	4.4	0.3
验证集	0.1 万用户，15 万关注关系	0.1	0.1
测试集	0.1 万用户，13 万关注关系	0.1	0.1
总计	256.7 万用户，5.5 亿关注关系	4.6	0.5

训练集、验证集和测试集都包含如下四个文件：

① info.txt：用户信息文件。

每一行代表一个用户，包含三个属性，用 || 分开。包含的属性依次如下：

user id：用户唯一标识，由数字组成。

screen_name：用户名，与 user id 一一对应，None 代表此项信息缺失。

avatar_large：用户头像的网址，None 代表此项信息缺失。

② labels.txt：用户标签文件。

每一行代表一个用户，包含四个属性，用 || 分开。包含的属性依次如下：

user id：用户唯一标识，由数字组成。

gender：用户性别，m 代表男性，f 代表女性，None 代表此项信息缺失。

birthday：用户出生年份，None 代表此项信息缺失。

location：用户地域，部分用户包含省份和城市信息，部分用户只有省份信息，None 代表此项信息缺失。

③ links.txt：用户关系文件。

每一行代表一个用户的粉丝列表，由多个用户 id 组成，以空格分隔，从第二个用户到最后一个用户均为第一个用户的粉丝。

④ status.txt：微博文本文件。

每一行代表一条用户微博，由六个属性组成，以英文逗号分隔。包含的属性依次如下：

user id：用户唯一标识，由数字组成。

retweet count：转发数，数字。

review count：评论数，数字。

source：来源，文本。

time：创建时间，时间戳文本(目前有两种格式，yyyy-MM-dd HH:mm:ss 和 yyyy-MM-dd HH:mm)。

content：文本内容(可能包含@信息、表情符信息等)。

■ 参考文献

[1]　https://biendata.com/competition/smpcup2016/data.

实验 10.2　CSDN 用户画像

1. 实验背景与内容

本实验将聚焦于 CSDN 技术论坛的用户画像问题。CSDN 用户画像是指利用 CSDN 用户的内容信息(如发表的博客、帖子、评论等)和行为数据(如浏览、评论、收藏、转发、点赞/踩、关注、私信等)等，对用户的不同维度属性进行画像，在完善及扩充 CSDN 用户信息、分析 CSDN 社区生态以及支撑 CSDN 业务发展等方面具有非常重要的意义。

2. 实验要求与评估

本实验要求利用给定的 CSDN 数据集[1]，针对 CSDN 用户进行画像，具体包括以下三个任务：

(1) 用户内容主题词生成。

给定若干用户文档(博客或帖子)，为每一篇文档生成 3 个最合适的主题词。要求生成的主题词必须出现在文档中。

(2) 用户兴趣标注。

给定若干用户的文档信息(博客或帖子)和行为数据(浏览、评论、收藏、转发、点赞/踩、关注、私信等)，为每一个用户标注 3 个最合适的兴趣方向。标签空间由 CSDN 给定。

(3) 用户成长值预测。

给定若干用户在一段时间(至少 1 年)内的文档信息(博客或帖子)和行为数据(浏览、评论、收藏、转发、点赞/踩、关注、私信等),预测每一个用户在未来一段时间(半年至 1 年)内的成长值。用户成长值是根据用户的综合表现打分所得的,成长值将会归一化到[0, 1]区间,其中值为 0 表示用户流失。

评估的指标为三个任务上的分值之和,以下为每个任务的分值计算方式:

(1) 任务(1)的得分 Score1 为计算生成的主题词与给定的主题词完全相同的比例:

$$Score1 = \frac{1}{N} \sum_{i=1}^{N} \frac{\left| K_i \bigcap K_i^* \right|}{\left| K_i \right|} \tag{10-1}$$

式中,N 为任务(1)的评测集样本个数,K_i 为计算生成的样本 i 的主题词集合,K_i^* 为给定的样本 i 的主题词集合。在本实验中,$\left| K_i \right| = 3$,$\left| K_i^* \right| = 5$。

(2) 任务(2)的得分 Score2 为计算生成的用户兴趣与给定的用户兴趣完全相同的比例,即

$$Score2 = \frac{1}{N} \sum_{i=1}^{N} \frac{\left| T_i \bigcap T_i^* \right|}{\left| T_i \right|} \tag{10-2}$$

式中,N 为任务(2)的评测集样本个数,T_i 为计算生成的用户 i 的兴趣集合,T_i^* 为给定的用户 i 的兴趣集合。在本实验中,$\left| T_i \right| = 3$,$\left| T_i^* \right| = 3$。

(3) 任务(3)的得分 Score3 由预测的用户成长值与给定的用户真实成长值之间的相对误差来计算,即

$$Score3 = 1 - \frac{1}{N} \sum_{i=1}^{N} \begin{cases} 0 & , \quad v_i = 0, v_i^* = 0 \\ \dfrac{\left| v_i - v_i^* \right|}{\max(v_i, v_i^*)}, & \text{其他} \end{cases} \tag{10-3}$$

其中,N 为任务(3)的评测集样本个数,v_i 为用户 i 的预测成长值,v_i^* 为用户 i 的真实成长值。

总得分值:

$$Score = Score1 + Score2 + Score3$$

3. 数据来源与描述

(1) 文件 SMPCUP2017_TrainingData_Task1.txt 为任务(1)(主题词生成)训练数据集。每一行代表一篇博客的 5 个标注主题词,包含 6 个字段,依次为博客编号、主题词 1、主题词 2、主题词 3、主题词 4、主题词 5,用 \001 分开。

任务(1)的训练集、验证集及测试集都将为每篇文档给出 5 个标注主题词，实验结果只需(且只能)为每篇文档计算 3 个主题词，计算的主题词与标注主题词匹配上 1 个得 1/3 分，匹配上 2 个得 2/3 分，匹配上 3 个得 1 分。

(2) 文件 SMPCUP2017_LabelSpace_Task2.txt 列出了任务(2)(用户兴趣标注)的标签空间，共包含 42 个标签，数据集(训练集、验证集、评测集)的所有样本的标签都属于该标签空间的范围之内。

文件 SMPCUP2017_TrainingData_Task2.txt 为任务(2)的训练集。每一行代表一个用户的 3 个标注的兴趣标签，共包含 4 个字段，依次为用户编号、兴趣标签 1、兴趣标签 2、兴趣标签 3，用\001 分开。

任务(2)的训练集、验证集及测试集都将为每个用户给出 3 个兴趣标签，实验结果至多为每篇文档提交 3 个兴趣标签，提交的兴趣标签与标注的标签匹配上 1 个得 1/3 分，匹配上 2 个得 2/3 分，匹配上 3 个得 1 分。

(3) 文件 SMPCUP2017_TrainingData_Task3.txt 为任务(3)(用户成长值预测)的训练集。每一行代表一个用户在 2016 年的成长值，共包含 2 个字段，依次为用户编号和成长值，用\001 分开。

任务(3)的训练集、验证集及测试集都将为每个用户给出其在 2016 年的真实成长值，实验结果中为每个用户计算一个预测成长值，最终通过预测值与真实值之间的平均相对误差来进行评测。

本实验数据集由全球最大的中文 IT 技术社区 CSDN 提供，共包含 157 427 位用户在 2015 年期间产生的内容和行为数据以及他们之间的社交关系数据，此外还有部分标签数据。数据集统计信息如表 10.2 所示。

表 10.2　CSDN 用户数据集统计

数 据 类 别	数 据 内 容	数 据 量
用户内容数据	用户发表的博客文档	1 000 000 篇
用户行为数据	用户发表博客记录	1 000 000 条
	用户浏览博客记录	3 536 444 条
	用户评论博客记录	182 273 条
	用户对博客点赞记录	95 668 条
	用户对博客点踩记录	9 326 条
	用户收藏博客记录	104 723 条
社交关系数据	用户之间关注关系	667 037 条
	用户之间私信记录	46 572 条
标签数据	标注了主题词的博客	3 000 篇
	标注了兴趣的用户	3 000 位
	标注了成长值的用户	3 000 位

数据集中用户编号为 U0000001 至 U0157247，文档编号为 D0000001 至 D1000000，全部数据集共包含以下 9 个文件：

① 1_BlogContent.txt：用户发表的博客文档。

每一行代表一篇博客，包含三个字段，依次为博客编号、博客标题和博客内容，用\001 分开。

② 2_Post.txt：用户发表博客记录文件。

每一行代表一条发表记录，包含三个字段，依次为用户编号、博客编号和发表时间，用\001 分开。

③ 3_Browse.txt：用户浏览博客记录文件。

每一行代表一条浏览记录，包含三个字段，依次为用户编号、博客编号和浏览时间，用\001 分开。

④ 4_Comment.txt：用户评论博客记录文件。

每一行代表一条评论记录，包含三个字段，依次为用户编号、博客编号和评论时间，用\001 分开。

⑤ 5_Vote-up.txt：用户对博客点赞记录文件。

每一行代表一条点赞记录，包含三个字段，依次为用户编号、博客编号和点赞时间，用\001 分开。

⑥ 6_Vote-down.txt：用户对博客点踩记录文件。

每一行代表一条点踩记录，包含三个字段，依次为用户编号、博客编号和点踩时间，用\001 分开。

⑦ 7_Favorite.txt：用户收藏博客记录文件。

每一行代表一条收藏记录，包含三个字段，依次为用户编号、博客编号和收藏时间，用\001 分开。

⑧ 8_Follow.txt：用户之间关注关系文件。

每一行代表一条关注关系，包含两个字段，第一列为被关注用户编号，第二列为关注用户编号，用\001 分开。

⑨ 9_Letter.txt：用户之间私信记录文件。

每一行代表一条私信记录，包含三个字段，依次为发信用户编号、收信用户编号和发信时间，用\001 分开。

■ 参考文献

[1] https://www.biendata.com/competition/smpcup2017/data.

实验 10.3   今日头条用户画像

1.   实验背景与内容

随着机器创作能力越来越强，今后社会媒体上将会产生越来越多的机器创作者自动生成的内容。有效识别出哪些是人类作者生成的内容，哪些是机器作者生成的内容(包括机器写作、机器翻译、机器自动摘要)，对于媒体内容的审核、分发、推荐等，具有十分重要的意义。因此，本实验将聚焦于媒体内容的作者画像问题，具体任务是针对今日头条提供的大量媒体内容文档[1]，对其作者身份进行识别。

2.   实验要求与评估

给定一个由若干媒体内容文档构成的数据集，要求采用适当的算法，对每篇文档的作者进行身份识别，区分出该文档属于人类写作、机器写作、机器翻译和机器自动摘要中的哪一类。

给出结果后，针对标签空间{人类作者, 机器作者, 机器翻译, 自动摘要}中的每一个标签 l_i，计算其 F1_Measure 值：

$$F1\_Measure_i = \frac{2 \cdot Precision_i \cdot Recall_i}{Precision_i + Recall_i} \tag{10-4}$$

式中，$Precision_i$ 为标签 l_i 的分类精确率，$Recall_i$ 为标签 l_i 的分类召回率。计算全部 4 个标签的 F1_Measure 均值，作为最终评测得分，即

$$F1\_Measure = \frac{1}{4} \sum_{i=1}^{4} F1\_Measure_i \tag{10-5}$$

3.   数据来源与描述

本实验数据集共 283 085 篇文档，包含四个部分：机器人作者生成的文章，由今日头条提供，共 60 250 篇；人类作者写作的文章，爬取自各大中文新闻网站，共 92 835 篇；机器翻译生成的文章，从英文新闻网站爬取后调用各种机器翻译后生成，共 70 000 篇；自动摘要生成的文章，从新闻网站爬取后调用各种自动摘要工具生成，共 60 000 篇。整个数据集被分为训练集、验证集和测试集。

训练集共包含 146 421 篇文档，文件名为 training.txt，每一行代表一篇文档，包含三个字段，依次为文档标签、文档内容和文档 id，Unicode 编码，JSON 格式。例如：

{"\u6807\u7b7e":"\u81ea\u52a8\u6458\u8981",
"\u5185\u5bb9":"\u5206\u6790\u4e2d\u56fd\u7ecf\u6d4e\uff0c\u8981\u770b\u8fd9\u8258\u5927\u8239\u65b9\u5411\u662f\u5426\u6b63\u786e\uff0c\u52a8\u529b\u662f\u5426\u5f3a\u52b2\uff0c\u6f5c\u529b\u662f\u5426\u5145\u6c9b\u3002\u53ea\u8981\u6295\u8d44\u8005\u5168\u9762\u4e86\u89e3\u4e2d\u56fd\u6539\u9769\u5f00\u653e\u4ee5\u6765\u7684\u7ecf\u6d4e\u53d1\u5c55\u5386\u7a0b\u3001\u8fd1\u671f\u4e2d\u56fd\u4e3a\u4fc3\u8fdb\u7ecf\u6d4e\u6301\u7eed\u7a33\u5b9a\u589e\u957f\u5236\u5b9a\u7684\u6218\u7565\u4ee5\u53ca\u4e2d\u56fd\u7ecf\u6d4e\u5404\u9879\u6570\u636e\u548c\u8d8b\u52bf\uff0c\u5c31\u4f1a\u4f5c\u51fa\u6b63\u786e\u5224\u65ad\u3002", "id":0}

■ 参考文献

[1] https://www.biendata.com/competition/smpeupt2018/data.

实验 10.4　消费者信用智能评分

1. 实验背景与内容

随着社会信用体系建设的深入推进，社会信用标准建设飞速发展，相关的标准相继发布，包括信用服务标准、信用数据采集和服务标准、信用修复标准、城市信用标准、行业信用标准等在内的多层次标准体系亟待出台，社会信用标准体系有望快速推进。社会各行业信用服务机构深度参与广告、政务、涉金融、共享单车、旅游、重大投资项目、教育、环保以及社会信用体系建设。社会信用体系建设是个系统工程，通信运营商作为社会企业中不可缺少的部分，同样需要打造企业信用评分体系，助推整个社会的信用体系升级。同时国家也鼓励推进第三方信用服务机构与政府数据交换，以增强政府公共信用信息中心的核心竞争力。

传统的信用评分主要以客户消费能力等维度来衡量，难以全面、客观、及时地反映客户的信用。中国移动作为通信运营商拥有海量、广泛、高质量、高时效的数据，如何基于丰富的大数据对客户进行智能评分是该研究领域的一大难题。运营商信用智能评分体系的建立不仅能完善社会信用体系，同时也为中国移动内部提供了丰富的应用价值，包括全球通客户服务品质的提升、客户欠费额度的信用控制、根据信用等级享受各类业务优惠等，希望通过本次建模实验，构建优秀的模型体系，准确评估用户的信用分值。

2. 实验要求与评估

本实验评价指标是平均绝对误差(mean Absolute Error，mAE)系数。该系数用来衡量模型预测结果与标准结果的接近程度，计算公式如下：

$$mAE = \frac{1}{n} \sum_{i=1}^{n} \left| pred_i - y_i \right| \tag{10-6}$$

式中，$pred_i$ 为预测样本，y_i 为真实样本。mAE 的值越小，说明预测数据与真实数据越接近。最终结果为

$$Score = \frac{1}{1 + mAE}$$

最终结果越接近 1 分，则值越高。

3. 数据来源与描述

样本数据(脱敏)包括客户的各类通信支出、欠费情况、出行情况、消费场所、社交、个人兴趣等丰富的多维度数据，具体可参见本实验文献[1]。文件有：

(1) train_dataset.zip，用于训练数据，包含 50 000 行；

(2) test_dataset.zip，用于测试集数据，包含 50 000 行。

本实验文献[1]的数据主要包含用户的如下信息：身份特征、消费能力、人脉关系、位置轨迹和应用行为偏好等，如表 10.3 所示。

表 10.3　实验数据信息

字 段 列 表	字 段 说 明
用户编码	数值，具有唯一性
用户实名制是否通过核实	1 为是，0 为否
用户年龄	数值
是否大学生客户	1 为是，0 为否
是否黑名单客户	1 为是，0 为否
是否 4G 不健康客户	1 为是，0 为否
用户网龄/月	数值

字 段 列 表	字 段 说 明
用户最近一次缴费距今时长/月	数值
缴费用户最近一次缴费金额/元	数值
用户近6个月平均消费话费/元	数值
用户账单当月总费用/元	数值
用户当月账户余额/元	数值
缴费用户当前是否欠费缴费	1为是，0为否
用户话费敏感度	一级表示敏感度等级最大。 生成用户话费敏感度级别的方法如下： 先将敏感度用户按中间分值按降序进行排序，前5%的用户对应的敏感度级别为一级； 接下来15%的用户对应的敏感度级别为二级； 接下来15%的用户对应的敏感度级别为三级； 接下来25%的用户对应的敏感度级别为四级； 最后40%的用户对应的敏感度级别为五级
当月通话交往圈人数	数值
是否经常逛商场的人	1为是，0为否
近三个月月均商场出现次数	数值
当月是否逛过福州仓山万达	1为是，0为否
当月是否到过福州山姆会员店	1为是，0为否
当月是否看电影	1为是，0为否
当月是否游览景点	1为是，0为否
当月是否在体育场馆消费	1为是，0为否
当月网购类应用使用次数	数值
当月物流快递类应用使用次数	数值
当月金融理财类应用使用总次数	数值
当月视频播放类应用使用次数	数值
当月飞机类应用使用次数	数值
当月火车类应用使用次数	数值
当月旅游资讯类应用使用次数	数值

人工智能创新实验教程

■ 参考文献

[1] https：//www.datafountain.cn/competitions/337/datasets.

实验 10.5　以人为中心的关系分割

1. 实验背景与内容

　　近年来，越来越多的人关注关系预测的问题，而以人为中心的关系分割问题与现有的关系预测问题之间存在着差异。首先，以人为中心的关系分割问题不是推断任何两个对象之间的所有关系，而是侧重于估计以人为中心的关系，包括人-客体关系和人-人关系，如图 10.1 所示。每个关系由<主体，关系，客体>形式的三元组表示，如<Human A, hold, Bottle A>和<Human A, hug, Human B>。换句话说，根据本实验中的定义，三元组中的主体是人，实验的目标是关系分割。更确切地说，传统关系预测仅估计主体和客体的边界框，而以人为中心的关系分割问题需要估计其掩模(形状)。

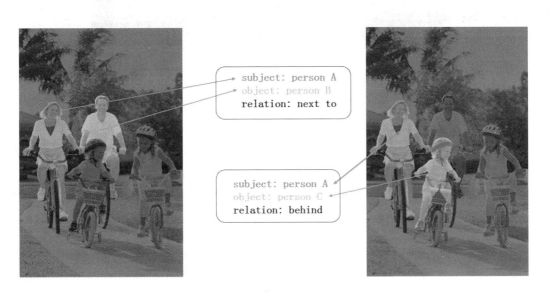

图 10.1　以人为中心的关系标注

该实验旨在推进视觉理解的进展，与以往致力于关系检测的任务不同，以人为中心的关系分割在预测实例分割的基础上迈出了一步。由于分割标注详细，因此关系预测变得更加精确。该实验提供了一个以人为中心的数据集[1]，这意味着关系三元组的主体应该始终是人，而这一特点使得任务更接近现实应用，如智能保姆和风险预测等。

2. 实验要求与评估

　　关系分割的示例如图 10.2 所示。

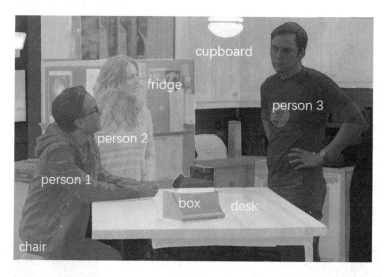

(a) 分割结果

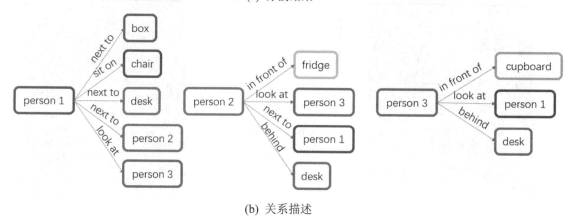

(b) 关系描述

图 10.2　关系分割示例

评价方式如图 10.3 所示。图中的形状表示类别，弹簧表示关系，浅灰色为基准，深灰色为预测。

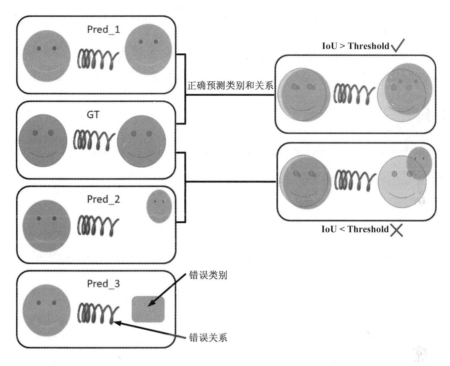

图 10.3　关系分割评价示意图

评价指标采用召回率(Recall)，其表示形式如下：

$$\text{Recall}@100 = \text{average}_{\text{Threshold}\in[0.25,0.5,0.75]}\left(\frac{\#\text{correct Prediction}}{\#\text{GT}}\right) \tag{10-7}$$

$$\text{weighted Recall}@100 = 0.5\times R@100\left(\text{relation}\in\text{Geometric}\right)+$$
$$0.5\times R@100\left(\text{relation}\in\text{Possessive or Semantic}\right) \tag{10-8}$$

式中，Recall@100 表示关系预测过程中置信值为前 100 的预测结果中实现正确预测所占的比例，这里是交并比(IoU)阈值取不同值的平均召回率；Threshold[0.25, 0.5, 0.75]表示 IoU 阈值分别取 0.25、0.5 和 0.75；#correct Prediction 表示关系预测正确的数目；#GT 表示总的关系数目；average 表示阈值不同的召回率的平均值；weighted Recall@100 表示加权平均的召回率。式(10-8)中，等号右端第一项表示几何关系(Geometric)的召回率，第二项表示所属关系(Possessive)或语义关系(Semantic)的召回率。

3. 数据来源与描述

　　本实验文献[1]中的图像都是从真实环境场景中收集来的，场景中人的姿态和视角对于分析具有一定的挑战性，并具有各种不同的外观。图像还存在高度遮挡和低分辨率的情况。数据集提供了1.4万幅图像、85种标签和31种关系，每幅图像平均有10个实例和17个关系。总之，共有13.6万个实例和23.5万种关系。定义的关系有两种：位置关系和行为关系。

■ 参考文献

[1]　http://picdataset.com/challenge/user/signin/?next=/challenge/dataset/download.

第11章　安全与对抗类

人工智能是智能化信息社会的核心技术，其飞速发展也带来了一些实际问题，最为突出的就是信息安全问题。人工智能技术不止给信息安全带来了威胁和风险，对信息安全技术的提升也有很大帮助。本部分主要包括加解密、恶意代码、对抗视觉分析等。

实验 11.1　加密解密实验

1. 实验背景与内容

生活中我们都要用到密码，如使用银行卡，登陆邮箱、QQ 和微博等。其实这些密码并不是真正意义上的密码，只是口令，就像"天王盖地虎，宝塔镇河妖"一样的暗号。密码学是研究编制密码和破译密码的技术科学，主要研究密码变化的客观规律。应用于编制密码以保守通信秘密的，称为编码学；应用于破译密码以获取通信情报的，称为破译学。

2. 实验要求与评估

本实验要求实验者根据数据集分析密码属性，并最终对结果文件里的 4 对明文和密文做对应的加密或者解密。需要加/解密的列表如下：

(1) notebook，密文；

(2) 明文，NW HGK；

(3) DataCastle，密文；

(4) 明文，RaUXeOsbY';

(5) two sun，明文；

(6) 密文，da5a068da4e66a89e48d8270a1f59621；

(7) xiaobai，密文；

(8) 明文，A3vD4vItnEc=。

解出对应的明文和密文，每两个是一个加/解密算法。

3. 数据来源与描述

数据共分为 4 组，对应 4 种不同的密码[1]。

第一组：140 套。

第二组：830 套。

第三组：830 套。

第四组：1225 套。

数据里的"换"是用来换行的标志位。每一个"换"代表一个新的加/解密对。

■ 参考文献

[1]　https://www.dcjingsai.com/common/cmpt/矛与盾_赛体与数据.html.

实验 11.2　恶意软件检测算法

1. 实验背景与内容

恶意软件是一种被设计用来破坏目标计算机或者占用目标计算机资源的软件，传统的恶意软件包括蠕虫、木马等，这些恶意软件严重侵犯用户的合法权益，甚至会导致用户及他人巨大的经济或其他形式的利益损失。近年来，随着虚拟货币进入大众视野，挖矿类恶意程序也开始大量涌现，黑客通过入侵挖矿程序获取巨额收益。当前恶意软件的检测技术主要有特征码检测、行为检测和启发式检测等，配合使用机器学习可以在一定程度上提高泛化能力，提升恶意样本的识别率。

2. 实验要求与评估

实验者的结果文件包含 7 个字段：file_id(bigint)和 6 个分类的预测概率 prob0、prob1、prob2、prob3、prob4、prob5(类型为 double，范围在[0, 1]之间，精度保留小数点后 5 位，prob$\leqslant$0.0 会替换为 1×10^{-6}，prob$\geqslant$1.0 会替换为 $1 - 1 \times 10^{-6}$)。实验者必须保证每一行的 $|prob0 + prob1 + prob2 + prob3 + prob4 + prob5 - 1.0| < 1 \times 10^{-6}$，且将列名按 file_id，prob0，prob1，prob2，prob3，prob4，prob5 的顺序写入提交结果文件的第一行，作为表头。

分值采用 log loss 计算形式：

$$\log \text{loss} = -\frac{1}{N}\sum_{i}^{N}\sum_{j}^{M}\Big[y_{ij}\log\big(P_{ij}\big)+\big(1-y_{ij}\big)\log\big(1-P_{ij}\big)\Big] \tag{11-1}$$

其中，M 代表分类数，N 代表测试集样本数，y_{ij} 代表第 i 个样本是否为类别 j (是为 1，否为 0)，P_{ij} 代表提交的第 i 个样本被预测为类别 j 的概率。最终公布的 log loss 保留小数点后6 位。

3. 数据来源与描述

本实验文献[1]提供的数据来自文件(Windows 可执行程序)经过沙箱程序模拟运行后的 API 指令序列，全为经过脱敏处理的 Windows 二进制可执行程序。该数据集提供的样本数据均来自于互联网，其中恶意文件的类型有感染型病毒、木马程序、挖矿程序、DDOS 木马、勒索病毒等，数据总计 6 亿条。

(1) 训练数据(train.zip)：调用记录 4 亿次，文件为 11 万个(以文件编号汇总)，如表 11.1所示。

表 11.1　训练数据字段

字段	类型	解　　释
file_id	bigint	文件编号
label	bigint	文件标签，0 表示正常，1 表示勒索病毒，2 表示挖矿程序，3 表示 DDoS 木马，4 表示蠕虫病毒，5 表示感染型病毒
api	string	文件调用的 API 名称
tid	bigint	调用 API 的线程编号
return_value	string	API 返回值
index	string	线程中 API 调用的顺序编号

① 一个文件调用的 API 数量有可能很多，对于一个 tid 中调用超过 5000 个 API 的文件进行截断，并按照顺序保留了每个 tid 前 5000 个 API 的记录。

② 不同线程 tid 之间没有顺序关系，同一个 tid 里的 index 由小到大代表调用的先后顺序。

③ index 是单个文件经沙箱执行时的全局顺序，由于沙箱执行时间有精度限制，所以会存在一个 index 上出现同线程或者不同线程执行多次 API 的情况，可以保证同 tid 内部的顺序，但不保证连续。

(2) 测试数据(test.zip)：调用记录近 2 亿次，文件为 5 万多个。

测试数据的格式除了没有 label 字段外，其他格式与训练数据一致。

■ 参考文献

[1] https://tianchi.aliyun.com/competition/entrance/231668/information.

实验 11.3　异常会话检测算法

1. 实验背景与内容

目前云计算已经兴起，越来越多的企业将服务迁移上云，云平台作为基础设施，其安全尤为重要。而互联网整体的安全趋势依然严峻，黑客与白帽的攻防对抗不断升级，基本漏洞的对抗也逐步升级为人与人的对抗。传统的检测手段已经不能有效发现高级的攻击者，以数据为中心的安全检测成为安全体系中的重要手段。

本实验文献[1]提供的数据记录了一段时间内不同业务服务器所有会话的进程行为和网络连接行为日志。正常情况下，一台生产服务器上通常会有大量的不同会话(sid)运行，包括应用运行、管理软件、运维人员的手工操作、应用的发布和更新等。现已经知道有服务器被入侵，请从数据科学的角度分析出可能被入侵的主机，找出异常会话。

2. 实验要求与评估

需要提交的结果为 cloudsec_submit，包含 4 个字段，分别为 ip、sid、ds、hh，是实验者经过分析认为存在入侵的机器(ip)、会话(sid)、时间分区信息(ds 和 hh)，如表 11.2 所示。

表 11.2　实验结果字段

ip	sid	ds	hh
1.1.1.1	20003	20160823	11
2.2.2.2	1033	20160823	11
1.1.1.1	1024	20160825	15

设定精确率为 Precision，召回率为 Recall，那么总分值为

$$总分值 = \frac{901 \times \text{Precision}^2 \times \text{Recall}}{900 \times \text{Precision}^2 + \text{Recall}} \times 100\% \tag{11-2}$$

3. 数据来源与描述

如本实验文献[1]所述，本实验所有数据经过脱敏处理，脱敏方法如表 11.3 所示。

表 11.3 脱 敏 方 法

脱敏项	脱敏方法	脱敏示例
ip 地址	对 ip 地址进行不可逆 hash 化并标注为 iphash	10.1.2.3—> [iphash-xxxxxx]
uid_name	对员工账号进行不可逆 hash 化并标注为 namehash,系统账号(如 root、admin 等)保留原文	username-a—> [namehash-xxxxx]
url	将内部一级子域名和根域名进行不可逆 hash 化并标注为 domainhash,外部域名保留原文	http://sub-a.sub-b.internaldomain.com/abc —> http://sub-a.[domainhash-xxxx]/abc
groupname	对分组名进行不可逆 hash 化	groupname-a —> [grouphash-xxxx]

(1) 主机的进程调用数据，表名为 adl_cloudsec_tianchi_cmd，如表 11.4 所示。

表 11.4 主机的进程调用数据

字段名称	类型	描述	字段名称	类型	描述
time	datetime	日志时间	pfilename	string	父进程文件路径
ip	string	IP	numbering	bigint	命令序列号
sid	bigint	当前用户的会话 id	cmd	string	命令
uid_name	string	用户名	pid	bigint	进程 id
gid_name	string	用户组名	groupname	string	机器分组名
tty	string	终端	ds	string	分区字段(日期)
cwd	string	当前工作目录	hh	string	分区字段(小时)
filename	string	进程文件路径			

(2) 主机的网络连接数据，表名为 adl_cloudsec_tianchi_netstat，如表 11.5 所示。

表 11.5 主机的网络连接数据

字段名称	类型	描述	字段名称	类型	描述
time	datetime	时间	gid_name	string	用户组名
ip	string	IP	tty	string	终端
sid	bigint	当前用户的会话 id	cwd	string	当前工作目录
pid	bigint	进程 id	filename	string	进程文件路径
uid_name	string	用户名	src_ip	string	源 ip

字段名称	类型	描述	字段名称	类型	描述
src_port	bigint	源端口	dst_group	string	目标 ip 机器分组名
dst_ip	string	目标 ip	is_public	bigint	ip 是否为公网
dst_port	bigint	目标端口	ds	string	分区字段(日期)
proto	string	四层协议名	hh	string	分区字段(小时)
groupname	string	机器分组名			

相关字段说明如下：

命令序列号：在 time 相同的情况下，用于判断命令执行顺序的标识；

机器分组名：机器分组的标识。一个机器分组下的服务器基本实现类似的功能，如负载均衡的后端服务器。

在数加平台读取表时，请在表前加前缀 odps_tc_257100_f673506e024，如 desc odps_tc_257100_f673506e024.adl_cloudsec_tianchi_cmd。

■ 参考文献

[1]   https://tianchi.aliyun.com/competition/entrance/231589/information.

实验 11.4   攻击流量检测安全

1. 实验背景与内容

七层 CC 攻击是指攻击者模拟正常用户进行"大量"访问，造成服务器资源耗尽，直到宕机崩溃。它是一个攻防不对等的问题，从攻击者角度看，攻击量并不需要很大，对于耗资源的服务，比如搜索接口，可能每秒 1000 次请求就会导致网站崩溃；从防御者角度看，很难识别出攻击流量，单条攻击流量和正常请求类似；从网站状态看，尽管 CC 攻击会导致网站宕机崩溃，但网站宕机崩溃的原因层出不穷，多半不是源于 CC 攻击；从总请求量看，则很容易与业务大促混淆。同时，单从请求量看，攻击流量很可能淹没在正常流量中。耗资源的服务只要放过少量攻击请求，网站就会崩溃；而不耗资源的服务，比如访问静态图像，可能每秒百万次请求都不会引起异常。七层 CC 攻击的防御对于精确率和召回率要求都极为苛刻，放过恶意流量和大量误杀正常流量对网站而言，都是无法承受的灾难。

2. 实验要求与评估

本实验参考文献[1]提供了当天及之前一周被 CC 攻击网站攻击的全部真实日志，其中包括：

(1) 访问者相关的源 IP、端口、XFF、请求方式、UA 等；

(2) 网站侧相关的域名、请求、响应时间等；

(3) 一些阿里云自身的辅助判断信息，以帮助实验者更精准地定位攻击流量。

提交 CC 攻击识别结果，表名为 adl_tianchi_cc_answer，如表 11.6 所示。

表 11.6　实验结果形式

字段名称	描　　述
append_id	记录编号
sld	二级域名

如果 $Precision_i$ 和 $Recall_i$ 分别为二级域名 i 的精确率及召回率(共 8 个二级域名)，则每个二级域名得分为 $0.125 \times [3 \times Precision_i / (2 \times Precision_i + Recall_i)]^{10}$，最终得分为 8 个二级域名得分的总和。

3. 数据来源与描述

实验数据来源于本实验参考文献[1]，数据描述如下：

(1) 日志表：文献[1]中的日志表是 adl_tianchi_cc_original_log，其中的 ds 表示时间分区字段，ds = '0' 表示当天的日志记录，ds = '-1','-2','-3','-4','-5','-6','-7' 分别表示前 1、2、3、4、5、6、7 天的日志。实验结果要求给出 append_id，我们只判别 ds = '0' 的情况，即当天记录是否为 CC 攻击的情况。日志表 ds = '0' 中共有 46 299 950 条记录。其中，19 655 164 条为 CC 记录。

(2) 训练数据：为 adl_tianchi_cc_original_log，时间分区字段也是 ds，ds = '-1','-2','-3','-4','-5','-6','-7'，所给出的训练数据为真实数据。

(3) 测试数据：为 adl_tianchi_cc_original_log 中分区字段为 ds = '0' 的数据据。

数据如表 11.7 所示。

表 11.7　adl_tianchi_cc_original_log

字段名称	描　　述
append_id	记录编号
remote_addr	客户端 IP
remote_port	客户端端口
upstream_addr	源站 IP 和 PORT

字段名称	描　　述
req_time	当前时间
aliwaf_rule_index	命中 WAF 规则 Index
aliwaf_rule_type	命中 WAF 规则类型
aliwaf_action	WAF 的响应方式(拦截或观察)
tmd_phase	tmd 拦截原因
tmd_action	tmd 拦截方式
tmd_pass_mode	tmd 阻断情况，int，0 表示被阻断，1 表示没阻断
request_time_msec	RT 时间
upstream_response_time	源站 RT 时间
hostname	引擎名字
host	访问域名
method	请求方式
url	url
httt_version	http 版本
status	响应状态码
upstream_status	源站相应状态码
body_bytes_sent	响应内容长度
referer	referer
x_forwarded_for	x_forward_for
request_body	请求体
cookie	cookie
user_agent	UA
tmd_app	应用名称
tmd_remote_address	tmd 部署地址
https	https
aliwaf_session_id	aliwaf_session_id
acl_id	ACL 规则编号，-表示未命中，>0 表示命中
acl_action	ACL 规则动作，-表示默认，drop 表示拦截，pass 表示放行
acl_log	是否记录 ACL 拦截日志，true 表示记录，false 表示不记录
acl_default	是否 ACL 默认规则

字段名称	描　　　述
matched_host	匹配 host 信息
request_content_type	REQUEST
antifraud_verify	反欺诈：字段 1
antifraud_token	反欺诈：字段 2
uid_or_vip	WAF 日志，字段值为 ali_uid；高仿日志，字段值为高仿 VIP
antifraud_mode	反欺诈：防护模式
antifraud_url	反欺诈：防护配置 URL
tmd_owner	tmd 所有者
sld	二级域名
ds	按天分区字段
hh	按小时分区字段
mi	按分钟分区字段

■ 参考文献

[1]　https://tianchi.aliyun.com/competition/entrance/231618/information.

实验 11.5　人工智能对抗算法

1. 实验背景与内容

　　近年来，深度学习技术不断突破，极大地促进了人工智能行业的发展，而人工智能模型本身的安全问题，也日益受到 AI 从业人员的关注。2014 年，Christian Szegedy 等人首次提出了针对图像的对抗样本这一概念，并用实验结果展示了深度学习模型在安全方面的局限性。可以通过对原始样本有针对性地加入微小扰动来构造对抗样本，该扰动不易被人眼所察觉，但会导致 AI 模型识别错误，这种攻击被称为对抗攻击。该成果引发了学术界和工业界的广泛关注，成为目前深度学习领域最热的研究课题之一。当前新的对抗攻击方法不断涌现，应用课题也从图像分类扩展到目标检测。对抗攻击技术也引发了业界对于 AI 模型安全的担忧，研究人员开展了针对对抗攻击的防御技术研究，也提出了若干种提升模型安全性能的方法，但迄今为止仍然无法完全防御来自对抗样本的攻击。

　　本实验的目的是对 AI 模型的安全性进行探索，主要是图像分类任务，包括模型攻击与模型防御。实验者既可以作为攻击方，对图像进行轻微扰动生成对抗样本，使模型识别错误；也可以作为防御方，通过构建一个更加鲁棒的模型，准确识别对抗样本。本实验首次采用电商场景的图像识别任务进行攻防对抗。数据集[1]公开了 110 000 个左右的商品图像，来自 110 个商品类别，每个类别大概 1000 个图像。实验者可以使用这些数据训练更加鲁棒地识别模型或者生成更具攻击性的样本。

2. 实验要求与评估

　　本实验包括以下三个任务：
　　(1) 无目标攻击：生成对抗样本，使模型识别错误；
　　(2) 目标攻击：生成对抗样本，使模型识别到指定的错误类别；
　　(3) 模型防御：构建能够正确识别对抗样本的模型。

3. 实验过程

1) 无目标攻击

无目标攻击是指不指定具体类别，只让模型识别错误即可，同时扰动越小越好。

评估方法如下：

对每个生成的对抗样本，采用 5 个基础防御模型对其进行预测，并根据识别结果计算相应的扰动量 $D(I, I^a)$。具体的距离度量公式为

$$D\left(I, I^a\right) = \begin{cases} 128, & M\left(I^a\right) = y \\ \text{mean}\left(\left\|I - I^a\right\|_2\right), & M\left(I^a\right) \neq y \end{cases} \tag{11-3}$$

其中，M 表示防御模型，y 表示样本 I 的真实标签。如果防御算法对样本识别正确，则此次攻击不成功，扰动量直接置为上限 128；如果攻击成功，则计算对抗样本 I^a 和原始样本 I 的扰动量，采用平均 L_2 距离。每个对抗样本都会在 5 个防御模型上计算扰动量，最后对所有的扰动量进行平均，作为本次攻击的得分，得分越小越好。具体计算公式如下：

$$\text{Score}(A) = \frac{1}{5n} \sum_{i=1}^{5} \sum_{j=1}^{n} D_i\left(I_j, I_j^a\right) \tag{11-4}$$

其中，n 为评测的样本数量。

2) 目标攻击

目标攻击比无目标攻击更加困难，不仅需要使模型识别错误，还需要使模型识别到指定的类别，同时扰动越小越好。

评估方法如下：

和无目标攻击一样，对每个生成的对抗样本，采用 5 个基础防御模型对其进行预测。扰动量的计算方式和无目标攻击类似。在无目标攻击中，防御模型的输出是和真实类别 y 进行比较，判断是否攻击成功，而在目标攻击中，防御模型的输出是与指定攻击类别 y_t 进行比较，判断是否攻击成功。具体的距离度量公式为

$$D\left(I, I^a\right) = \begin{cases} \text{mean}\left(\left\|I - I^a\right\|_2\right) & M\left(I^a\right) = y^t \\ 64 & M\left(I^a\right) \neq y^t \end{cases} \tag{11-5}$$

和无目标攻击一样，目标攻击也使用平均扰动量作为最终的得分，得分越小越好。具体计算公式如下：

$$\text{Score}\left(A\right) = \frac{1}{5n}\sum_{i=1}^{5}\sum_{j=1}^{n}D_i\left(I_j, I_j^a\right) \tag{11-6}$$

3) 模型防御

模型防御需要提供更加鲁棒的防御模型，能够正确识别对抗样本，同时处理的扰动越大越好。

评估方法如下：

对于每个样本，使用 5 个攻击模型生成对抗样本去评估防御模型。如果防御模型识别错误，则得分为 0；如果防御模型识别正确，则计算扰动样本与原始样本之间的平均 L_2 距离，将其作为得分，得分越大越好。具体的距离度量公式为

$$D\left(I, I^a\right) = \begin{cases} 0, & M\left(I^a\right) \neq y \\ \text{mean}\left(\left\|I - I^a\right\|_2\right), & M\left(I^a\right) = y \end{cases} \tag{11-7}$$

防御模型的最终得分的计算公式如下：

$$\text{Score}\left(M\right) = \frac{1}{5n}\sum_{j=1}^{n}\sum_{i=1}^{5}D\left(I_j, \mathrm{A}_i\left(I_j\right)\right) \tag{11-8}$$

其中，$A_i(I_j)$ 表示第 i 个攻击模型对 I_j 生成的对抗样本。

需要注意的是，所有图像都会被改变到 299×299 进行评测。

4. 数据来源与描述

本实验文献[1]提供了 110 个类别 11 万左右商品图像作为训练数据,这些商品图像来自阿里巴巴的电商平台,每个图像对应一个类别 id。另外,还提供一些基础分类模型供实验者使用。

评测使用 110 个图像和 dev.csv。dev.csv 中包含了每个图像对应的真实类别 id 和目标攻击的类别 id(用于目标攻击),具体格式如下:

filename,trueLabel,targetedLabel
0.png,0,43

■ 参考文献

[1]   https://tianchi.aliyun.com/competition/entrance/231701/information.

实验 11.6   对抗性视觉模型

1. 实验背景与内容

实验者可以扮演攻击者或防守者(或两者兼而有之)的角色。作为防御者,尝试构建一个视觉目标分类器,该分类器对图像扰动尽可能地具有鲁棒性;作为攻击者,其任务是找到最小的图像扰动以欺骗分类器。

该实验的总体目标是促进机器视觉模型更稳健,使对抗性攻击更具有普遍适用性。到目前为止,现代机器视觉算法对微小且几乎不可察觉的扰动输入具有较弱的抵抗力,这种特性体现了人类和机器在信息处理方面的巨大差异,并给许多应用中的机器视觉系统(如自动驾驶)带来了安全问题。因此,提高视觉算法的鲁棒性对于缩小人类和机器感知之间的差距以及系统的安全应用具有非常重要的意义。

实验内容分为三个部分:鲁棒模型、非针对性攻击和针对性攻击。

1) 鲁棒模型

此任务是基于微型 ImageNet[1]构建和训练一个鲁棒的模型。攻击方试图通过产生小的图像扰动而使模型的预测产生误判结果,扰动越大,则分值越高。

2) 非针对性攻击

此任务是构建一个破坏防御的攻击算法。对于每个模型和每个给定的图像,攻击方都试图找到最小的扰动，从而使模型预测产生错误的类标签(对抗性扰动)。在非针对性攻击中，希望模型预测产生的错误标签不是正确的标签。攻击发现的对抗性扰动越小，分值就越高。

3) 针对性攻击

此任务非常类似于非针对性攻击。唯一的区别是，对抗性扰动并不是使模型预测产生任何错误的标签，而是必须让模型产生特定的错误标签。

2. 实验要求与评估

1) 鲁棒模型

模型评分(越高越好)如下：设 M 为模型，S 为样本集。基于 M 模型，对 S 中的每一个样本都进行五种最好的非针对性攻击。对于每个样本，记录整个攻击的最小对抗性 L_2 距离(MAD)。如果模型对样本进行了错误分类，则该样本的最小对抗性距离被记录为零。最终的模型得分是所有样本中的 MAD 中位数，分值越高越好。

2) 非针对性攻击和针对性攻击

攻击得分(越低越好)如下：假设 A 是攻击，S 是样本集。基于攻击 A，对 S 中每个样本都通过最佳五种模式进行处理。如果攻击不能使给定样本产生对抗性，那么记录一个最坏情况距离(样本到均匀灰度图像的距离)。最终攻击得分是样本之间 L_2 距离的中位数。

3. 数据来源与描述

数据来源见本实验文献[2]～[4]。

■ 参考文献

[1] https://tiny-imagenet.herokuapp.com.

[2] https://www.crowdai.org/challenges/nips-2018-adversarial-vision-challenge-robust-model-track/ dataset_files.

[3] https://www.crowdai.org/challenges/nips-2018-adversarial-vision-challenge-robust-model-track/ dataset_files.

[4] https://www.crowdai.org/challenges/nips-2018-adversarial-vision-challenge-targeted-attack-track/ dataset_files.

第12章 其他

实验 12.1 图 像 压 缩

1. 实验背景与内容

机器学习的最新进展使人们对神经网络应用于压缩问题越来越感兴趣。本实验主要基于神经网络实现图像压缩。神经网络通常由编码器子系统组成,采集图像并生成比像素表示更容易压缩的表示(例如,它可以是一堆卷积,生成整数特征图),然后由算术编码进行处理。算术编码器使用整数码的概率模型来生成压缩位流。压缩位流构成要存储或传输的文件。为了解压这个位流,需要另外两个步骤:① 算术解码,其解码器与压缩的编码器共享一个概率模型,这将无损地重构由编码器生成的数值;② 由解码器生成重构图像。

2. 实验要求与评估

1) 低速率压缩

对于低速率压缩,要求整个测试集的压缩量小于 0.15 bpp。

2) 透明压缩

在所有情况下,将根据整个测试集的汇总结果来判断实验的结果,测试集将被视为一个"目标",而不是分别评估每个图像上的 bpp 或 PSNR。对于透明压缩,要求压缩质量至少为 40 dB PSNR,MS-SSIM 至少 0.993。

3. 数据来源与描述

数据来源包括数据集 P("专业")[1-2]和数据集 M("移动")[3-4]。数据集是常用的具有代表性的野外图像,包含大约 2000 幅图像。实验可以针对任何数量的数据训练神经网络或其他方法(如 ImageNet)。

人工智能创新实验教程

■ 参考文献

[1] https://data.vision.ee.ethz.ch/cvl/clic/professional_train.zip.

[2] https://data.vision.ee.ethz.ch/cvl/clic/mobile_train.zip.

[3] https://data.vision.ee.ethz.ch/cvl/clic/professional_valid.zip.

[4] https://data.vision.ee.ethz.ch/cvl/clic/mobile_valid.zip.

实验 12.2　感知图像的修复与处理

1.　实验背景与内容

图像恢复、处理和生成的一个关键目标是产生对人类观察者具有视觉吸引的图像。近年来，人们对感知计算机的视觉算法产生了极大的兴趣，并取得了显著的进展。本实验包含以下三个任务：

1)　感观超分辨

超分辨率的最终目标之一是产生具有高视觉质量的输出，就像人类观察者所感知到的那样。然而，最近的工作所得到的性能上的提升(由常用的评估指标 PSNR、SSIM 量化)与人类观察者的主观评价(具体可参考本实验文献[1][2])之间存在着很大的分歧，于是引出了两种不同的研究方向：第一个目标是根据传统的评估指标(如 PSNR)来提高性能，这些指标经常在视觉上不能产生令人满意的结果；第二个目标是高感观质量，而按照传统的度量标准，这种结果性能较弱。

本任务对单图像的超分辨进行比较和排序，评估不仅仅基于失真测量(如 PSNR/SSIM)，还基于本实验文献[3]，以感观质量的方式进行。这种方法将准确性和感观质量联合考虑，并使得感观驱动的方法能够与 PSNR 最大化的方法相媲美。

2)　智能手机上的感知图像增强

为确保效率，本任务的解决方案都将在智能手机上进行测试。该实验的目标是两种传统的计算机视觉任务：图像超分辨率和图像增强。这些任务与智能手机紧密相关。虽然有很多工作和论文都在处理这些问题，但它们通常提出的算法即使对于高端台式机而言，运行时间和计算要求也是巨大的，更不用说智能手机了。因此，这里使用不同的度量标准，而不是仅仅基于 PSNR/SSIM 分值来评估解决方案的性能。在本实验中，除满足一些附加要求外，还要最大化每次运行的准确性。

3) 基于样本的光谱图像超分辨

本任务基于如下结论——通过使用机器学习技术，可以训练单个图像超分辨率系统，从而在测试时获得可靠的多光谱超分辨率图像，分为两个任务：任务1(光谱图像超分辨率)着重于在训练低空间分辨率和高空间分辨率光谱图像对的情况下，对光谱图像的空间分辨率进行超分辨率处理的问题；任务2(颜色引导的光谱图像超分辨率)旨在利用彩色(RGB)相机提高空间分辨率以及场景的光谱和三色图像之间的联系，将使用低空间分辨率和高空间分辨率光谱图像的训练对，对已配准的低分辨率和高分辨率的彩色图像进行分析。

2. 实验要求与评估

1) 感观超分辨

采用双三次核对图像进行降采样，得到4x超分辨图像。

在评估时，感观-失真平面将由均方根误差(Root Mean Square Error，RMSE)上的阈值划分为三个区域，在每个区域中，好的算法是获得最佳感观质量的算法。将本实验文献[4]和[5]中的质量测度相结合，对感观质量进行量化：

$$\text{Perceptual index} = 0.5[(10 - \text{Ma}) + \text{NIQE}]$$

较低的感观指标表示更好的感观质量。如果两个结果之间的感观指标存在微小差异(最多相差0.01)，则RMSE较低的结果视为更好。其中，三个区域分别定义为：区域1，RMSE≤11.5；区域2，11.5 < RMSE≤12.5；区域3，12.5 < RMSE≤16，如图12.1所示。

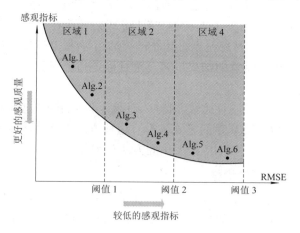

图 12.1 感观-失真曲线图

2) 智能手机上的感知图像增强

本任务分为两方面的内容：第一个是关于图像的超分辨率，主要考虑传统的超分辨问

人工智能创新实验教程

题，其目标是基于缩小后的图像重建原始图像，为了使任务更加实际，考虑 4x 的降尺度因子。第二个是图像增强，其目标是将来自特定智能手机的照片映射到从 DSLR 相机获得的相同照片(只考虑改进 iPhone 3GS 获得的低质图像)。

要求解决方案基于 Tensorflow 机器学习框架，并且在保存了预训练的模型之后，不应该超过 100 MB。同时，解决方案应该能够处理任意大小的图像，一个分辨率为 1280 像素 × 720 像素的目标图像应该占用不超过 3.5 GB 的内存。

在评估时，根据三个指标来评估解决方案的性能：与基准网络相比的速度，通过 PSNR 测量的保真度得分，以及基于 MS-SSIM 指标计算的感知得分。最终实验结果的得分是这三个分值的加权平均值：

$$\text{TotalScore} = \alpha \left(\text{PSNR}_{\text{solution}} - \text{PSNR}_{\text{baseline}} \right) + \beta \left(\text{SSIM}_{\text{solution}} - \text{SSIM}_{\text{baseline}} \right) +$$
$$\gamma \left(\text{Time}_{\text{baseline}} / \text{Time}_{\text{solution}} \right) \tag{12-1}$$

使用三种不同的验证方式来评估最终结果。具有最高保真度(PSNR)分值的解决方案分值为 A，最佳视觉效果的解决方案(MS-SSIM / MOS 分值)分值为 B，在速度和感观/量化性能之间达到最佳平衡的分值为 C。

3) 基于样本的光谱图像超分辨

(1) 光谱图像超分辨。本任务的目标是使用双三次核进行下采样的训练图像来获得 3 倍空间超分辨光谱图像。对于所有光谱图像，都使用 CIE 2 度颜色匹配函数计算相应的伪彩色(RGB)图像。

(2) 颜色引导的光谱图像超分辨。本任务的目标是利用立体对获得 3 倍空间超分辨光谱图像和伪彩色图像。配对图像以像素方式配准，并且是由一个光谱相机和彩色相机形成的立体设置获取的。图像是用双三次核内核进行下采样的。

在评估时，所有实验结果将根据两个标准进行评估：第一个是超分辨光谱图像中光谱重建的保真度；第二个是测试时伪彩色图像的感观评估(光谱图像的颜色模拟)。

对于感观评估，将使用平均意见得分(Mean Opinion Score，MOS)。对于光谱图像保真度评估，将使用光谱信息散度(Spectral Information Divergence，SID)和相对绝对误差均值(Mean Relative Absolute Error，MRAE)对结果进行评估。SID 是一种利用所考虑的光谱之间的概率差异来评估相似性的信息论度量方法，已经广泛用于高光谱图像数据处理的文献中。对于这两种情况，误差更低或者散度更小的将获得高的分值。

3. 数据来源与描述

1) 感知图像的超分辨

数据集可参考本实验文献[6]。

2) 智能手机上的感知图像增强

关于图像的超分辨率的实验数据集，可参考本实验文献[7]。关于图像增强的实验数据集，可参考本实验文献[8]。

3) 基于实例的感知图像的超分辨率

(1) 光谱图像超分辨。本任务的数据集由 240 张不同的光谱图像组成，这些图像已经过 3 倍采样。所有图像均为连续波段、16 位、ENVI 标准格式，并在可见光范围内使用基于 IMEC 16 波段快照传感器的多光谱相机拍摄得到。240 张图像中的 200 张用于训练，20 张用于验证，20 张用于测试。

(2) 颜色引导的光谱图像超分辨。本任务的数据集包含 120 对图像立体对，图像对中的一个图像由 IMEC 16 波段快照传感器拍摄得到，另一个图像由彩色相机拍摄得到。图像经过 3 倍采样，其中 100 对用于训练，10 对用于验证，10 对用于在自定义命名的目录上进行测试。

■ 参考文献

[1] https://arxiv.org/pdf/1612.07919.pdf.

[2] https://arxiv.org/pdf/1609.04802.pdf.

[3] http://openaccess.thecvf.com/content_cvpr_2018/papers/Blau_The_Perception-Distortion_ Tradeoff_CVPR_2018_paper.pdf.

[4] https://sites.google.com/site/chaoma99/sr-metric.

[5] https://ieeexplore.ieee.org/document/6353522.

[6] https://pirm.github.io.

[7] http://ai-benchmark.com/challenge.html.

[8] https://docs.google.com/forms/d/e/1FAIpQLSeL0KOYHKELgYchvb2M1ta5kgcyV1DaVz BNEsmFyQhgYMm4_g/viewform.

人工智能创新实验教程